Excel数据分析大百科全书 | 建模篇

韩小良 ○ 著

# 一键刷新数据分析建模
## Power Query+Power Pivot 实战应用
▶ 案例视频精华版

中国水利水电出版社
www.waterpub.com.cn
·北京·

## 内容提要

在实际工作中，我们不仅仅要高效解决数据合并汇总问题，还要建立自动化的数据多维度灵活分析模型，联合使用Power Query和Power Pivot，可以让数据合并汇总与深度分析变得异常简单。

本书共分9章，结合大量实际案例，重点介绍了如何利用Power Query和Power Pivot快速汇总和分析数据，并录制98个共计323分钟的教学视频，可帮助读者快速掌握高效数据处理和分析的实用技能技巧。本书所有案例素材均可下载练习使用，此外，随书赠送30个函数综合练习资料包、75个分析图表模板资料包、《Power Query自动化数据处理案例精粹》《Power Query-M函数速查手册》《Power Pivot DAX表达式速查手册》等电子书，希望可以帮助读者进一步提升自己。本书所用的版本为Excel 365，所有案例都在这个版本中测试完成。

本书适合有Excel基础的读者阅读，特别适合经常处理大量数据的读者阅读。本书也可作为高等院校经济类本科生、研究生和MBA学员的教材或参考书。

图书在版编目（CIP）数据

一键刷新数据分析建模：PowerQuery+PowerPivot实战应用：案例视频精华版 / 韩小良著. -- 北京：中国水利水电出版社，2025.4. -- (Excel数据分析大百科全书). -- ISBN 978-7-5226-3063-2

Ⅰ.TP391.13

中国国家版本馆CIP数据核字第20250G1M97号

| 丛 书 名 | Excel 数据分析大百科全书 |
|---|---|
| 书 名 | 一键刷新数据分析建模：Power Query + Power Pivot 实战应用（案例视频精华版）<br>YIJIAN SHUAXIN SHUJU FENXI JIANMO Power Query + Power Pivot SHIZHAN YINGYONG (ANLI SHIPIN JINGHUABAN) |
| 作 者 | 韩小良 著 |
| 出版发行 | 中国水利水电出版社<br>（北京市海淀区玉渊潭南路 1 号 D 座 100038）<br>网址：www.waterpub.com.cn<br>E-mail：zhiboshangshu@163.com<br>电话：（010）62572966-2205/2266/2201（营销中心） |
| 经 售 | 北京科水图书销售有限公司<br>电话：（010）68545874、63202643<br>全国各地新华书店和相关出版物销售网点 |
| 排 版 | 北京智博尚书文化传媒有限公司 |
| 印 刷 | 河北文福旺印刷有限公司 |
| 规 格 | 170mm×240mm 16 开本 18.75 印张 481 千字 |
| 版 次 | 2025 年 4 月第 1 版 2025 年 4 月第 1 次印刷 |
| 印 数 | 0001—3000 册 |
| 定 价 | 89.80 元 |

凡购买我社图书，如有缺页、倒页、脱页的，本社营销中心负责调换

**版权所有·侵权必究**

# 前言 PREFACE

Excel 数据分析工具越来越高效化，越来越智能化。

在 Power Query 工具面前，只需几个简单操作，就能将一个个混乱的表格整理加工为标准规范的表单；数十个甚至上百个工作簿表格，只需按照向导操作几步，就能迅速进行合并汇总，建立数据模型。

一些使用普通数据透视表看起来无法解决的数据分析模型问题，在 Power Pivot 面前已经不再是问题了，使用简单的 DAX 函数即可迅速解决。

在实际工作中，我们不仅仅要高效解决数据合并汇总问题，还要建立自动化的数据多维度灵活分析模型，联合使用 Power Query 和 Power Pivot，可以让数据合并汇总与深度分析变得异常简单。

## 本书特点

**视频讲解：** 本书录制了 98 集总计 323 分钟的教学视频，对 Power Query 和 Power Pivot 关于数据处理和分析应用的各种实用技能和技巧进行了详细讲解，用手机微信扫描书中二维码，可以随时观看学习。

**案例丰富：** 提供完整的 106 个来自企业第一线的 Excel 实际案例。

**在线交流：** 本书提供 QQ 学习群，在线交流学习心得，可帮助解决实际工作中遇到的问题。

## 本书内容安排

本书从实战出发，共分 9 章，结合大量实际案例，重点介绍数据汇总和分析的两大利器：Power Query 和 Power Pivot。

第 1 章结合实际数据分析案例，引入 Power Query 和 Power Pivot 数据分析建模的基本思路。

第 2 章结合大量实际案例，介绍利用 Power Query 整理规范数据的实用技能和技巧，以及建立数据分析底稿的基本逻辑思维。

第 3 章结合实际案例介绍利用 Power Query 快速合并 Excel 工作表数据的基本方法、实用技能和技巧。

第 4 章结合实际案例介绍利用 Power Query 合并文本文件数据的基本方法、实用技能和技巧。

第 5 章和第 6 章分别介绍利用 Power Query 采集 PDF 文件数据和网页数据的基本技能，从此不再笨笨地复制粘贴。

第 7 章以不同类型的数据源为例，详细介绍创建 Power Pivot 超级透视表的基本方法和技能技巧，以及注意事项。

第 8 章介绍 Power Pivot 数据模型基本操作技能，这些技能是 Power Pivot 模型的基础，也是以后构建数据模型的基础。

第 9 章介绍 Power Pivot 的常用 DAX 函数及其应用，包括处理文本的 DAX 函数、处理日期时间的 DAX 函数、用于逻辑判断的 DAX 函数、用于数值计算的 DAX 函数、用于信息检查的 DAX 函数、用于聚合计算的 DAX 函数、CALCULATE 函数、筛选器函数、多表关联 RELATED 函数等。

本书的标准版本是 Excel 365，所有案例都在该版本中测试完成。

## 本书目标读者

本书适合具有 Excel 基础知识的各类人员阅读，特别适合经常处理大量数据的各类人员阅读。本书也可作为大专院校经济类本科生、研究生和 MBA 学员的教材或参考书。

## 本书赠送资源

### 配套资源

免费教学视频：本书录制了 98 集总计 323 分钟的教学视频，扫描书中二维码，可以随时观看学习。

全部实际案例：本书全部实际案例素材，可按照下面方式获取。

### 拓展学习资源

30 个函数综合练习资料包

75 个分析图表模板资料包

《Power Query 自动化数据处理案例精粹》电子书

《Power Query-M 函数速查手册》电子书

《Power Pivot DAX 表达式速查手册》电子书

《Excel 会计应用范例精解》电子书

《Excel 人力资源应用案例精粹》电子书

《新一代 Excel VBA 销售管理系统开发入门与实践》电子书

《Excel VBA 行政与人力资源管理应用案例详解》电子书

## 资源获取方式

读者可以扫描右侧的二维码，或在微信公众号中搜索"办公那点事儿"，关注后发送"EX30632"到公众号后台，获取本书资源下载链接。将该链接复制到计算机浏览器的地址栏中（一定要复制到计算机浏览器的地址栏，在电脑端下载，手机不能下载，也不能在线解压），根据提示进行下载。

读者也可加入本书 QQ 交流群：924512501（若群满，会创建新群，请注意加群时的提示，并根据提示加入对应的群），读者可互相交流学习经验，作者也会不定期在线答疑解惑。

韩小良

# 目录 CONTENTS

## 第1章 门店经营分析案例剖析 / 1

### 1.1 门店月度经营分析报告 …………………………………………… 1
- 1.1.1 门店月度经营示例数据及分析报告 ………………………… 1
- 1.1.2 使用函数制作分析底稿 ……………………………………… 2
- 1.1.3 使用 Power Query 制作分析底稿 …………………………… 3
- 1.1.4 使用 Power Pivot 直接制作分析报告 ……………………… 12

### 1.2 门店月度经营跟踪分析报告 …………………………………… 16
- 1.2.1 使用 Power Query 创建基本数据模型 …………………… 17
- 1.2.2 使用 Power Query 合并各月数据表并创建数据模型 …… 22
- 1.2.3 使用 Power Pivot 建立关联关系并创建超级透视表 ……… 24

### 1.3 本书要学习的知识和技能 ……………………………………… 26
- 1.3.1 Power Query 数据采集与整理加工技能 ………………… 26
- 1.3.2 Power Pivot 建模和 DAX 函数技能 ……………………… 26
- 1.3.3 Power Query 和 Power Pivot 综合应用技能 ……………… 26

## 第2章 使用 Power Query 整理规范数据 / 27

### 2.1 清理数据中的"垃圾" …………………………………………… 27
- 2.1.1 清除数据前后的空格 ……………………………………… 27
- 2.1.2 清除数据中的换行符 ……………………………………… 30
- 2.1.3 替换数据中的换行符 ……………………………………… 31
- 2.1.4 替换数据中的特殊字符 …………………………………… 32

### 2.2 整理加工数字 …………………………………………………… 35
- 2.2.1 设置数字类型 ……………………………………………… 36
- 2.2.2 数字舍入处理 ……………………………………………… 36

## 2.2.3 批量修改数字 ······ 38

## 2.3 整理日期和时间 ······ 39
### 2.3.1 文本型日期的自动转换 ······ 39
### 2.3.2 特殊文本日期的整理（使用工具） ······ 40
### 2.3.3 规范文本日期的整理（使用 M 函数） ······ 42
### 2.3.4 特殊时间数据的整理 ······ 45

## 2.4 拆分列 ······ 47
### 2.4.1 根据分隔符将一列拆分成几列 ······ 47
### 2.4.2 根据数据类型特征将一列拆分成几列 ······ 52
### 2.4.3 根据指定字符数将一列拆分成几列 ······ 55
### 2.4.4 根据指定位置将一列拆分成几列 ······ 58
### 2.4.5 使用 M 函数将一列拆分成几列 ······ 60
### 2.4.6 将一列拆分成几行 ······ 67

## 2.5 从指定列中提取必要信息 ······ 71
### 2.5.1 从文本字符串中提取必要信息 ······ 71
### 2.5.2 从日期数据中提取必要信息 ······ 79

## 2.6 添加新列 ······ 83
### 2.6.1 添加索引列 ······ 84
### 2.6.2 使用提取菜单命令添加新列 ······ 87
### 2.6.3 使用日期菜单命令添加新列 ······ 88
### 2.6.4 使用"自定义列"命令添加新列 ······ 89

## 2.7 表格结构整理 ······ 90
### 2.7.1 将一列数据拆分成多列或多行 ······ 91
### 2.7.2 将二维表转换为一维表 ······ 92
### 2.7.3 转置表格 ······ 95
### 2.7.4 处理多行标题 ······ 96

# 第 3 章 使用 Power Query 合并 Excel 工作表数据 / 100

## 3.1 合并指定工作簿内结构完全相同的工作表 ······ 100
### 3.1.1 合并结构完全相同的一维工作表 ······ 100
### 3.1.2 合并结构完全相同的二维工作表 ······ 105
### 3.1.3 合并指定的几个结构完全相同的工作表 ······ 106

## 3.2 合并指定工作簿内结构不同的工作表 …… 110
### 3.2.1 合并汇总列结构不同的工作表 …… 110
### 3.2.2 合并每个工作表都存在的列数据 …… 113
### 3.2.3 根据关键字段合并有关联的工作表：仅关联合并 …… 117
### 3.2.4 根据关键字段合并有关联的工作表：关联与汇总统计 …… 123

## 3.3 汇总指定文件夹里的工作簿数据 …… 130
### 3.3.1 每个工作簿为标准一维表的合并汇总 …… 130
### 3.3.2 多个工作簿为合并标题二维表的合并汇总 …… 139
### 3.3.3 工作簿中有多个工作表的合并汇总 …… 146

# 第 4 章 使用 Power Query 采集与合并文本文件数据 / 149

## 4.1 从一个文本文件中采集数据 …… 149
### 4.1.1 从标准 CSV 格式的文本文件中采集数据 …… 149
### 4.1.2 从由任意分隔符分隔的文本文件中采集数据 …… 152

## 4.2 从多个文本文件中采集合并数据 …… 156
### 4.2.1 结构完全一样的多个文本文件数据的合并汇总 …… 156
### 4.2.2 结构不一样的多个文本文件数据的合并汇总 …… 159

## 4.3 特殊结构文本文件数据的采集 …… 160
### 4.3.1 不规范文本文件的数据采集与整理：简单情况 …… 161
### 4.3.2 不规范文本文件的数据采集与整理：复杂情况 …… 163
### 4.3.3 从多个不规范文本文件中提取指定行数据 …… 169

# 第 5 章 使用 Power Query 采集与合并 PDF 文件数据 / 174

## 5.1 从 PDF 文件获取指定页的表格数据 …… 174
## 5.2 从 PDF 文件获取跨页的表格数据 …… 177

# 第 6 章 使用 Power Query 采集与合并网页数据 / 184

## 6.1 获取网页上的指定表格 …… 184
### 6.1.1 网页只有一个完整表格 …… 184
### 6.1.2 一个网页上有多个表格 …… 191

## 6.2 合并导出网页上的表数据 …… 192

6.3 批量采集多个网页数据 ······ 195

# 第 7 章 Power Pivot 超级透视表基本创建方法 / 203

## 7.1 使用常规方法创建超级透视表 ······ 204
### 7.1.1 用 Excel 工作表数据创建超级透视表 ······ 204
### 7.1.2 用文本文件数据创建超级透视表 ······ 207

## 7.2 使用 Power Query 建立的数据模型创建超级透视表 ······ 210
### 7.2.1 用 Power Query 建立的查询模型创建超级透视表 ······ 211
### 7.2.2 用 Power Query 整合数据整理与创建超级数据透视表 ······ 213
### 7.2.3 用 Power Query 整合数据合并与创建超级数据透视表 ······ 216

## 7.3 用 Power Pivot 直接采集数据并创建超级透视表 ······ 218
### 7.3.1 用当前 Excel 工作表数据创建超级透视表 ······ 219
### 7.3.2 用其他 Excel 工作簿数据直接创建超级透视表 ······ 220
### 7.3.3 用文本文件数据直接创建超级透视表 ······ 224
### 7.3.4 用同一个工作簿中的多个关联工作表数据创建超级透视表 ······ 226
### 7.3.5 用不同工作簿中的多个关联工作表数据创建超级透视表 ······ 230
### 7.3.6 用不同类型的关联文件数据创建超级透视表 ······ 231

# 第 8 章 Power Pivot 数据模型基本操作 / 232

## 8.1 数据模型管理界面 ······ 232
### 8.1.1 菜单命令区 ······ 232
### 8.1.2 数据模型的数据区 ······ 233
### 8.1.3 DAX 表达式编辑区 ······ 234

## 8.2 获取外部数据 ······ 234
### 8.2.1 获取 Excel 数据 ······ 234
### 8.2.2 获取文本文件数据 ······ 236
### 8.2.3 获取数据库数据 ······ 238

## 8.3 表的基本操作 ······ 240
### 8.3.1 重命名表 ······ 240
### 8.3.2 移动表 ······ 241
### 8.3.3 从客户端工具隐藏表 ······ 241
### 8.3.4 复制数据为新表 ······ 241

8.3.5　刷新数据 …………………………………………………………… 241
## 8.4　数据的基本操作 …………………………………………………………… 242
8.4.1　设置数据类型 ……………………………………………………… 242
8.4.2　常规排序与自定义排序 …………………………………………… 243
8.4.3　筛选数据 …………………………………………………………… 244
## 8.5　操作列 …………………………………………………………………………… 244
8.5.1　重命名列 …………………………………………………………… 244
8.5.2　删除列 ……………………………………………………………… 245
8.5.3　添加计算列 ………………………………………………………… 245
## 8.6　操作度量值 …………………………………………………………………… 246
8.6.1　度量值表达式的保存位置 ………………………………………… 246
8.6.2　隐式度量值和显式度量值 ………………………………………… 249
8.6.3　在 Power Pivot for Excel 界面中创建度量值 ………………… 250
8.6.4　在 Excel 的 Power Pivot 选项卡中创建度量值 ……………… 251
8.6.5　编辑度量值 ………………………………………………………… 252
8.6.6　删除度量值 ………………………………………………………… 252

# 第 9 章　Power Pivot 的常用 DAX 函数及其应用　/　254
## 9.1　DAX 表达式基础知识 ……………………………………………………… 254
9.1.1　数据类型及数据格式 ……………………………………………… 254
9.1.2　运算符 ……………………………………………………………… 255
9.1.3　引用规则 …………………………………………………………… 255
9.1.4　DAX 函数 …………………………………………………………… 256
9.1.5　计算环境 …………………………………………………………… 256
## 9.2　处理文本的 DAX 函数及其应用 ………………………………………… 256
9.2.1　获取字符长度的 LEN 函数 ………………………………………… 257
9.2.2　截取字符的 LEFT 函数、RIGHT 函数和 MID 函数 …………… 258
9.2.3　替换字符的 SUBSTITUTE 函数和 REPLACE 函数 …………… 260
9.2.4　查找指定字符位置的 FIND 函数和 SEARCH 函数 …………… 261
9.2.5　连接字符串的 CONCATENATE 函数和 CONCATENATEX 函数 ……… 262
9.2.6　将数值转换为指定格式文本的 FORMAT 函数 ………………… 264
9.2.7　删除数据前后的空格及中间多余空格的 TRIM 函数 ………… 265

		9.2.8　文本函数的综合应用 ………………………………………………………… 265
	9.3　处理日期时间常用的 DAX 函数及其应用 ……………………………………………… 266
		9.3.1　获取当前日期和时间的 TODAY 函数、NOW 函数 ……………………… 267
		9.3.2　计算指定日期前后日期的日期函数 EDATE 和 EOMONTH ………… 267
		9.3.3　计算两个日期时间间隔的 DATEDIFF 函数、YEARFRAC 函数 ……… 268
		9.3.4　判断日期所属的年、月、日、季度、星期和周 ……………………………… 270
		9.3.5　组合日期及格式转换 …………………………………………………………… 273
	9.4　数据逻辑判断常用的 DAX 函数及其应用 ……………………………………………… 274
		9.4.1　IF 函数及其应用 ………………………………………………………………… 274
		9.4.2　AND 函数和 OR 函数及其应用 ……………………………………………… 275
		9.4.3　SWITCH 函数及其应用 ………………………………………………………… 276
		9.4.4　IFERROR 函数及其应用 ……………………………………………………… 277
	9.5　数值计算常用的 DAX 函数及其应用 …………………………………………………… 277
		9.5.1　数值舍入计算常用的 DAX 函数 ……………………………………………… 277
		9.5.2　数值除法计算常用的 DAX 函数 ……………………………………………… 278
	9.6　信息检查常用的 DAX 函数及其应用 …………………………………………………… 279
		9.6.1　IS 类函数及其应用 ……………………………………………………………… 280
		9.6.2　CONTAINS 类函数及其应用 ………………………………………………… 281
	9.7　聚合计算常用的 DAX 函数及其应用 …………………………………………………… 282
		9.7.1　计数统计类 DAX 函数 ………………………………………………………… 283
		9.7.2　求和类 DAX 函数 ……………………………………………………………… 284
		9.7.3　最大值、最小值、平均值类 DAX 函数 ……………………………………… 285
	9.8　CALCULATE 函数 ………………………………………………………………………… 285
	9.9　筛选器函数 …………………………………………………………………………………… 286
		9.9.1　ALL 函数 ………………………………………………………………………… 286
		9.9.2　ALLEXCEPT 函数 ……………………………………………………………… 288
		9.9.3　FILTER 函数 …………………………………………………………………… 288
	9.10　多表关联 RELATED 函数 ………………………………………………………………… 289

# 第1章 门店经营分析案例剖析

在实际数据分析中，既有针对一个工作表的数据分析，也有针对几个工作表的数据分析，前者只需直接创建数据透视表即可达到目的，而后者则需要先对这几个工作表数据进行合并汇总或者建立关联关系，然后创建数据透视表。

对于大多数人来说，合并工作表的方法就是手工复制粘贴，或者使用VLOOKUP函数进行关联，但这些方法不仅效率低，也容易出错，对于数据量大、数据随时变化的情况尤其如此。本章将结合几个实际案例，介绍如何使用更为高效的数据分析工具（Power Query和Power Pivot）来建立自动化数据分析模型。

## 1.1 门店月度经营分析报告

为了使读者对高效数据分析工具Power Query和Power Pivot有一个初步的认识，下面以门店经营分析为例，介绍如何构建高效数据分析模型。

### 1.1.1 门店月度经营示例数据及分析报告

图1-1所示为4个工作表，即“门店信息”“省份地区”“城市省份”“本月月报”，分别保存不同的数据，现在的任务是制作下面的统计分析报告：

- ◎ 按门店性质统计目标完成情况和盈利（毛利）情况；
- ◎ 按地区统计目标完成情况和盈利（毛利）情况；
- ◎ 按省份统计目标完成情况和盈利（毛利）情况；
- ◎ 按城市统计目标完成情况和盈利（毛利）情况；
- ◎ 自营店与加盟店经营业绩对比。

本案例素材是“门店月报.xlsx”。

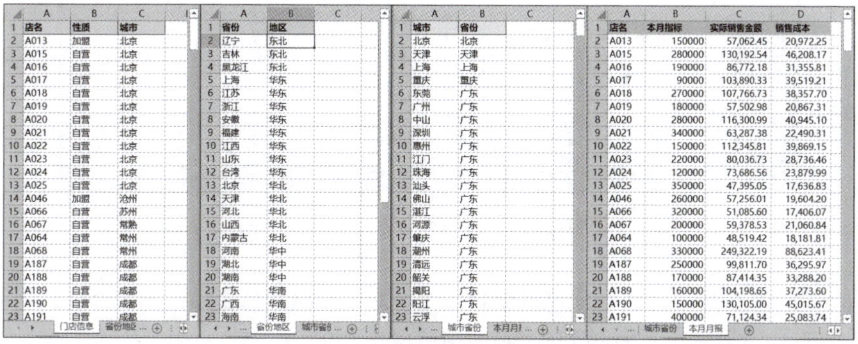

门店信息

| 店名 | 性质 | 城市 |
|---|---|---|
| A013 | 加盟 | 北京 |
| A015 | 自营 | 北京 |
| A016 | 自营 | 北京 |
| A017 | 自营 | 北京 |
| A018 | 自营 | 北京 |
| A019 | 自营 | 北京 |
| A020 | 自营 | 北京 |
| A021 | 自营 | 北京 |
| A022 | 自营 | 北京 |
| A023 | 自营 | 北京 |
| A024 | 自营 | 北京 |
| A025 | 自营 | 北京 |
| A046 | 加盟 | 沧州 |
| A066 | 自营 | 苏州 |
| A067 | 自营 | 常熟 |
| A064 | 自营 | 常州 |
| A068 | 自营 | 常州 |
| A187 | 自营 | 成都 |
| A188 | 自营 | 成都 |
| A189 | 自营 | 成都 |
| A190 | 自营 | 成都 |
| A191 | 自营 | 成都 |

省份地区

| 省份 | 地区 |
|---|---|
| 辽宁 | 东北 |
| 吉林 | 东北 |
| 黑龙江 | 东北 |
| 上海 | 华东 |
| 江苏 | 华东 |
| 浙江 | 华东 |
| 安徽 | 华东 |
| 福建 | 华东 |
| 江西 | 华东 |
| 山东 | 华东 |
| 台湾 | 华东 |
| 北京 | 华北 |
| 天津 | 华北 |
| 河北 | 华北 |
| 山西 | 华北 |
| 内蒙古 | 华北 |
| 河南 | 华中 |
| 湖北 | 华中 |
| 湖南 | 华中 |
| 广东 | 华南 |
| 广西 | 华南 |
| 海南 | 华南 |

城市省份

| 城市 | 省份 |
|---|---|
| 北京 | 北京 |
| 天津 | 天津 |
| 上海 | 上海 |
| 重庆 | 重庆 |
| 东莞 | 广东 |
| 广州 | 广东 |
| 中山 | 广东 |
| 深圳 | 广东 |
| 惠州 | 广东 |
| 江门 | 广东 |
| 珠海 | 广东 |
| 汕头 | 广东 |
| 佛山 | 广东 |
| 湛江 | 广东 |
| 河源 | 广东 |
| 肇庆 | 广东 |
| 潮州 | 广东 |
| 清远 | 广东 |
| 韶关 | 广东 |
| 揭阳 | 广东 |
| 阳江 | 广东 |
| 云浮 | 广东 |

本月月报

| 店名 | 本月指标 | 实际销售金额 | 销售成本 |
|---|---|---|---|
| A013 | 150000 | 57,062.45 | 20,972.25 |
| A015 | 280000 | 130,192.54 | 46,208.17 |
| A016 | 190000 | 86,772.18 | 31,355.81 |
| A017 | 90000 | 103,890.33 | 39,519.21 |
| A018 | 270000 | 107,766.73 | 38,357.70 |
| A019 | 180000 | 57,502.98 | 20,867.31 |
| A020 | 280000 | 116,300.99 | 40,945.10 |
| A021 | 340000 | 63,287.38 | 22,490.31 |
| A022 | 150000 | 112,345.81 | 39,869.15 |
| A023 | 220000 | 80,036.73 | 28,736.46 |
| A024 | 120000 | 73,686.56 | 23,879.99 |
| A025 | 350000 | 47,395.05 | 17,636.83 |
| A046 | 260000 | 57,256.01 | 19,604.20 |
| A066 | 320000 | 51,085.60 | 17,406.07 |
| A067 | 200000 | 59,378.53 | 21,060.84 |
| A064 | 100000 | 48,519.42 | 18,181.81 |
| A068 | 330000 | 249,322.19 | 88,623.41 |
| A187 | 250000 | 99,811.70 | 36,295.97 |
| A188 | 170000 | 87,414.35 | 33,288.20 |
| A189 | 160000 | 104,198.65 | 37,273.60 |
| A190 | 150000 | 130,105.00 | 45,015.67 |
| A191 | 400000 | 71,124.34 | 25,083.74 |

图1-1 门店月报示例数据

这个案例中，地区、省份、城市、门店性质、销售情况等数据，分散保存在4个工作表中，但它们都是有关联的：

◎ 工作表"本月月报"和"门店信息"通过关联字段"店名"，来获取门店性质、城市名称。
◎ 工作表"门店信息"和"城市省份"通过关联字段"城市"，来获取省份名称。
◎ 工作表"城市省份"和"省份地区"通过关联字段"省份"，来获取地区信息。
◎ 这4个工作表通过关联不同的字段，就能得到一个完整的信息数据表。
◎ 完成率、毛利、毛利率等，可以通过字段"本月指标""实际销售额""销售成本"进行计算。

### 1.1.2 使用函数制作分析底稿

扫一扫，看视频

使用VLOOKUP函数或者其他函数（如INDEX函数和MATCH函数）来关联几个工作表，制作数据分析底稿，是最普遍的方法。

将工作簿"门店月报.xlsx"另存为"函数关联.xlsx"，在工作表"本月月报"右侧插入4列"性质""城市""省份""地区"，然后分别使用VLOOKUP函数从相关工作表中匹配数据，生成一个含有全部信息的分析底稿，如图1-2所示。查找公式如下。

单元格E2，匹配门店性质：
=VLOOKUP(A2,门店信息!A:C,2,0)

单元格F2，匹配门店城市：
=VLOOKUP(A2,门店信息!A:C,3,0)

单元格G2，匹配门店省份：
=VLOOKUP(F2,城市省份!A:B,2,0)

单元格H2，匹配门店地区：
=VLOOKUP(G2,省份地区!A:B,2,0)

图1-2 使用VLOOKUP函数从各个关联工作表中匹配字段

有了这个分析底稿，我们就可以创建一个普通的数据透视表进行各种分析，制作需要的分析报告了。图1-3所示为创建的普通数据透视表。

图1-3 创建的普通数据透视表

## 1.1.3 使用Power Query制作分析底稿

扫一扫，看视频

本小节主要介绍如何使用Power Query来制作图1-2所示的分析底稿，而不是创建自动化数据分析模型，这部分内容将在后面进行详细介绍。

制作图1-2所示的分析底稿，也就是将分散于各个工作表的数据进行整合，生成一个信息全面、完整的数据表，可以使用Power Query进行合并查询。

在使用Power Query进行合并查询时，既可以将合并底稿生成在当前工作簿中，也可以将这个合并底稿生成在一个新的工作簿中，具体方法和操作步骤完全一样。下面的操作是将合并底稿生成在当前工作簿中。

将工作簿"门店月报.xlsx"另存为"PQ关联.xlsx"。

步骤① 在"数据"选项卡中，执行"获取数据"→"来自文件"→"从工作簿"命令，如图1-4所示。

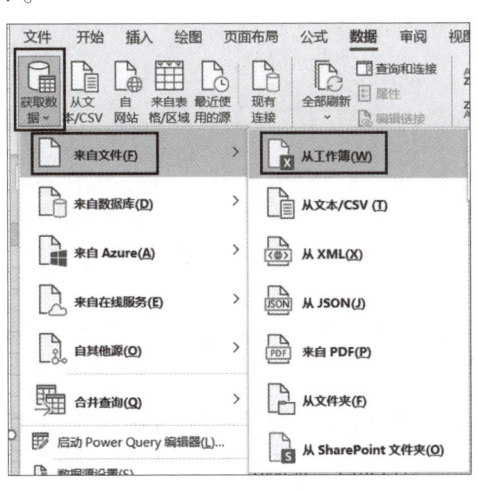

图1-4 执行"获取数据"→"来自文件"→"从工作簿"命令

步骤② 打开"导入数据"对话框，从文件夹中选择工作簿"PQ关联.xlsx"，如图1-5所示。

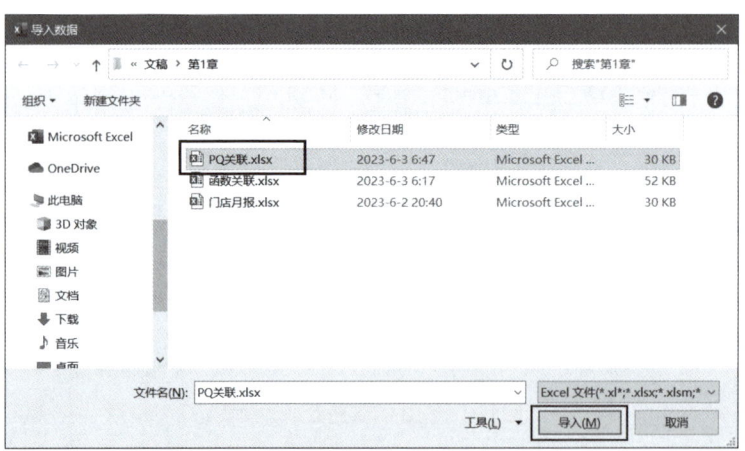

图1-5　选择工作簿"PQ关联.xlsx"

步骤③　单击"导入"按钮,打开"导航器"对话框,先选择"选择多项"复选框,然后选择要合并的4个表,如图1-6所示。

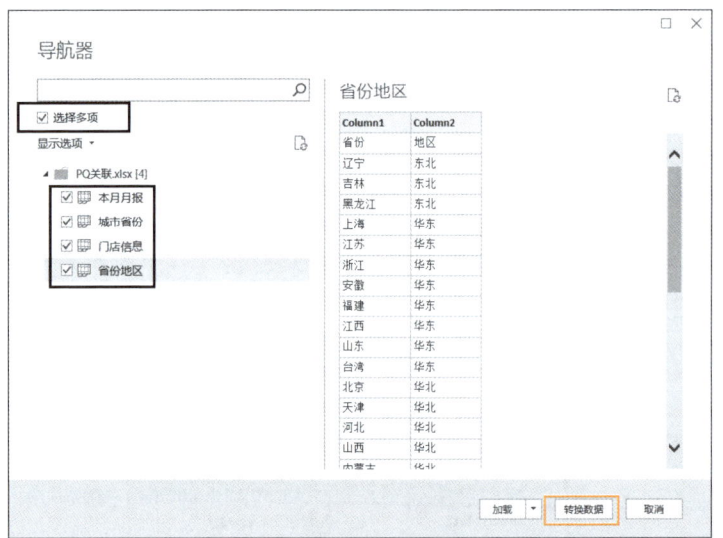

图1-6　选择要合并的4个表

步骤④　单击对话框右下角的"转换数据"按钮,打开Power Query编辑器,如图1-7所示。

步骤⑤　在左侧的查询窗格中,分别单击每个表,查看第一行是不是标题,如图1-8所示。如果不是,就单击"将第一行用作标题"按钮提升标题,如图1-9所示。

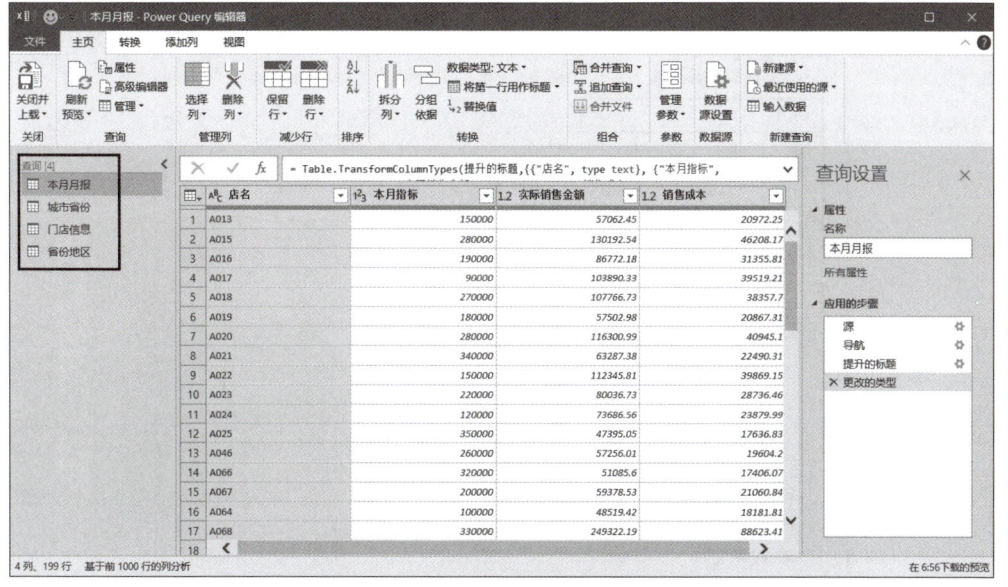

图1-7　Power Query编辑器

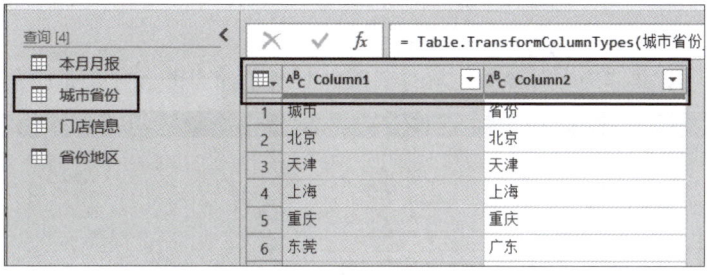

图1-8　表格的标题不对

步骤 6　在左侧的查询窗格中，任选一个表格，执行"合并查询"→"将查询合并为新查询"命令，如图1-10所示。

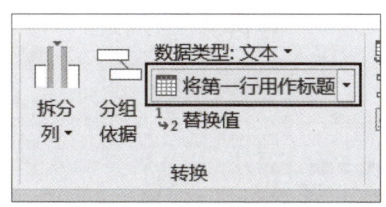

图1-9　提升标题

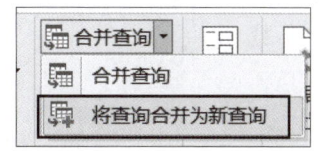

图1-10　执行"将查询合并为新查询"命令

步骤 7　打开"合并"对话框，在上下两个要合并的表中分别选择"本月月报"和"门店信息"，然后用鼠标分别选择两个表的"店名"列，其他设置保持默认，如图1-11所示。

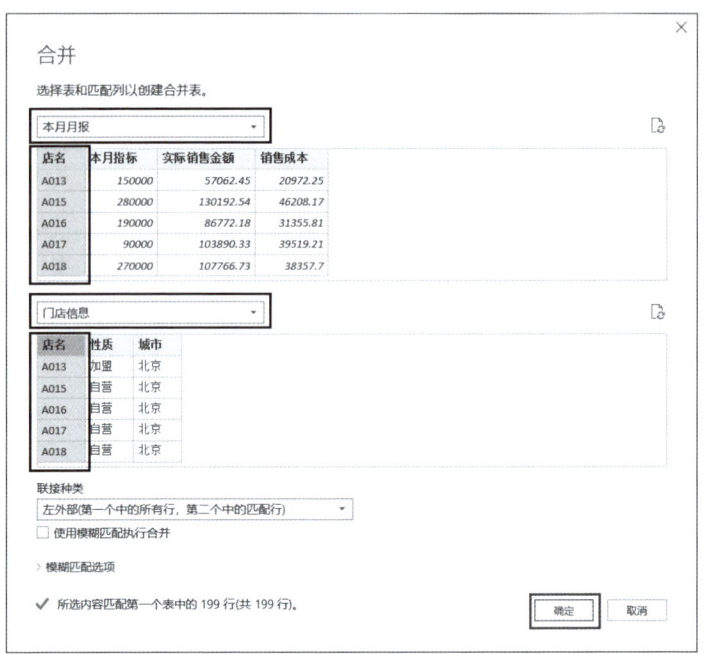

图1-11 对选择的两个表使用"店名"进行关联

步骤⑧ 单击"确定"按钮,就得到图1-12所示的合并表"合并1"。

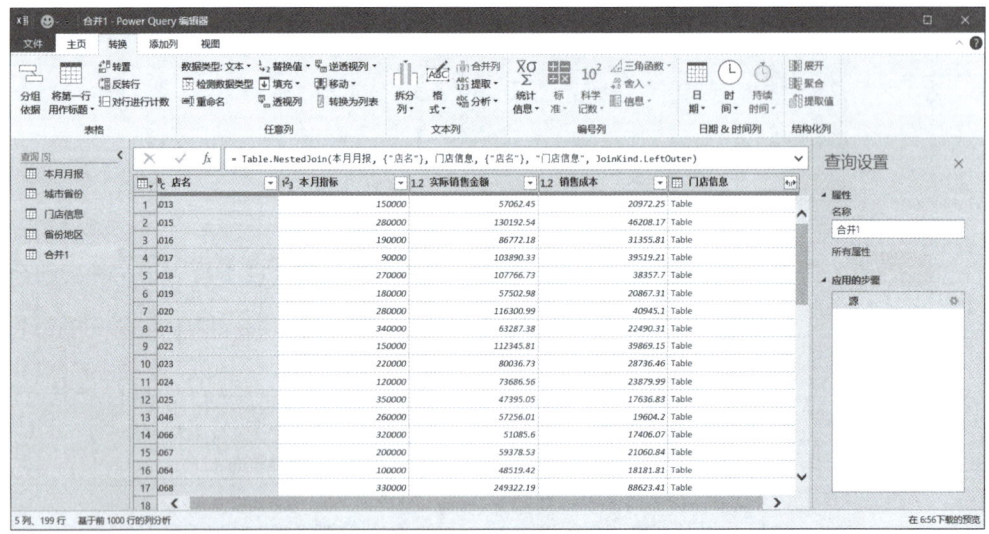

图1-12 合并表

步骤⑨ 单击最右一列标题右侧的展开按钮,打开一个筛选窗格,选择"性质"和"城市"列,取消选择"使用原始列名作为前缀"复选框,如图1-13所示。

步骤⑩ 单击"确定"按钮,就得到了一个"本月月报"和"门店信息"的合并表,将门店性质和城市信息补充到了月报数据表中,如图1-14所示。

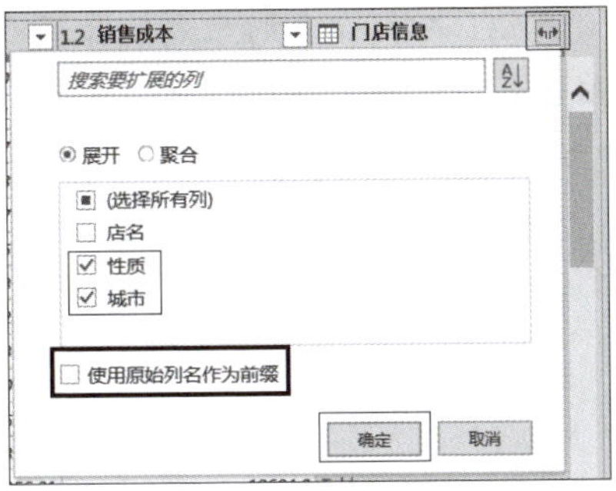

图1-13 选择"性质"和"城市"列

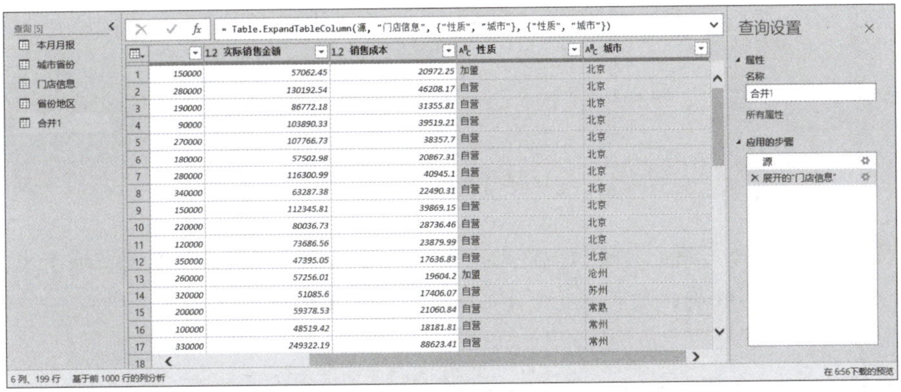

图1-14 "本月月报"和"门店信息"的合并表

**步骤⑪** 选择这个合并表"合并1",执行"合并查询"→"合并查询"命令(参考步骤6中的图1-10),打开"合并"对话框,在下拉列表框中选择"城市省份",然后用鼠标分别选择两个表的"城市"列,其他设置保持默认,如图1-15所示。

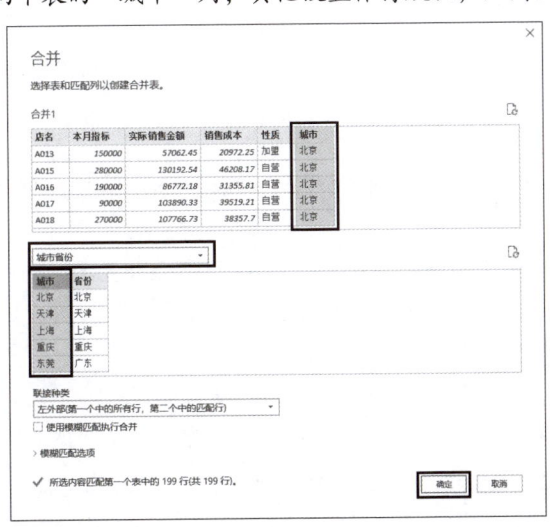

图1-15 设置两表合并选项:使用"城市"列关联

步骤12 单击"确定"按钮,即可在表的最右侧得到一个新列"城市省份",然后单击标题右侧的展开按钮,打开一个筛选窗格,选择"省份"列,取消选择"使用原始列名作为前缀"复选框,如图1-16所示。

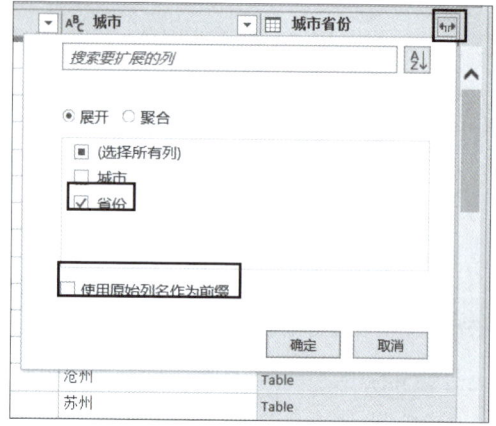

图1-16 选择"省份"列

步骤13 单击"确定"按钮,得到一个"本月月报""门店信息""城市省份"的合并表,将门店性质、城市、省份补充到了月报数据表中,如图1-17所示。

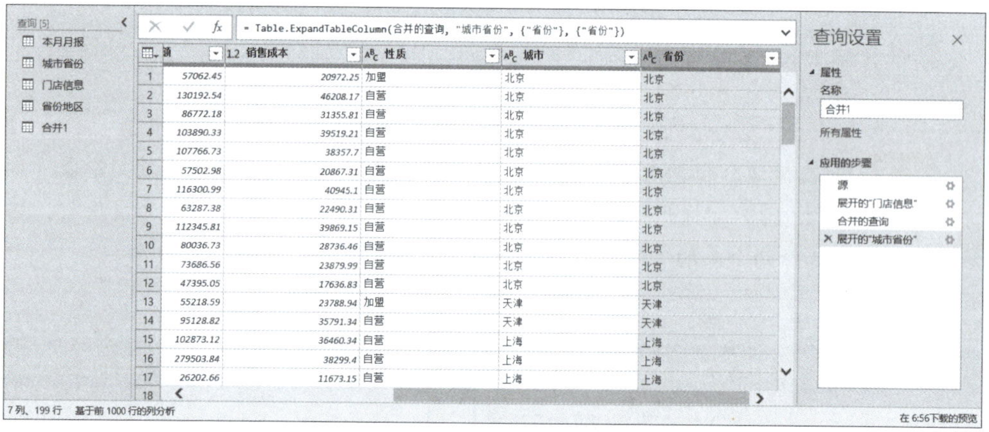

图1-17 "本月月报""门店信息""城市省份"的合并表

步骤14 再选择这个合并表"合并1",执行"合并查询"→"合并查询"命令,打开"合并"对话框,在下拉列表框中选择"省份地区",然后用鼠标分别选择两个表的"省份"列,其他设置保持默认,如图1-18所示。

步骤15 单击"确定"按钮,即可在表的最右侧得到一个新列"省份地区",然后单击标题右侧的展开按钮,打开一个筛选窗格,选择"地区"列,取消选择"使用原始列名作为前缀"复选框,如图1-19所示。

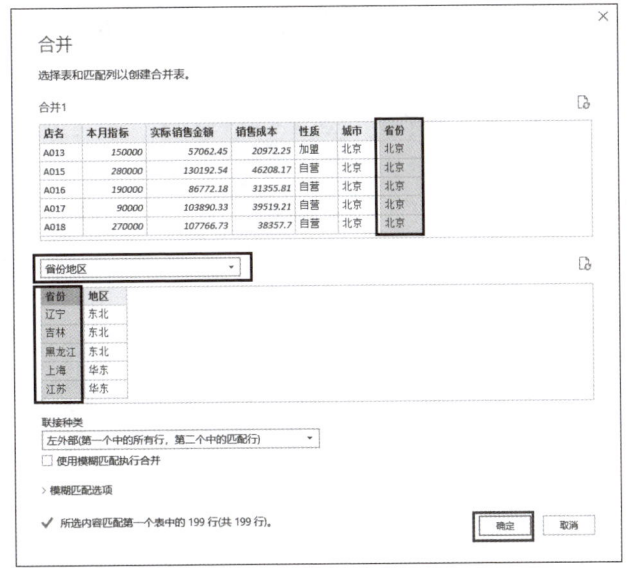
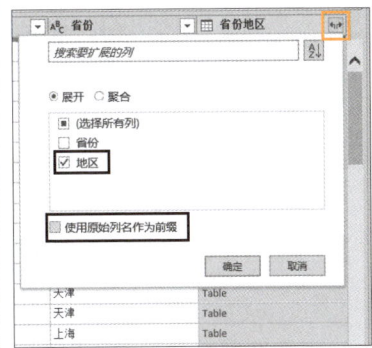

图1-18　设置两表合并选项：使用"省份"列关联　　　图1-19　选择"地区"

**步骤⑯** 单击"确定"按钮，即可得到4个表格关联合并的分析底稿，如图1-20所示。

图1-20　最终的合并表

**步骤⑰** 在编辑器右侧的"查询设置"窗格中，将默认的查询名称"合并1"修改为"分析底稿"，如图1-21所示。

**步骤⑱** 执行"文件"→"关闭并上载至"命令，如图1-22所示。

**步骤⑲** 打开"导入数据"对话框，选择"数据透视表"和"新工作表"单选按钮，如图1-23所示。

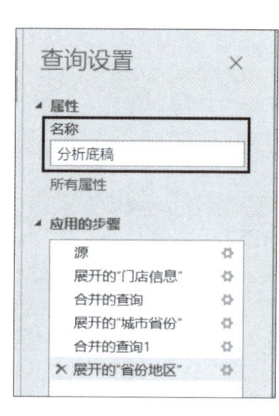 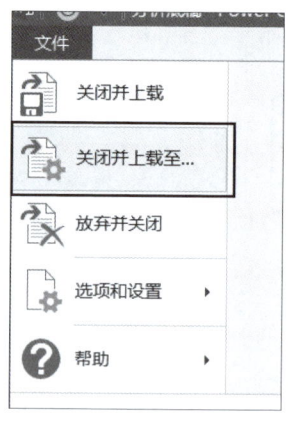 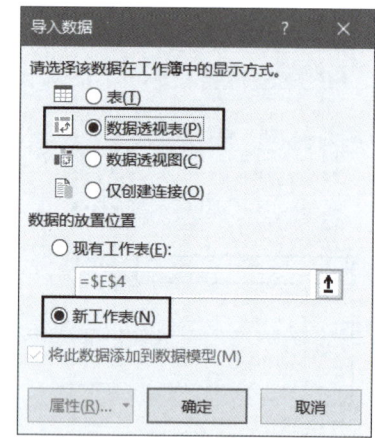

图1-21　修改查询名称　　图1-22　"关闭并上载至"命令　　图1-23　选择"数据透视表"和"新工作表"单选按钮

**步骤20** 单击"确定"按钮，就在一个新工作表中创建了一个数据透视表，然后在工作表右侧的字段列表中展开"分析底稿"，对数据透视表进行布局，如图1-24所示。

图1-24　创建的数据透视表

但是，这种直接根据Power Query查询表创建的数据透视表，实际上是超级透视表（Power Pivot），不能使用普通的方法插入计算字段，插入计算字段命令是不可用的，如图1-25所示。

此时，要么使用Power Pivot中的DAX函数来创建度量值，计算完成率、毛利和毛利率，要么先将合并表"分析底稿"单独导入Excel工作表，再以导出的这个表格制作普通的数据透视表。

将合并表"分析底稿"单独导入Excel工作表的方法是，在工作表右侧的"查询 & 连接"窗格中，右击"分析底稿"，执行"加载到"命令，如图1-26所示。打开"导入数据"对话框，选择"表"和"新工作表"单选按钮，如图1-27所示。

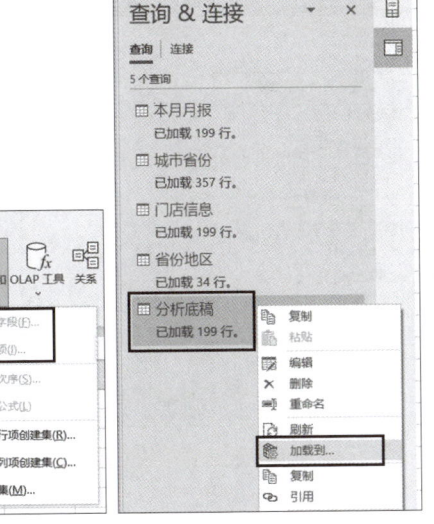
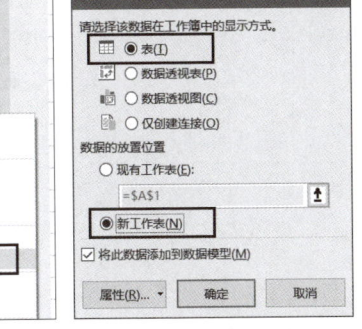

图1-25 插入的计算字段命令不可用　　图1-26 "加载到"命令　　图1-27 选择"表"和"新工作表"单选按钮

单击"确定"按钮，就得到一个新的工作表"分析底稿"，保存合并表的全部数据，如图1-28所示。

图1-28 导出的分析底稿数据

下面用这个分析底稿数据制作普通的数据透视表，数据来源是一个动态名称"分析底稿"，如图1-29所示。这就是前面创建的合并查询名称"分析底稿"。

由于以这个数据底稿创建的数据透视表是一个普通的数据透视表，因此可以使用常规的方法插入计算字段、计算项等，如图1-30所示。这样可以分析完成率、毛利和毛利率的情况。

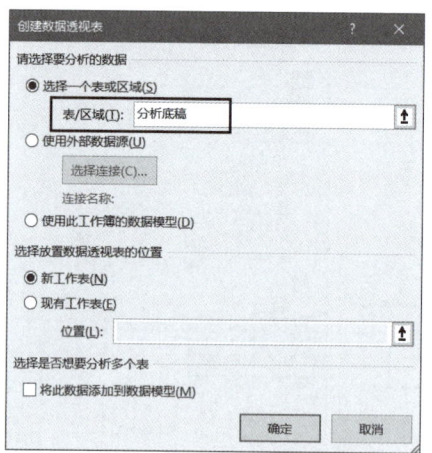

图1-29　以分析底稿数据创建普通数据透视表

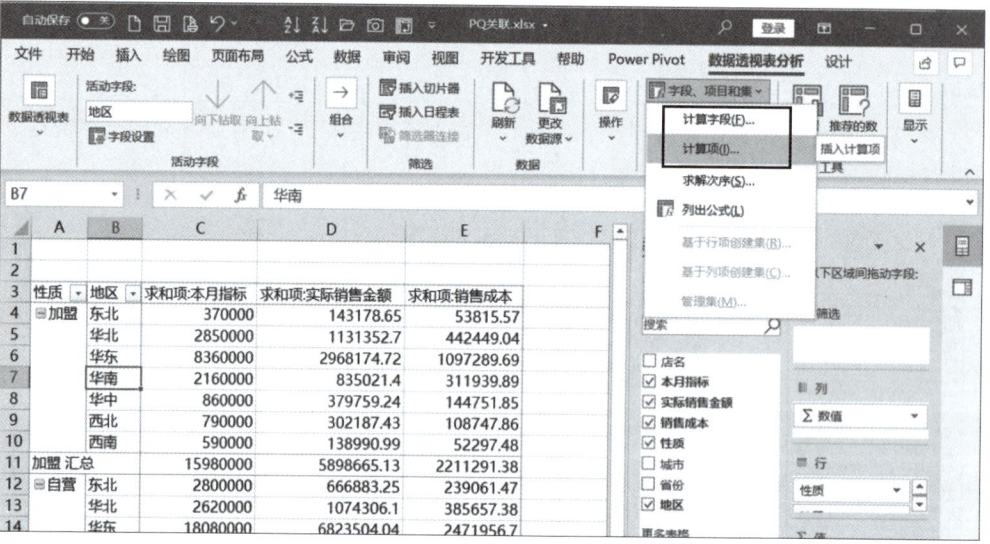

图1-30　插入的计算字段命令可以使用

## 1.1.4　使用Power Pivot直接制作分析报告

扫一扫，看视频

前面介绍的是用Power Query来关联合并4个工作表，得到数据模型，根据数据模型直接创建的数据透视表实际上是超级透视表（Power Pivot）。

既然要创建超级透视表（Power Pivot），就没必要使用Power Query做多次合并查询以生成分析底稿，可以直接建立这4个表格的关联关系，并定义经营分析度量值，从而可以更高效地进行数据分析。

下面将工作簿"门店月报.xlsx"另存为"PP建模.xlsx"。

步骤①　先做好以下准备工作。

在"开发工具"选项卡中，单击"COM加载项"命令按钮，如图1-31所示。

12

打开"COM加载项"对话框,选择Microsoft Power Pivot for Excel加载项,如图1-32所示。

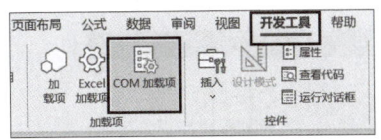

图1-31 "COM加载项"命令按钮

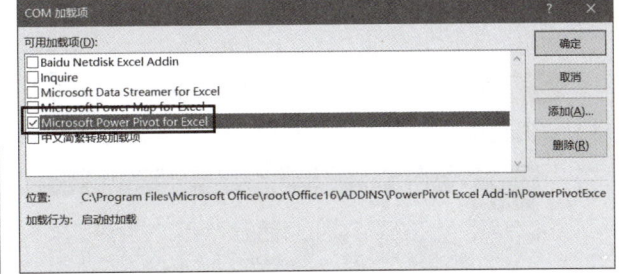

图1-32 选择Microsoft Power Pivot for Excel加载项

单击"确定"按钮,功能区中显示Power Pivot选项卡,如图1-33所示。

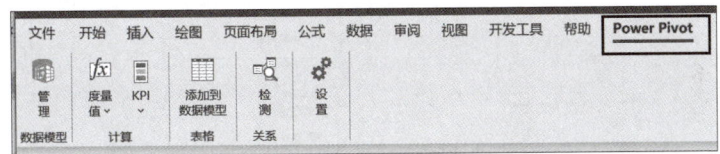

图1-33 Power Pivot选项卡

步骤2 将4个工作表分别添加到数据模型中。

Power Pivot的核心是数据模型,因此需要先以表格为基础建立数据模型。

建立数据模型最简单的方法是使用Power Pivot添加模型命令,单击表格数据区域中的任一单元格,然后在Power Pivot选项卡中单击"添加到数据模型"按钮,即可将该表格添加到数据模型中,如图1-34所示。

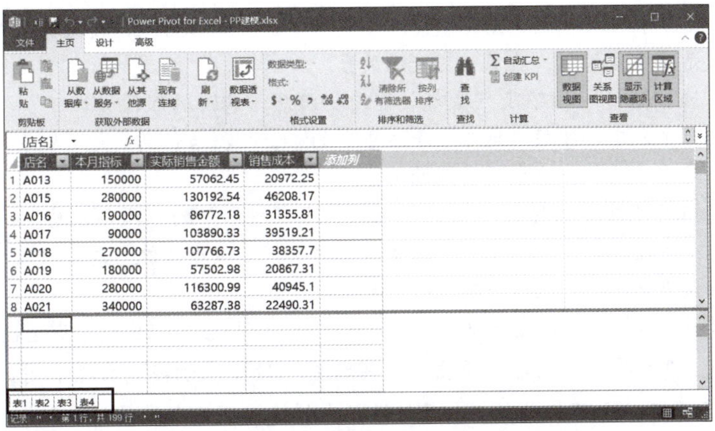

图1-34 将4个工作表添加到数据模型中

将工作表添加到数据模型后,会自动打开Microsoft Power Pivot for Excel界面,表格数据模型的默认名称分别是"表1""表2""表3""表4",用户可以将这4个模型分别重命名为直观的名称,如图1-35所示。

图1-35　重命名模型名称

**步骤3** 在Microsoft Power Pivot for Excel界面中，单击"关系图视图"按钮，切换到关系图视图，然后使用鼠标建立每个表之间关联字段的连接线，如图1-36所示。

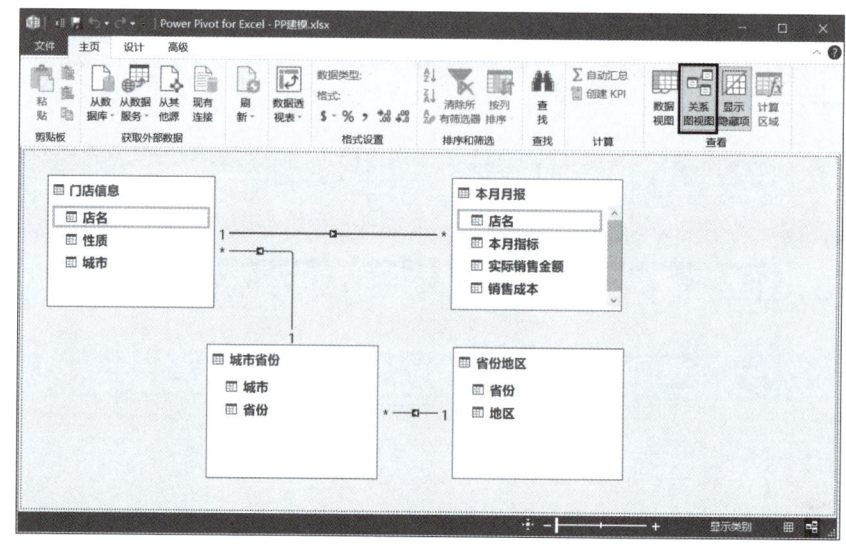

图1-36　建立各个表之间的关联关系

这里要特别注意每个关联表的连接顺序，本例中，关联表的拖放顺序如下：
- 将"门店信息"的字段"店名"拖到"本月月报"的字段"店名"上，"门店信息"是主表（其字段"店名"是不重复的），"本月月报"是关联表（其字段"店名"是不重复的），生成一对一的关系。
- 将"城市省份"的字段"城市"拖到"门店信息"的字段"城市"上，"城市省份"是主表（其字段"城市"是不重复的），"门店信息"是关联表（其字段"城市"是重复的），生成一对多的关系。
- 将"省份地区"的字段"省份"拖到"城市省份"的字段"省份"上，"省份地区"是主表（其字段"省份"是不重复的），"城市省份"是关联表（其字段"省份"是重复的），生成一对多的关系。

这样，即可将4个表格通过不同的字段关联起来，然后就可以进行数据透视分析了。

**步骤4** 建立关联关系后，单击"数据视图"按钮，切换到数据视图，然后在某个模型中创建度量值，这里在模型"本月月报"中创建以下几个度量值，如图1-37所示。

完成率:=DIVIDE(CALCULATE(SUM('本月月报'[实际销售金额])),CALCULATE(SUM('本月月报'[本月指标])))

毛利:=CALCULATE(SUM('本月月报'[实际销售金额]))-CALCULATE(SUM('本月月报'[销售成本]))

毛利率:=DIVIDE(CALCULATE(SUM('本月月报'[实际销售金额]))-CALCULATE(SUM('本

月月报'[销售成本])),CALCULATE(SUM('本月月报'[实际销售金额]))))

图1-37 计算度量值

**步骤 5** 在Microsoft Power Pivot for Excel界面中，单击"数据透视表"按钮，如图1-38所示，然后在一个新的工作表中创建一个超级透视表，如图1-39所示。

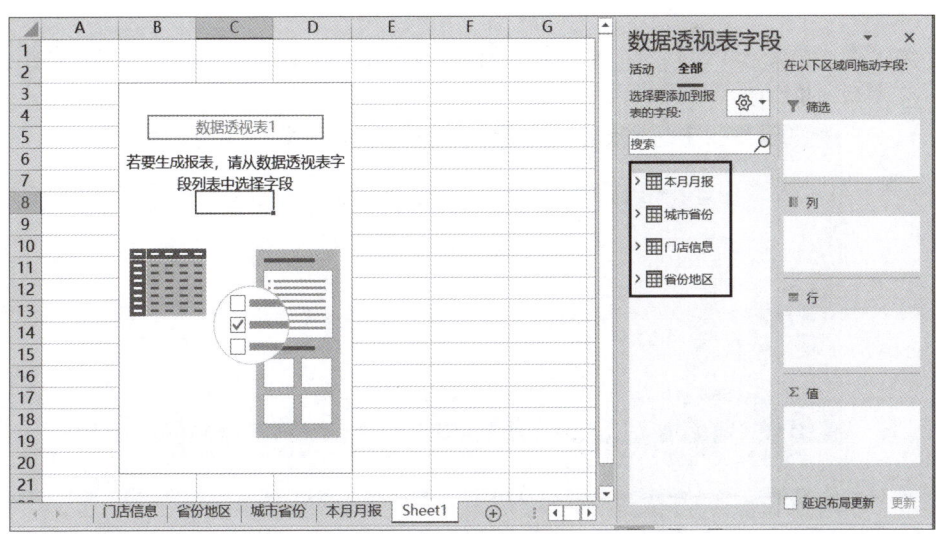

图1-38 单击"数据透视表"按钮

图1-39 创建超级透视表

**步骤 6** 在工作表右侧的"数据透视表字段"窗格中，列出了4个表，它们已经建立了关联关系，因此可以分别展开每个表，拖放字段进行布局即可，如图1-40所示。

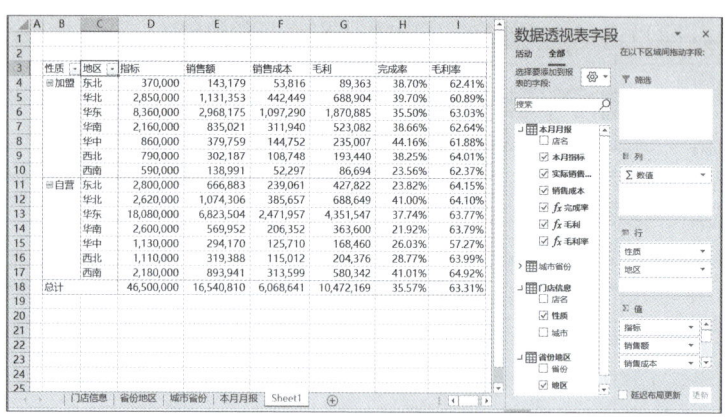

图1-40 制作统计报表

本节中，使用Power Pivot合并关联几个表格并创建数据透视表的基本要点如下：
◎ 将普通表格添加到数据模型，可以使用普通的方法，也可以使用查询的方法。
◎ 建立各个表的关联关系，注意主表的关联字段值必须是唯一的。
◎ 使用DAX函数创建度量值，计算用户需要的分析指标，这里使用了最基本的3个DAX函数：CALCULATE、SUM、DIVIDE。
◎ 插入数据透视表，从各个表中直接拖放字段进行布局。

## 1.2 门店月度经营跟踪分析报告

1.1节介绍的是门店月度经营分析，也就是分析某个月的经营数据，因为我们只有一个月的数据。

如果每个月是一个工作表，要如何跟踪分析每个月的经营情况呢？经营数据如图1-41所示，数据源是Excel工作簿"门店月度经营数据.xlsx"。

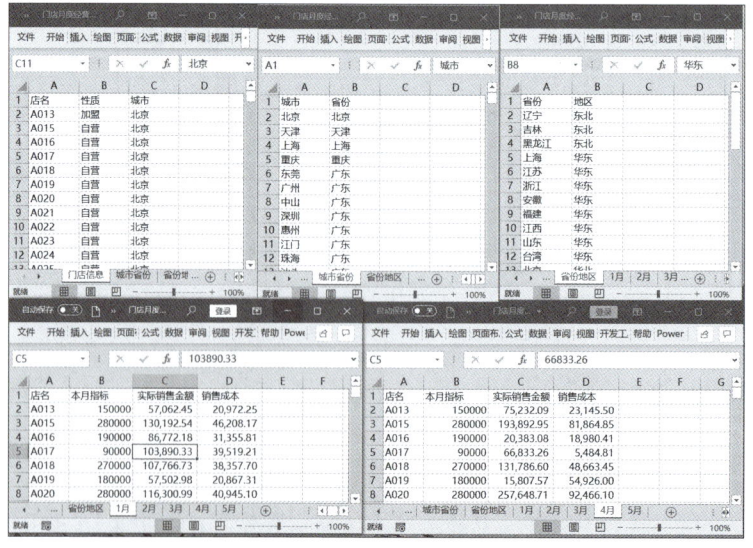

图1-41 门店基本数据及各月经营数据

## 1.2.1 使用Power Query创建基本数据模型

首先要解决各月数据汇总问题，而且要注意，当月份工作表增加后，新增月份数据必须能自动汇总。这个汇总问题，可以使用Power Query来解决，并同时建立数据模型。

需要建立的数据模型包括如下4个方面：
◎ 门店信息，原始"门店信息"表的所有信息。
◎ 城市省份，原始"城市省份"表的所有信息。
◎ 省份地区，原始"省份地区"表的所有信息。
◎ 月度汇总，各个月经营数据的汇总表。

下面是创建基本数据模型的主要步骤。

**步骤①** 在工作簿"门店月度经营数据.xlsx"中插入一个新的工作表，重命名为"分析报告"。

这个操作是为了便于同时查看原始数据与分析报告。当然，也可以新建一个工作簿，将分析报告插入新的工作簿中。

**步骤②** 在"数据"选项卡中，执行"获取数据"→"来自文件"→"从工作簿"命令，如图1-42所示。

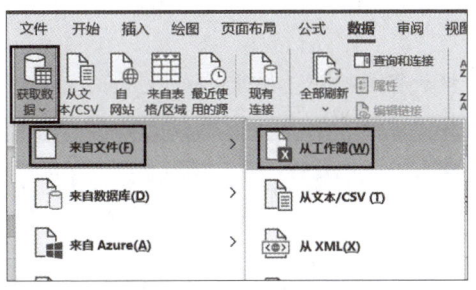

图1-42 执行"从工作簿"命令

**步骤③** 打开"导入数据"对话框，选择工作簿，如图1-43所示。

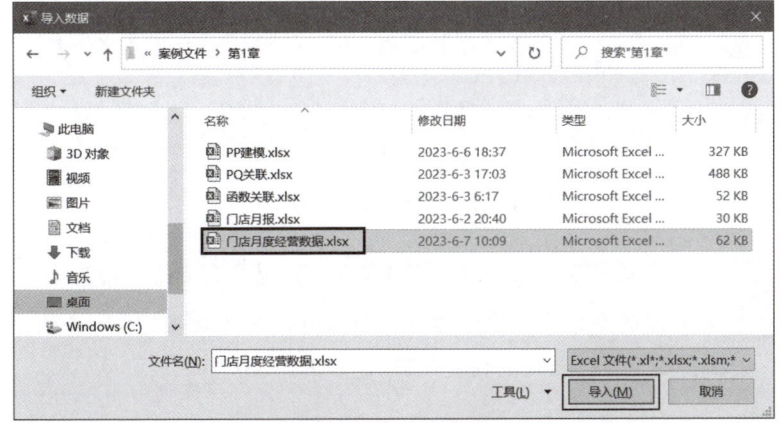

图1-43 选择工作簿

**步骤 ④** 单击"导入"按钮,打开"导航器"对话框,在左侧选择工作簿名称,如图1-44所示。

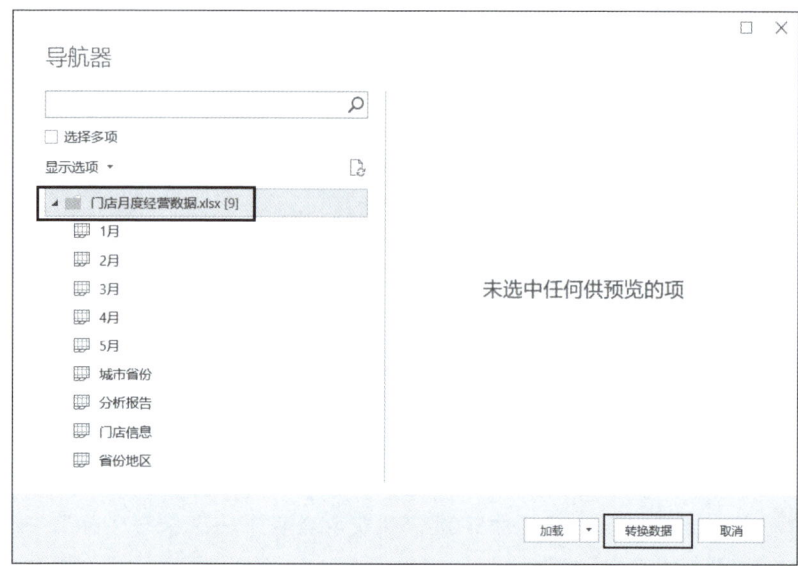

图1-44 选择工作簿名称

**步骤 ⑤** 单击"转换数据"按钮,打开Power Query编辑器,如图1-45所示。

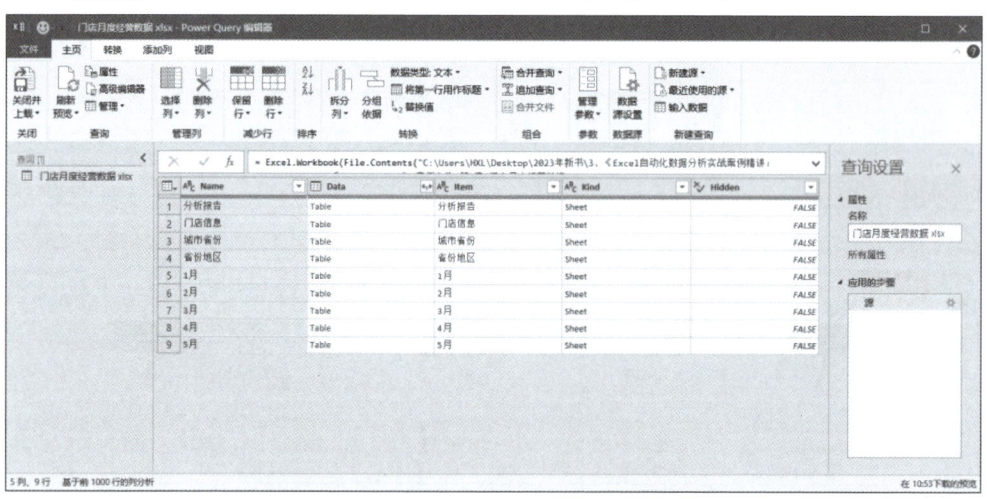

图1-45 Power Query编辑器

**步骤 ⑥** 保留前面两列数据,删除右侧的三列数据,如图1-46所示。

**步骤 ⑦** 在左侧的查询面板中,右击"门店月度经营数据.xlsx"查询,执行"复制"命令,如图1-47所示。将该查询复制3个,如图1-48所示。

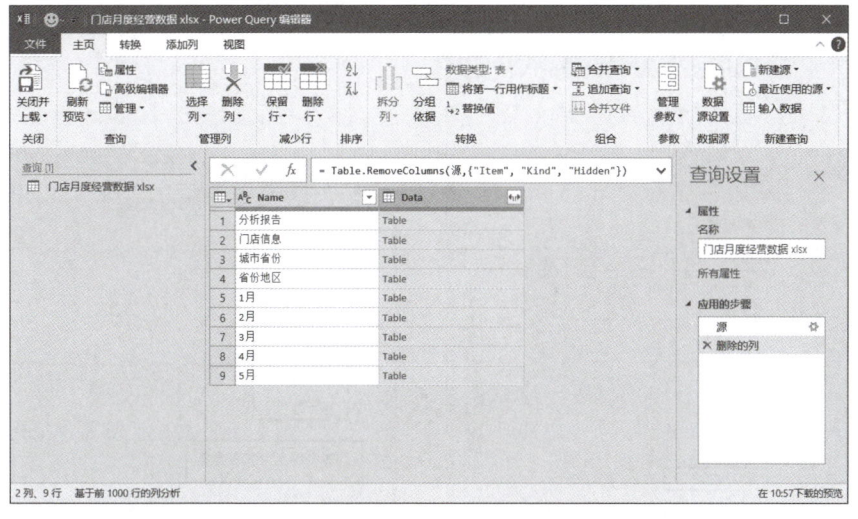

图1-46 保留前面两列数据，删除右侧的三列数据

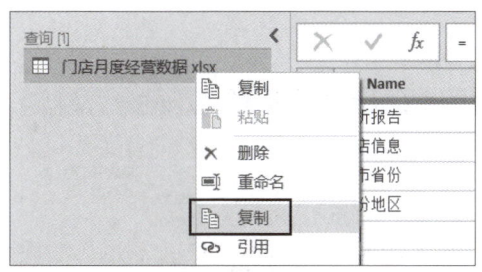

图1-47 选择"复制"命令

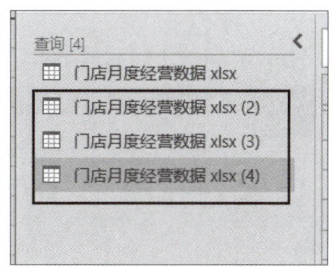

图1-48 复制查询

**步骤 8** 右击每个查询，执行"重命名"命令（也可以双击查询名），如图1-49所示。将这4个查询分别重命名为"门店信息""城市省份""省份地区""月度汇总"，如图1-50所示。

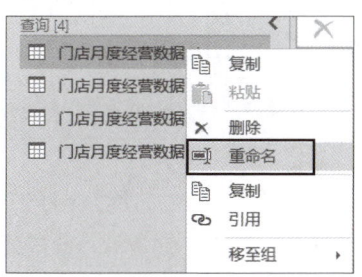

图1-49 执行"重命名"命令

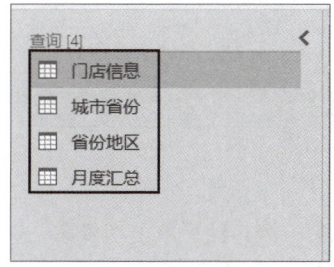

图1-50 重命名4个查询

**步骤 9** 选择查询"门店信息"，在Name下拉列表中只选择"门店信息"，取消其他选择，如图1-51所示，然后单击Data列右侧的展开按钮，选择所有列，取消选择"使用原始列名作为前缀"复选框，如图1-52所示。

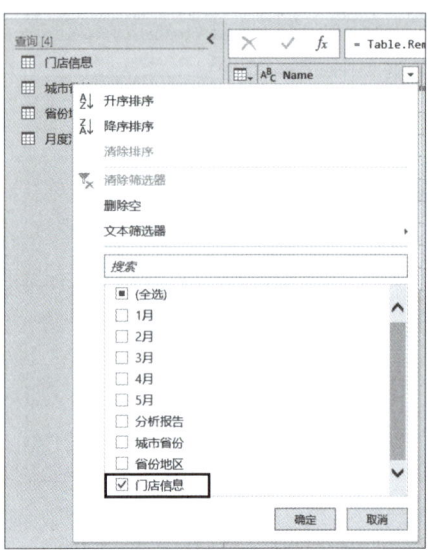

图1-51 选择"门店信息"

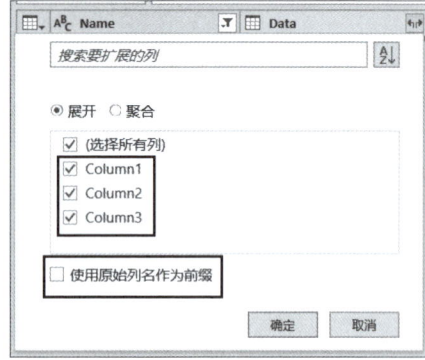

图1-52 选择所有列

这样,就得到了门店信息表,如图1-53所示。

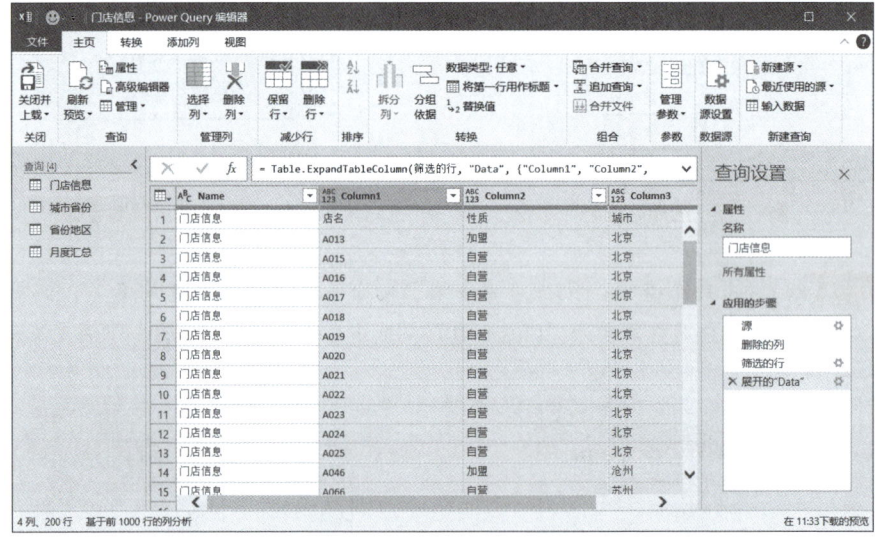

图1-53 门店信息表

删除第一列,然后单击"将第一行用作标题"按钮,如图1-54所示,就得到了最终的门店信息表,如图1-55所示。

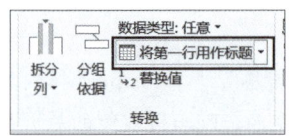

图1-54 单击"将第一行用作标题"按钮

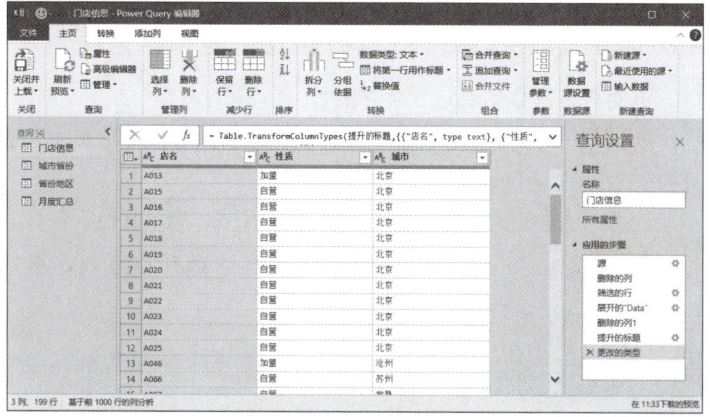

图1-55 门店信息表

**步骤⑩** 采用相同的方法,整理并获取"城市省份"表和"省份地区"表,分别如图1-56和图1-57所示。

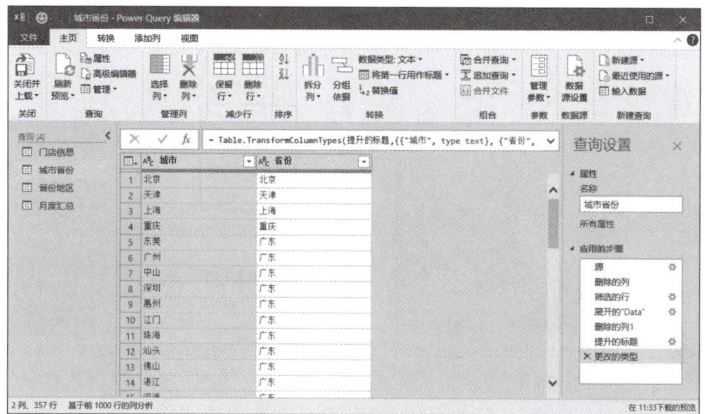

图1-56 "城市省份"表

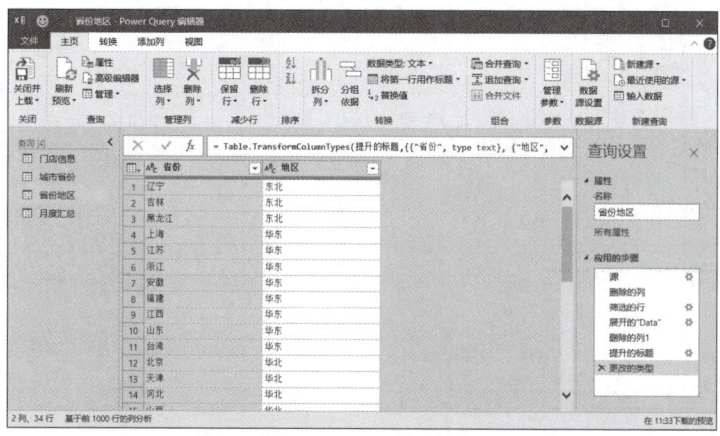

图1-57 "省份地区"表

## 1.2.2 使用Power Query合并各月数据表并创建数据模型

扫一扫，看视频

下面将各月数据表进行合并汇总。

步骤①选择查询"月度汇总"，在Name下拉列表中保留默认的所有月份，取消其他选择，如图1-58所示。

注意，这里的操作是保留默认的所有月份表，取消其他所有不需要汇总的表。

步骤②再单击Data右侧的展开按钮，选择所有列，取消选择"使用原始列名作为前缀"复选框，如图1-59所示。

这样，就得到了图1-60所示的各月汇总表。

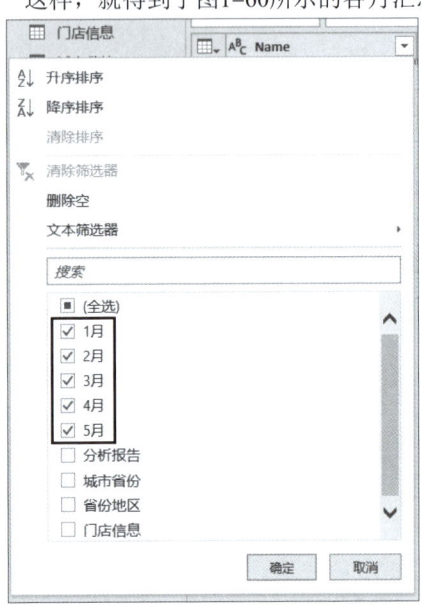

图1-58 保留所有月份

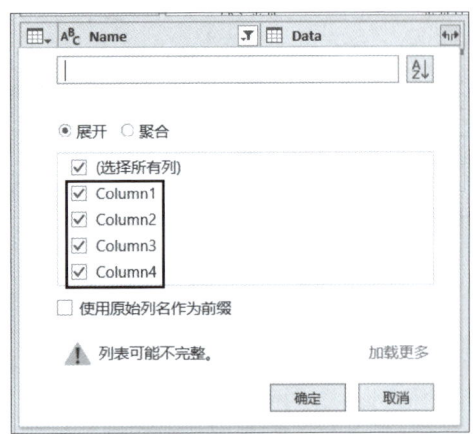

图1-59 选择所有列

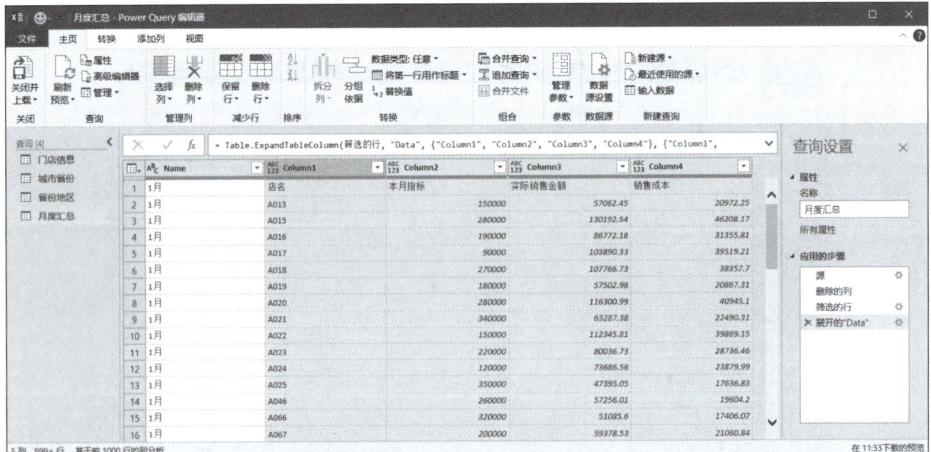

图1-60 各月汇总表

**步骤** ③ 由于这里的列不多，并且月份名称是简单的"1月""2月"等，而不是"01月""02月"这样的名称，因此手工修改列标题，以避免以后新增10月、11月、12月工作表时出现无法刷新数据的错误，如图1-61所示。

图1-61 修改标题

**步骤** ④ 在任意一列中，将每个月表的标题筛选掉，如图1-62所示。

**步骤** ⑤ 选择右侧三列的金额数据，单击"数据类型"下拉按钮，选择"小数"，将这三列的数据类型设置为"小数"，如图1-63所示。

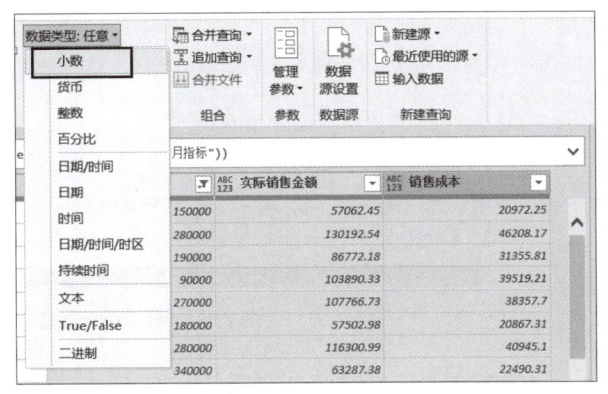

图1-62 筛选掉每个月表的标题　　图1-63 设置右侧三列的数据类型为"小数"

**步骤** ⑥ 执行"文件"→"关闭并上载至"命令，如图1-64所示，打开"导入数据"对话框，选择"仅创建连接"单选按钮和"将此数据添加到数据模型"复选框，如图1-65所示。

这样，就得到4个查询数据模型，如图1-66所示。

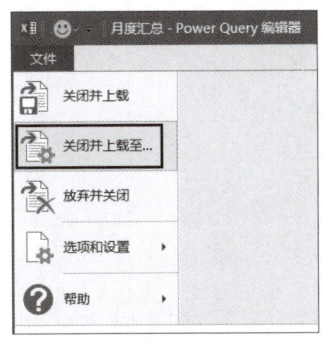 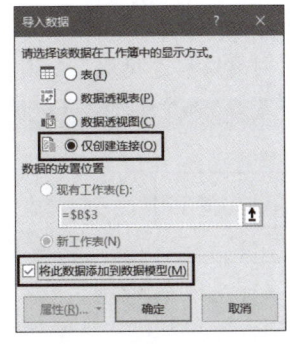 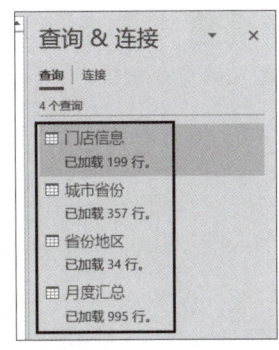

图1-64 "关闭并上载至"命令　　图1-65 设置导入数据选项　　图1-66 4个查询数据模型

### 1.2.3 使用Power Pivot建立关联关系并创建超级透视表

扫一扫，看视频

1.2.2小节通过Power Query得到了4个查询数据模型，下面创建基于这4个查询模型的数据分析报告。

**步骤①** 在Power Pivot选项卡中，单击"管理"按钮，打开Microsoft Power Pivot for Excel界面，单击"关系图视图"按钮，切换到关系图视图，然后使用鼠标建立各个表之间关联字段的连接线，如图1-67所示。

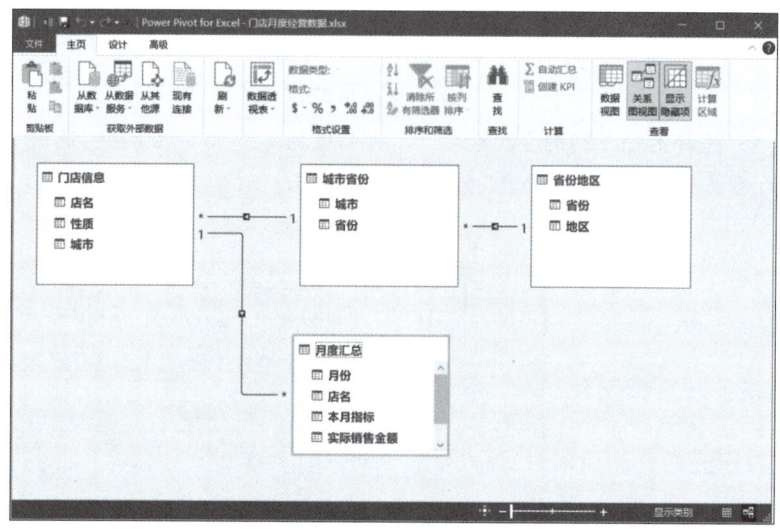

图1-67　建立4个表的关联关系

**步骤②** 创建三个度量值"完成率""毛利""毛利率"，公式分别如下。

完成率:=DIVIDE(CALCULATE(SUM('月度汇总'[实际销售金额])),CALCULATE(SUM('月度汇总'[本月指标])))

毛利:=CALCULATE(SUM('月度汇总'[实际销售金额]))-CALCULATE(SUM('月度汇总'[销售成本]))

毛利率:=DIVIDE(CALCULATE(SUM('月度汇总'[实际销售金额]))-CALCULATE(SUM('月度汇总'[销售成本])),CALCULATE(SUM('月度汇总'[实际销售金额])))

**步骤③** 在Microsoft Power Pivot for Excel界面中，单击"数据透视表"命令按钮，在指定的"分析报告"工作表上创建数据透视表，如图1-68所示。

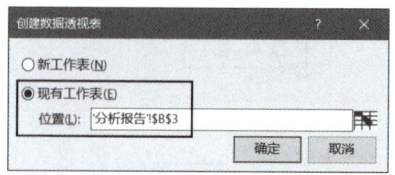

图1-68　创建数据透视表

**步骤④** 对数据透视表进行布局，得到图1-69所示的基本分析报告。

| 性质 | 地区 | 指标 | 销售额 | 销售成本 | 完成率 | 毛利 | 毛利率 |
|---|---|---|---|---|---|---|---|
| ⊟加盟 | 东北 | 1,850,000 | 880,175 | 80,955 | 47.58% | 799,220 | 90.80% |
| | 华北 | 14,250,000 | 6,475,440 | 2,634,278 | 45.44% | 3,841,162 | 59.32% |
| | 华东 | 41,800,000 | 16,049,483 | 5,662,149 | 38.40% | 10,387,333 | 64.72% |
| | 华南 | 10,800,000 | 4,744,471 | 1,613,787 | 43.93% | 3,130,684 | 65.99% |
| | 华中 | 4,300,000 | 1,942,216 | 657,447 | 45.17% | 1,284,769 | 66.15% |
| | 西北 | 3,950,000 | 2,247,928 | 1,238,412 | 56.91% | 1,009,516 | 44.91% |
| | 西南 | 2,950,000 | 504,232 | 319,010 | 17.09% | 185,222 | 36.73% |
| 加盟 汇总 | | 79,900,000 | 32,843,945 | 12,206,038 | 41.11% | 20,637,907 | 62.84% |
| ⊟自营 | 东北 | 14,000,000 | 3,460,541 | 1,359,957 | 24.72% | 2,100,584 | 60.70% |
| | 华北 | 13,100,000 | 6,154,926 | 2,461,707 | 46.98% | 3,693,219 | 60.00% |
| | 华东 | 90,400,000 | 34,091,771 | 14,006,863 | 37.71% | 20,084,908 | 58.91% |
| | 华南 | 13,000,000 | 2,847,772 | 1,141,095 | 21.91% | 1,706,677 | 59.93% |
| | 华中 | 5,650,000 | 1,608,566 | 699,583 | 28.47% | 908,983 | 56.51% |
| | 西北 | 5,550,000 | 2,364,280 | 535,693 | 42.60% | 1,828,587 | 77.34% |
| | 西南 | 10,900,000 | 5,123,197 | 1,861,458 | 47.00% | 3,261,739 | 63.67% |
| 自营 汇总 | | 152,600,000 | 55,651,053 | 22,066,356 | 36.47% | 33,584,697 | 60.35% |
| 总计 | | 232,500,000 | 88,494,998 | 34,272,394 | 38.06% | 54,222,604 | 61.27% |

图1-69　基本分析报告

**步骤5** 将“地区”拖至筛选区域，“月份”拖至行区域，得到可以查看各月经营情况的分析报告，如图1-70所示。

地区：华东

| 性质 | 月份 | 指标 | 销售额 | 销售成本 | 完成率 | 毛利 | 毛利率 |
|---|---|---|---|---|---|---|---|
| ⊟自营 | 1月 | 18,080,000 | 6,823,504 | 2,471,957 | 37.74% | 4,351,547 | 63.77% |
| | 2月 | 18,080,000 | 7,002,967 | 2,587,132 | 38.73% | 4,415,835 | 63.06% |
| | 3月 | 18,080,000 | 6,394,932 | 2,839,476 | 35.37% | 3,555,456 | 55.60% |
| | 4月 | 18,080,000 | 6,886,560 | 3,035,904 | 38.09% | 3,850,656 | 55.92% |
| | 5月 | 18,080,000 | 6,983,809 | 3,072,395 | 38.63% | 3,911,414 | 56.01% |
| 自营 汇总 | | 90,400,000 | 34,091,771 | 14,006,863 | 37.71% | 20,084,908 | 58.91% |
| ⊟加盟 | 1月 | 8,360,000 | 2,968,175 | 1,097,290 | 35.50% | 1,870,885 | 63.03% |
| | 2月 | 8,360,000 | 3,212,347 | 1,036,770 | 38.43% | 2,175,577 | 67.73% |
| | 3月 | 8,360,000 | 3,174,996 | 1,215,146 | 37.98% | 1,959,850 | 61.73% |
| | 4月 | 8,360,000 | 3,232,111 | 1,135,805 | 38.66% | 2,096,306 | 64.86% |
| | 5月 | 8,360,000 | 3,461,854 | 1,177,139 | 41.41% | 2,284,715 | 66.00% |
| 加盟 汇总 | | 41,800,000 | 16,049,483 | 5,662,149 | 38.40% | 10,387,333 | 64.72% |
| 总计 | | 132,200,000 | 50,141,254 | 19,669,012 | 37.93% | 30,472,241 | 60.77% |

图1-70　各月经营情况的分析报告

这样就得到一个动态的合并汇总分析报告，如果工作簿中增加了月份数据，可以先将工作簿保存，然后右击数据透视表，执行“刷新”命令，就可以自动得到新的分析报告，如图1-71所示。

地区：华东

| 性质 | 月份 | 指标 | 销售额 | 销售成本 | 完成率 | 毛利 | 毛利率 |
|---|---|---|---|---|---|---|---|
| ⊟自营 | 1月 | 18,080,000 | 6,823,504 | 2,471,957 | 37.74% | 4,351,547 | 63.77% |
| | 2月 | 18,080,000 | 7,002,967 | 2,587,132 | 38.73% | 4,415,835 | 63.06% |
| | 3月 | 18,080,000 | 6,394,932 | 2,839,476 | 35.37% | 3,555,456 | 55.60% |
| | 4月 | 18,080,000 | 6,886,560 | 3,035,904 | 38.09% | 3,850,656 | 55.92% |
| | 5月 | 18,080,000 | 6,983,809 | 3,072,395 | 38.63% | 3,911,414 | 56.01% |
| | 6月 | 18,080,000 | 10,148,117 | 4,505,964 | 56.13% | 5,642,153 | 55.60% |
| | 7月 | 18,080,000 | 9,277,236 | 3,360,872 | 51.31% | 5,916,364 | 63.77% |
| 自营 汇总 | | 126,560,000 | 53,517,124 | 21,873,700 | 42.29% | 31,643,424 | 59.13% |
| ⊟加盟 | 1月 | 8,360,000 | 2,968,175 | 1,097,290 | 35.50% | 1,870,885 | 63.03% |
| | 2月 | 8,360,000 | 3,212,347 | 1,036,770 | 38.43% | 2,175,577 | 67.73% |
| | 3月 | 8,360,000 | 3,174,996 | 1,215,146 | 37.98% | 1,959,850 | 61.73% |
| | 4月 | 8,360,000 | 3,232,111 | 1,135,805 | 38.66% | 2,096,306 | 64.86% |
| | 5月 | 8,360,000 | 3,461,854 | 1,177,139 | 41.41% | 2,284,715 | 66.00% |
| | 6月 | 8,360,000 | 5,038,402 | 1,928,315 | 60.27% | 3,110,086 | 61.73% |
| | 7月 | 8,360,000 | 4,035,530 | 1,491,875 | 48.27% | 2,543,655 | 63.03% |
| 加盟 汇总 | | 58,520,000 | 25,123,415 | 9,082,340 | 42.93% | 16,041,075 | 63.85% |
| 总计 | | 185,080,000 | 78,640,539 | 30,956,039 | 42.49% | 47,684,500 | 60.64% |

分析报告 | 门店信息 | 城市省份 | 省份地区 | 1月 | 2月 | 3月 | 4月 | 5月 | 6月 | 7月

图1-71　刷新数据透视表自动更新分析报告

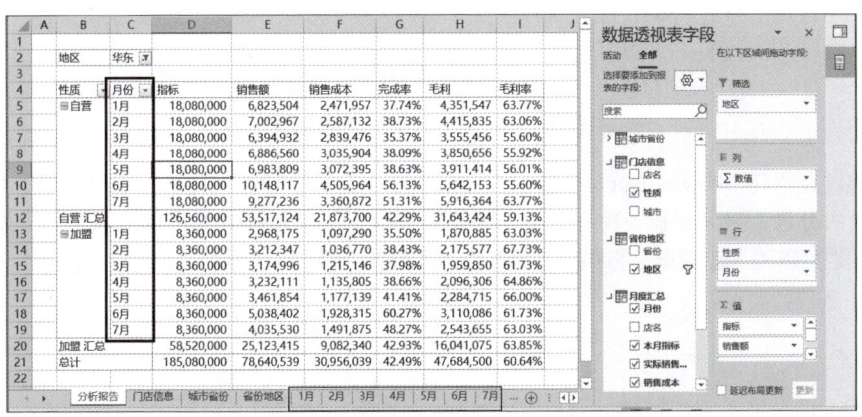

综上所述，联合使用Power Query和Power Pivot合并关联几个表格并创建数据透视表的基本要点如下：

◎ 由于工作簿中有单个工作表，也有要合并的几个工作表，因此需要使用Power Query的"从工作簿"命令来建立查询，并分别对单个工作表进行展开建立查询，而对多个工作表则进行合并操作，以便能反映工作表增加的最新结果。
◎ Power Query查询完成后，要创建仅连接和添加到数据模型。
◎ 利用Power Query建立的数据模型，建立主表和关联表的关联关系，不分关联顺序。
◎ 使用DAX函数创建度量值，计算需要的分析指标。
◎ 插入数据透视表，从各个表中直接拖放字段进行布局。

## 1.3 本书要学习的知识和技能

由于实际业务数据来源不同，数据表的结构不同，因此我们需要掌握数据采集与整理加工技能（Power Query）和数据建模技能（Power Pivot、DAX）。

### 1.3.1 Power Query数据采集与整理加工技能

数据采集与整理加工技能，主要是指Power Query的各种应用技能，包括Power Query中的一些工具命令、M函数等。

例如，要从PDF文件中采集表格数据，从工作簿的多个工作表合并数据，从文件夹里的多个工作簿合并数据，从数据库采集合并数据等，都需要使用相应的工具命令和M函数。

由于实际业务数据表格缤纷异彩，有各种各样的表格结构，各种各样格式的数据，因此要分析数据，就需要整理加工数据，制作能够建立数据模型的分析底稿，这样，就需要使用Power Query的一些工具和M函数了。

### 1.3.2 Power Pivot建模和DAX函数技能

Power Pivot之所以被称为超级数据透视表，是因为它内部的数据模型概念和DAX函数，利用Power Pivot可以很方便地把几个甚至数十个表格关联起来，使用相关的DAX函数创建度量值，添加计算列，建立自动化的数据分析模型。

本书将重点介绍Power Pivot和常用DAX函数的经典应用案例，通过这些案例，读者可以快速掌握Power Pivot和常用DAX函数的实用技能和方法及技巧。

### 1.3.3 Power Query和Power Pivot综合应用技能

通过介绍几个Power Query和Power Pivot综合应用于企业数据分析与建模的实际案例，包括销售分析、财务分析、库存分析、人力资源分析等，使读者既可以巩固学到的知识和技能，也可以为企业数据分析提供逻辑思维和方法的参考。

# 第 ② 章
# 使用Power Query整理规范数据

无论是从系统导出的数据,还是手工在Excel中设计的表格,很多都存在不规范问题。例如,表格结构问题、数据格式问题等。一些常见的不规范问题可以用Excel工具来解决,但很多复杂的不规范数据的整理工作,则可以使用Power Query来快速高效完成并建立数据模型。

## 2.1 清理数据中的"垃圾"

如果数据是从系统(或者网络)导出到Excel的,数据的前后就会存在一些"垃圾",如空格、非打印字符、换行符等,这样的"垃圾"必须予以清除,否则会影响数据计算和分析。

### 2.1.1 清除数据前后的空格

如果仅仅是数据前后存在空格,最简单的方法是使用查找替换工具将空格清除,但是,如果字符内部也有空格,并且这样的空格是不能删除的(如英文单词、规格型号等),就不能使用查找替换工具了,因为这样的操作也会将字符内部的空格一并清除。

 案例 2-1

图2-1所示为从系统导出的入库明细表,经检查,B~E列的数据右侧都有长度不等的空格,现在要清除这些空格。

扫一扫,看视频

图2-1 入库明细表

注意,材料的规格型号中也有空格,如果使用Excel的查找替换工具清除空格,则不仅会清除字符前后的空格,连字符内部的空格也会被清除。

当然,我们也可以使用TRIM函数来清除字符前后的空格,但是需要设计4个公式,分别对B～E列进行处理，非常麻烦。

下面介绍使用Power Query清除字符前后空格的方法。

步骤① 单击数据区域的任意单元格，然后在"数据"选项卡中单击"来自表格/区域"命令按钮，如图2-2所示。

步骤② 打开"创建表"对话框，检查数据区域是否正确，注意要选择"表包含标题"复选框，如图2-3所示。

图2-2 "来自表格/区域"命令按钮　　　　图2-3 "创建表"对话框

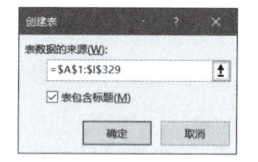

步骤③ 单击"确定"按钮，打开Power Query编辑器，如图2-4所示。

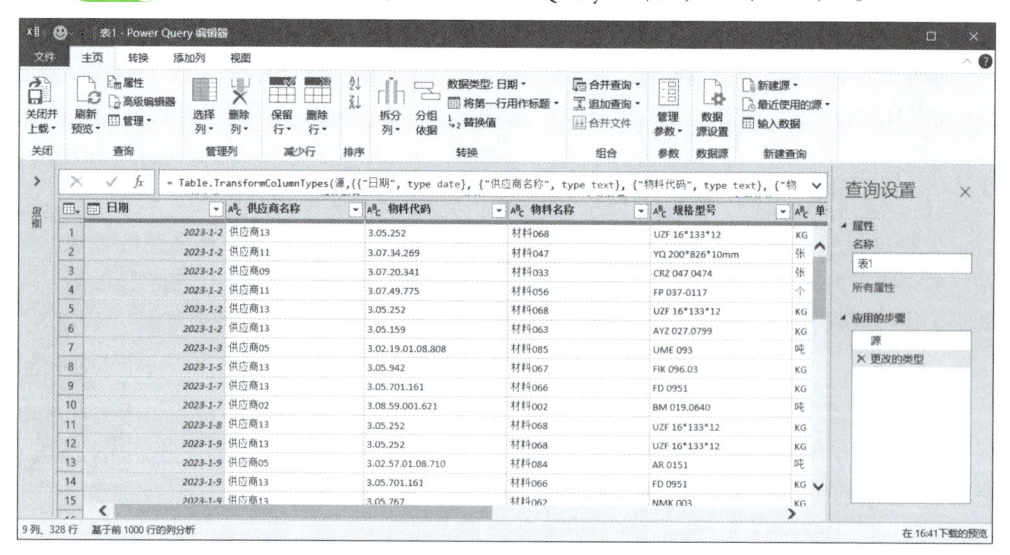

图2-4 Power Query编辑器

步骤④ 选择要清除字符前后空格的第2～5列，在"转换"选项卡中，执行"格式"→"修正"命令，如图2-5所示，就会自动将选中列的字符前后的空格全部清除（字符中间的空格不受影响）。

仔细观察数据会发现，当打开Power Query编辑器后，Power Query也会将文本型日期和文本型数字自动转换为数值型日期和数字，非常自动化和智能化。

步骤⑤ 由于要继续对这个表格数据进行分析，因此不需要将这个表格再次导入Excel工作表，只需添加到数据模型即可。

在"查询设置"面板中，将默认的查询名称"查询1"重命名为"入库明细"，如图2-6所示。

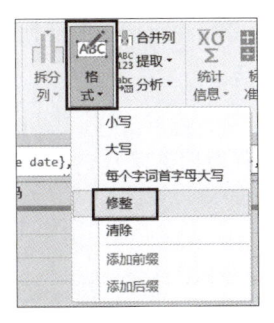

图2-5　选择"格式"→"修整"命令

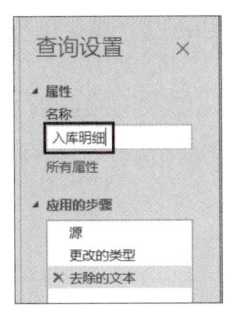

图2-6　重命名查询

**步骤6**　执行"文件"→"关闭并上载至"命令，如图2-7所示。打开"导入数据"对话框，选择"仅创建连接"和"将此数据添加到数据模型"单选按钮，如图2-8所示。

**步骤7**　单击"确定"按钮，得到一个查询数据模型"入库明细"，如图2-9所示。

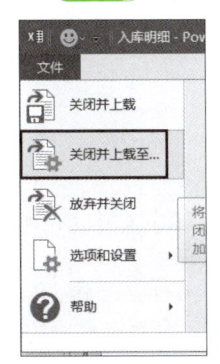

图2-7　执行"关闭并上载至"命令

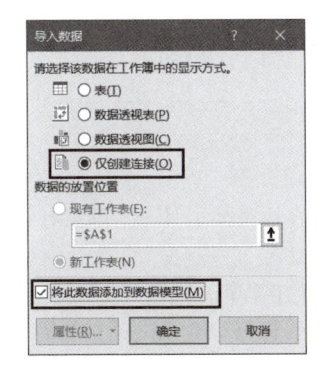

图2-8　设置数据导入选项

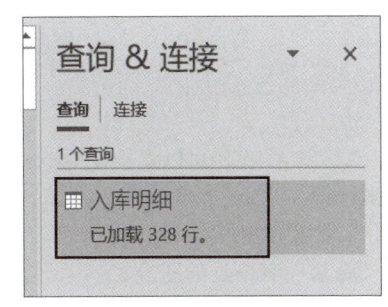

图2-9　查询数据模型

打开Power Pivot for Excel界面，可以看到，已经将原始数据整理完毕，并建立了数据模型，如图2-10所示。

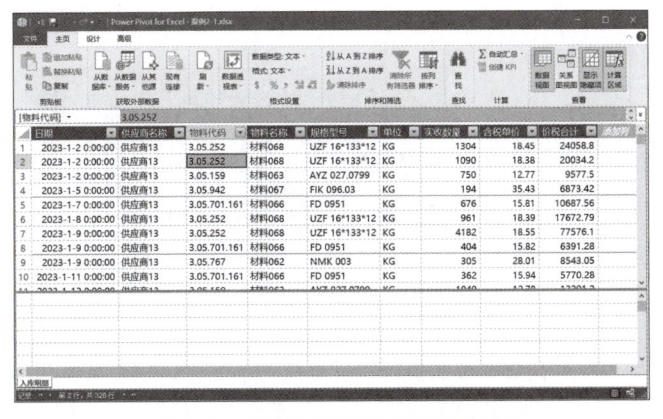

图2-10　整理加工并建立的数据模型

本小节所用的方法是执行"格式"→"修正"命令，该命令可清除字符前后的空格。

## 2.1.2 清除数据中的换行符

如果单元格中的数据是分行保存的，就需要将这几行数据整理为一行或者几列，以便分析。

**案例 2-2**

图2-11是一个简单示例，产品名称、规格型号和单位分行保存在一个单元格，现在要将这几行数据合并为一行。

图2-11 分行保存的数据

当然，我们可以直接使用Excel的查找替换工具来清除换行符，或按快捷键Ctrl+J来输入换行符。

如果使用Power Query来清除这样的换行符，则需要在"转换"选项卡中，执行"格式"→"清除"命令，如图2-12所示。这样就将每行数据之间的换行符清除了，使单元格中的数据整理为一行，如图2-13所示。

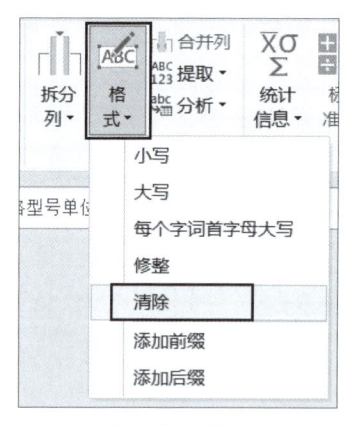

图2-12 执行"格式"→"清除"命令

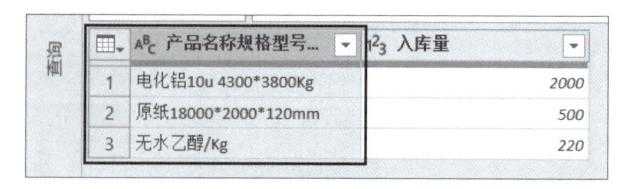

图2-13 数据整理为一行

问题研究：如何将这列数据按照换行符拆分成产品名称、规格型号和单位三列？

## 2.1.3 替换数据中的换行符

很多情况下，我们需要将数据之间的换行符替换为一个指定的字符，以便进行后续处理，可以使用Power Query的替换值命令来处理。

### 案例 2-3

图2-14是一个从考勤机中导出的考勤数据，每天的打卡时间被分行保存在一个单元格里，现在要将单元格里的这些换行符替换为空格，以区分每次打卡的时间，并整理为一行。

图2-14 考勤打卡数据

建立查询，打开Power Query编辑器，选择后面的考勤数据列，在"转换"选项卡中，单击"替换值"命令按钮，如图2-15所示。

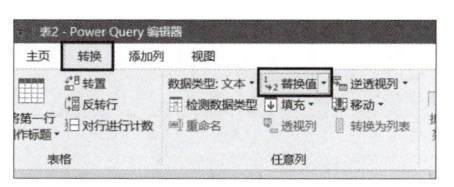

图2-15 单击"替换值"命令按钮

打开"替换值"对话框，将光标移到"要查找的值"输入框，然后单击"高级选项"标签，展开对话框，选择"使用特殊字符替换"复选框，再单击"插入特殊字符"下拉按钮，选择"换行"选项，如图2-16所示。

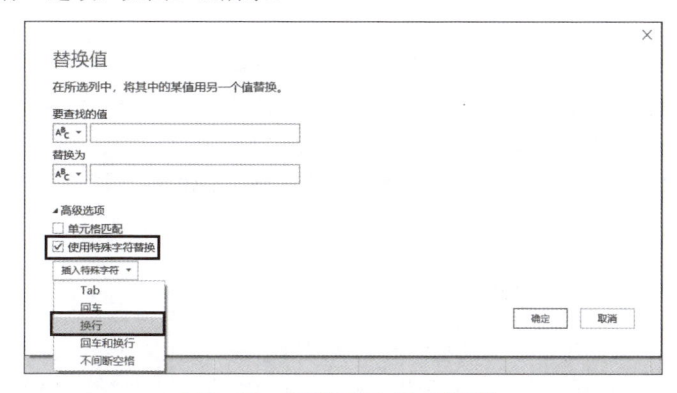

图2-16 选择特殊字符"换行"

注意:"替换值"命令只适合文本类型数据!

这样,就将换行符插入到"要查找的值"输入框,然后在"替换为"输入框中输入一个空格,如图2-17所示。

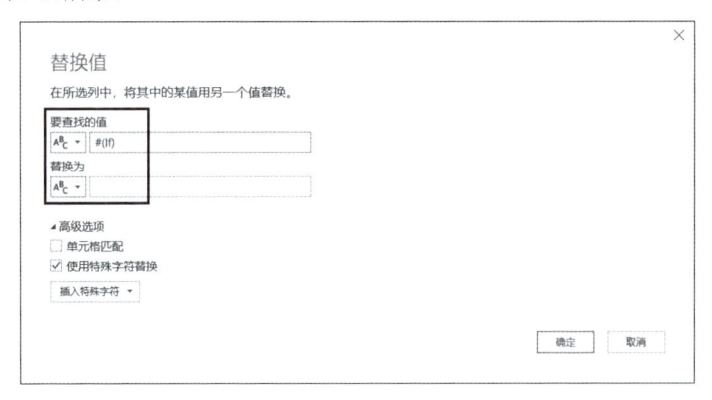

图2-17 插入换行符,准备替换为一个空格

单击"确定"按钮,就将每个单元格中的换行符替换为一个空格,分行保存的打卡时间也变成了一行,如图2-18所示。

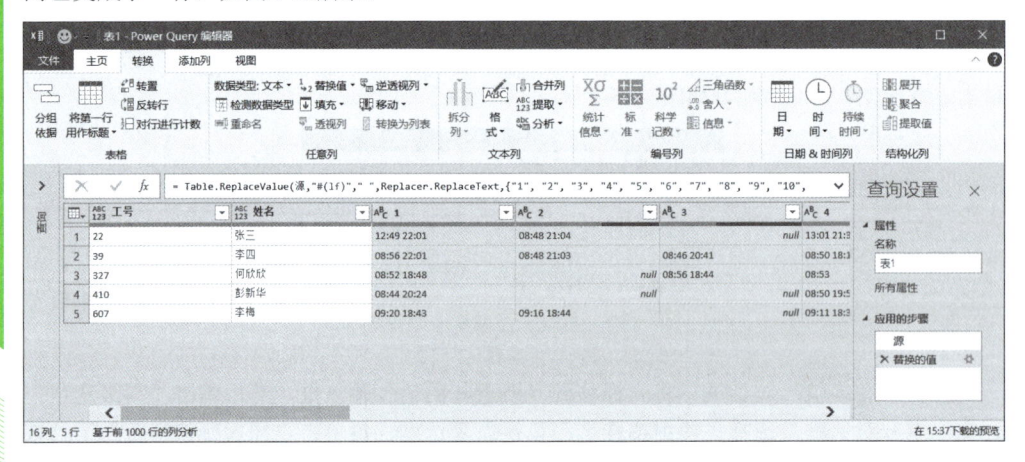

图2-18 将换行符替换为空格

观察原始的Excel表格,单元格数据后面还有一个换行符,因此数据后面的换行符也被替换为空格,也就是数据后面有一个空格,此时,需要再执行"格式"→"修正"命令,将单元格数据后面的空格清除。

本案例使用的"替换值"命令与Excel的查找替换用法相同,可以把某个字符替换为指定的字符。

## 2.1.4 替换数据中的特殊字符

某些情况下,从系统导出的数据,或者从网页下载的数据,会含有眼睛看不见的特殊字符,又称为非打印字符,此时,必须将这样的字符清理掉,以免影响数据分析。

## 案例 2-4

图2-19所示为系统导出的数据，每个单元格中数据的前后都存在非打印字符，如果将单元格字体设置为Symbol，就能清楚地看出来，如图2-20所示。

图2-19　系统导出的数据

图2-20　数据前后显示出非打印字符

首先建立查询，注意将表格的第一行作为数据使用（在创建表时，不选择"表包含标题"），因为第一行标题中也有非打印字符，如图2-21所示。

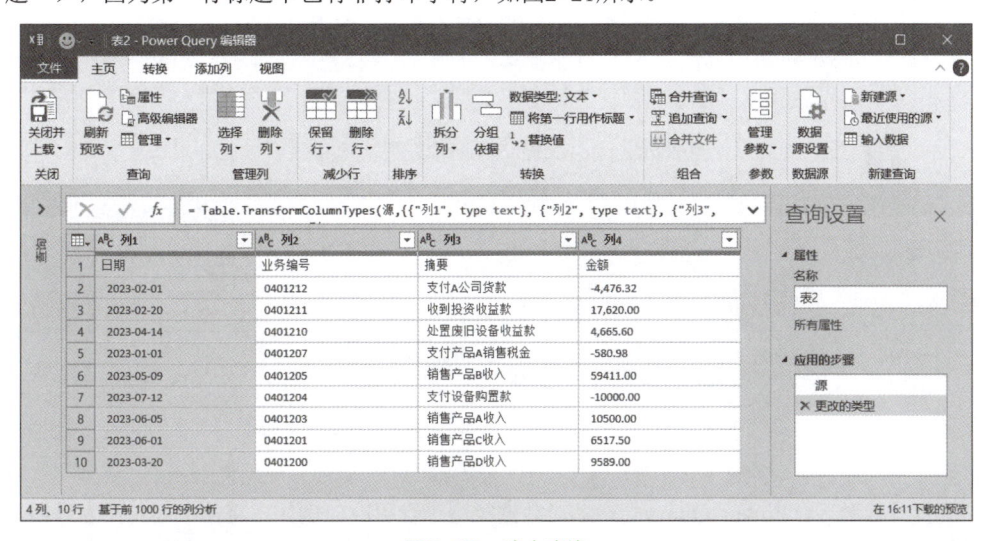

图2-21　建立查询

选择所有列，在"转换"选项卡中，执行"格式"→"修正"命令，就可以将数据前后的所有非打印字符全部清除，如图2-22所示。

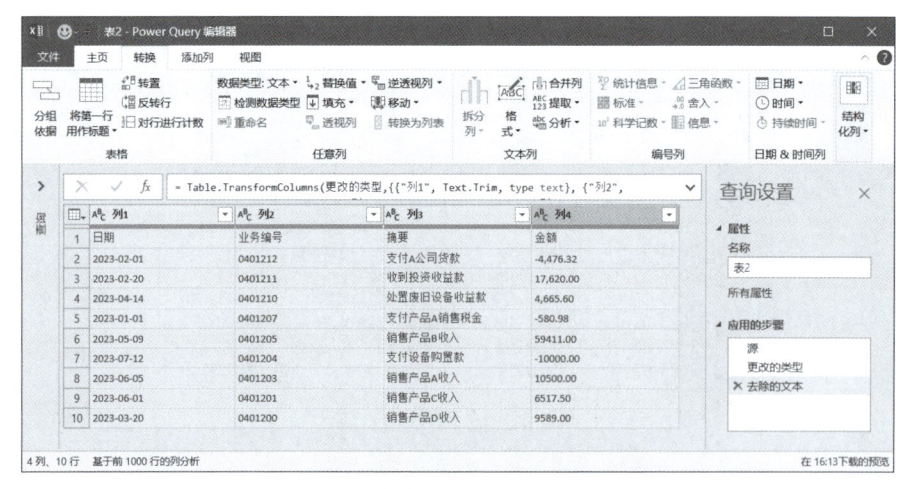

图2-22　清除数据前后的非打印字符

然后在"主页"选项卡中，单击"将第一行用作标题"命令按钮，如图2-23所示，将第一行提升为标题，如图2-24所示。

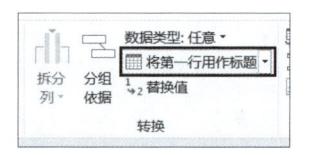

图2-23　单击"将第一行用作标题"命令按钮

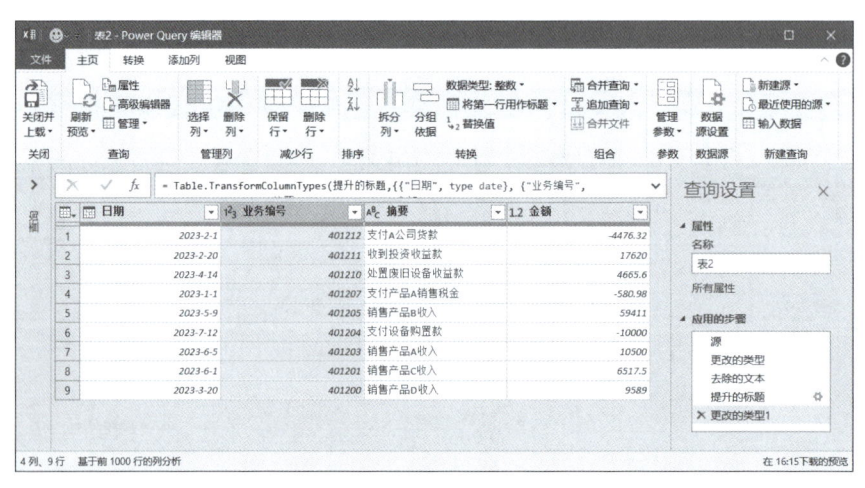

图2-24　提升标题

提升标题后，Power Query会自动对数据类型进行更改。例如，将第一列转换为日期，将最后一列转换为小数，但是，也将第二列转换为了正数，结果得到了错误的业务编码

（编码左侧的数字0不见了），因此，需要再将第二列的数据类型设置为文本。

单击第二列列标题左侧的数据类型按钮，展开数据类型列表，选择"文本"，如图2-25所示，就得到了正确的数据，如图2-26所示。

图2-25 将第二列数据类型设置为文本

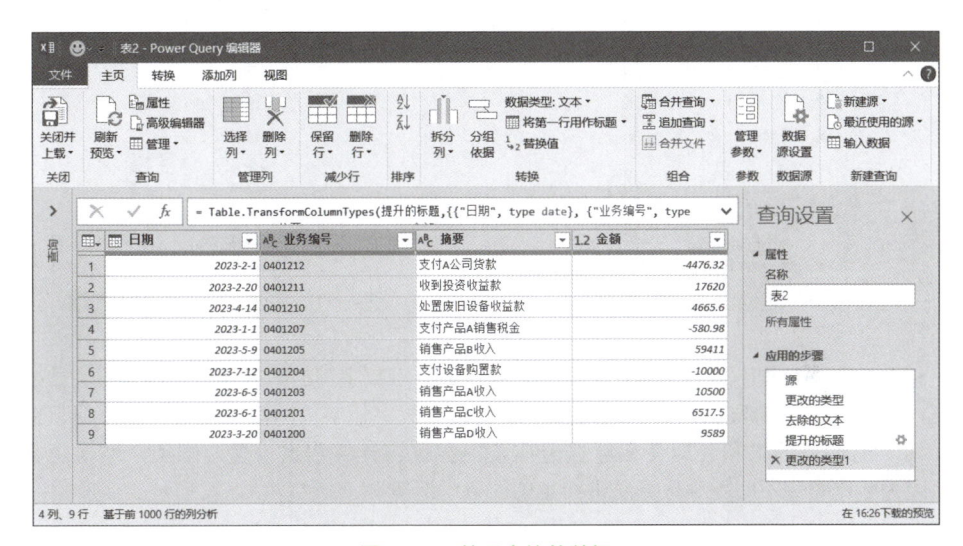

图2-26 整理完毕的数据

本案例使用了"格式"→"修正"命令、"将第一行用作标题"命令，以及设置数据类型命令。

## 2.2 整理加工数字

无论是Power Query还是Power Pivot，对数据类型都有严格要求，如果是要进行汇总计算的数字，必须转换为数字格式。

此外，由于原始数据不一定满足计算要求，因此还需要对数据进行批量处理，如四舍五入、批量修改等。

## 2.2.1 设置数字类型

如果原始数据表格中的数字是文本型数字，在 Power Query 中会自动转换为数字格式（小数或整数），因此不需要再进行处理了。

如果需要为某列设置数字格式，可以单击列标题左侧的数据类型按钮，展开数据类型列表，选择相应的数据类型（小数、货币、整数、百分比），如图2-27所示。

如果要将多个列的数据都设置为指定的数据类型，可以先选择这些列，然后在"主页"选项卡中，单击数据类型按钮，展开数据类型列表，再选择相应的数据类型，如图2-28所示。

图2-27 设置某列的数字类型

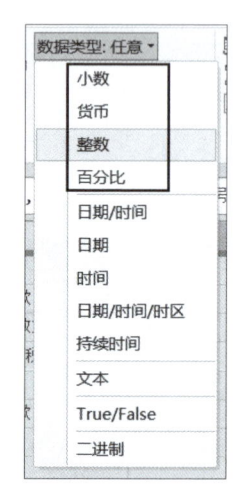

图2-28 设置多个列的数据类型

切记，在将数据上载到 Power Pivot 之前，务必将数字列的数据类型正确设置为数字。否则，如果你之后需要创建数据透视表，那么这些数字值字段的汇总结果将会是错误的计数，而不是期望的求和。即使在数据透视表中尝试将计算依据设置为求和，结果也会是零，因为数据类型不匹配导致无法进行正确的数学运算。

## 2.2.2 数字舍入处理

在整理数据时，我们可以对数字进行舍入处理。舍入处理有向上舍入、向下舍入和四舍五入三种情况。在 Power Query 编辑器中，可以在"转换"选项卡中，执行"舍入"菜单中的三个命令，如图2-29所示。

"转换"选项卡中的"舍入"菜单命令，是在原列位置处理数据，处理后的数据替换原数据。

我们也可以在"添加列"选项卡中执行"舍入"菜单中的命令，此时，会添加一个新列，保存舍入后的数字。

"向上舍入"命令，是将所选列的数字舍入到下一整数值。例如，将数字1363.08488向上舍入，结果是

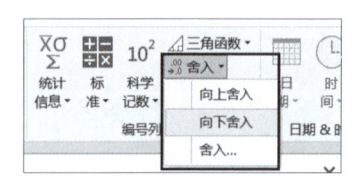

图2-29 选择"舍入"菜单中的命令

1364。这个命令相当于Excel的ROUNDUP函数，其第二个参数设置为0的情况：

ROUNDUP(1363.08488,0) = 1364。

"向下舍入"命令，是将所选列的数字舍入到前一整数值。例如，将数字1363.98488向下舍入，结果是1363。这个命令相当于Excel的ROUNDDOWN函数，其第二个参数设置为0的情况：

ROUNDDOWN(1363.98488,0) = 1363。

"舍入"命令，是将所选列的数字舍入到指定位数的小数。例如，将数字1363.98488舍入为2位小数，结果是1363.98。这个命令相当于Excel的ROUND函数：

ROUND (1363.98488,2) = 1363.98。

### 案例 2-5

图2-30是销售数据表，最后一列销售额有很多位数，现在要将其四舍五入，保留两位小数。

图2-30 销售数据表

选择"销售额"列，执行"舍入"命令，打开"舍入"对话框，输入小数位数2，如图2-31所示。

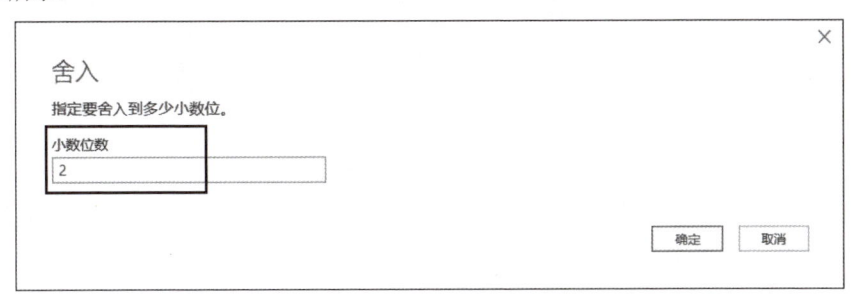

图2-31 输入小数位数

单击"确定"按钮，就得到了四舍五入后的金额数字，如图2-32所示。

| 日期 | 客户 | 产品 | 销量 | 销售额 |
|---|---|---|---|---|
| 2023-1-1 | 客户04 | 产品3 | 38 | 5645.65 |
| 2023-1-1 | 客户16 | 产品2 | 37 | 1363.08 |
| 2023-1-3 | 客户14 | 产品2 | 125 | 37493.05 |
| 2023-1-4 | 客户17 | 产品1 | 49 | 2002.38 |
| 2023-1-5 | 客户18 | 产品7 | 178 | 6178.89 |
| 2023-1-7 | 客户12 | 产品4 | 77 | 24109.75 |
| 2023-1-7 | 客户14 | 产品6 | 168 | 8420.63 |
| 2023-1-7 | 客户08 | 产品2 | 244 | 788834.9 |
| 2023-1-8 | 客户15 | 产品8 | 122 | 39306.57 |
| 2023-1-9 | 客户09 | 产品2 | 215 | 69609.1 |
| 2023-1-11 | 客户16 | 产品2 | 164 | 5880.79 |
| 2023-1-12 | 客户05 | 产品2 | 176 | 22723.94 |
| 2023-1-13 | 客户10 | 产品2 | 92 | 19460.91 |
| 2023-1-15 | 客户10 | 产品2 | 131 | 30868.72 |
| 2023-1-16 | 客户03 | 产品7 | 234 | 14046.65 |
| 2023-1-16 | 客户02 | 产品2 | 243 | 5432.64 |
| 2023-1-16 | 客户10 | 产品6 | 113 | 33370.34 |
| 2023-1-19 | 客户05 | 产品3 | 32 | 9542.72 |

图2-32  四舍五入，保留两位小数

## 2.2.3 批量修改数字

用户也可以对某列或者某几列数据进行批量修改。例如，数据都乘以一个数字，都加一个数字，都减去一个数字，都除以一个数字，就像在Excel中的选择性粘贴一样。此时，需要在"转换"选项卡中，执行"标准"菜单下的相关命令，如图2-33所示。

"转换"选项卡的"标准"菜单下的命令，是在原列位置处理数据，处理后的数据替换原数据。

用户也可以在"添加列"选项卡中执行"标准"菜单下的命令，此时，会添加一个新列，保存处理后的数字。

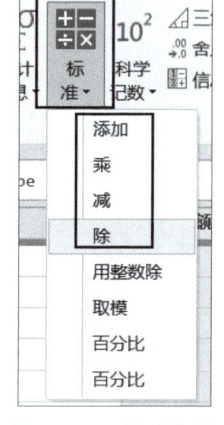

图2-33  "标准"菜单下的命令

### 案例 2-6

图2-34是每个客户在每个季度的销售数据，现在要进行加工处理：全部数据都乘以6.9385，然后四舍五入，保留两位小数。

| 客户 | 1季度 | 2季度 | 3季度 | 4季度 |
|---|---|---|---|---|
| 客户02 | 5432.642021 | 4940.20505 | 66711.74138 | 195176.0486 |
| 客户11 | 195900.2105 | 5060.295894 | 28631.94958 | 46741.69391 |
| 客户08 | 78834.89609 | 3993.038796 | 13357.12674 | 30540.19595 |
| 客户03 | 80088.24721 | 63098.39446 | 65431.71147 | 8342.647194 |
| 客户14 | 45913.68522 | 120818.7084 | 137432.0054 | 83040.49965 |
| 客户04 | 5645.652078 | 49584.19595 | 42486.99121 | 68464.51189 |
| 客户07 | 9485.49595 | 28025.73563 | 13673.2853 | 58300.94666 |
| 客户09 | 69609.09581 | 10406.39586 | 67881.95292 | 68772.30625 |
| 客户13 | 38375.36501 | 10259.30408 | 2563.903755 | 13050.13456 |
| 客户15 | 67955.22695 | 5696.296973 | 10356.7871 | 16500.43718 |
| 客户01 | 5440.537004 | 26384.87056 | 4394.49504 | 25923.38779 |
| 客户16 | 44458.98299 | 67620.80611 | 20975.53836 | 294991.3996 |
| 客户10 | 50329.63715 | 24232.79528 | 17024.39384 | 68483.05061 |
| 客户05 | 36433.31496 | 88724.36591 | 36722.93015 | 22951.16123 |

图2-34  示例数据

分别选择要批量修改的各列,在"转换"选项卡中,执行"标准"→"乘"命令,打开"乘"对话框,输入乘数6.9385,如图2-35所示。

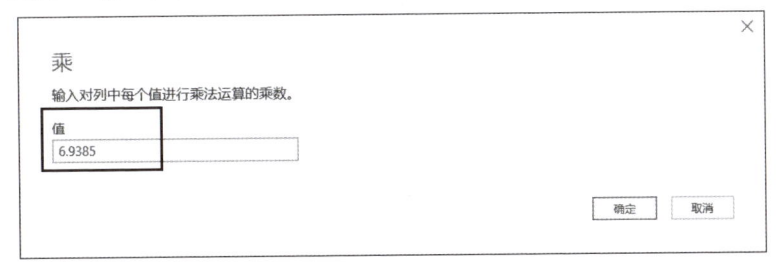

图2-35 输入乘数

图2-36是所有列都处理后的表,请与图2-34中的原始数据进行比较。

| 客户 | 1季度 | 2季度 | 3季度 | 4季度 |
|---|---|---|---|---|
| 客户02 | 37694.38666 | 34277.61274 | 462879.4176 | 1354229.013 |
| 客户11 | 1359253.611 | 35110.86306 | 198662.7822 | 324317.2432 |
| 客户08 | 546995.9265 | 27705.69622 | 92678.42388 | 211903.1496 |
| 客户03 | 555692.3033 | 437808.21 | 453997.93 | 57885.45756 |
| 客户14 | 318572.1049 | 838300.6085 | 953571.9693 | 576176.5068 |
| 客户04 | 39172.35694 | 344039.9436 | 294795.9885 | 475041.0158 |
| 客户07 | 65815.11365 | 194456.5667 | 94872.09009 | 404521.1184 |
| 客户09 | 482982.7113 | 72204.77765 | 470998.9303 | 477176.6469 |
| 客户13 | 266267.4701 | 71184.18133 | 17789.6462 | 90548.35862 |
| 客户15 | 471507.3422 | 39523.75655 | 71860.56729 | 114488.2834 |
| 客户01 | 37749.166 | 183071.4244 | 30491.20384 | 179869.4276 |
| 客户16 | 308478.6535 | 469186.9632 | 145538.7729 | 2046797.826 |
| 客户10 | 349212.1496 | 168139.2501 | 118123.7567 | 475169.6466 |
| 客户05 | 252792.5558 | 615614.0129 | 254802.0509 | 159246.6322 |

图2-36 每个季度的数据都乘以6.9385的结果

最后,一次性选择这4列数据,统一进行四舍五入处理。

## 2.3 整理日期和时间

日期和时间的整理加工,包括修改非法日期,从日期提取必要信息等,用户可以使用Power Query的相关工具和M函数来完成。

### 2.3.1 文本型日期的自动转换

如果数据是文本型日期,Power Query会自动将其转换为数值型日期,因此一般情况下用户不必进行处理。

**案例 2-7**

如图2-37所示,A~G列的日期都是文本型日期,也符合日期的组合规则(也就是能够转换为数值型日期),那么,使用Power Query建立查询后,这些文本型日期都会自动转换为数值型日期,即这些列的数据类型是日期,如图2-38所示。

图2-37 文本型日期示例

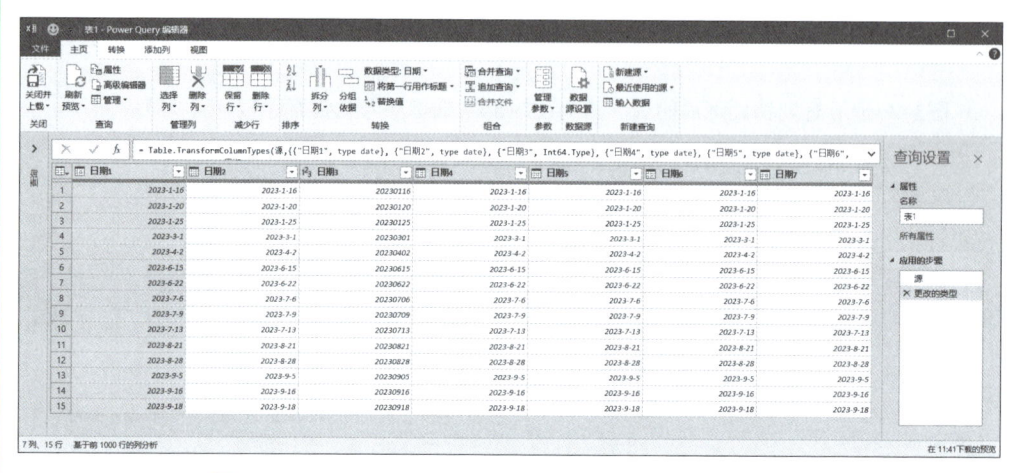

图2-38 Power Query自动将文本型日期转换为数值型日期

## 2.3.2 特殊文本日期的整理（使用工具）

对于某些特殊的日期数据，如"2306"要求转换为"2023-6-1"，又如"16 11 2022"表示日期"2022-11-16"等，这样格式的日期，Power Query 就没法自动转换了。此时，需要使用相关的工具或者M函数来解决。

### 案例 2-8

图2-39所示的日期，实际上是"yy.mm"格式的日期，如果通过设置数据类型为"日期"的方法进行转换，得到的结果是错误的，如图2-40所示。例如，2301应该处理为"2023-1-1"。

图2-39 非法日期

图2-40 无法设置数据类型转换

这个转换有两种实用方法：一种方法是添加前缀和后缀，将4位数的"yymm"转换为8位数的"yyyymm01"，然后设置数据类型为日期；另一种方法是使用M函数添加自定义列来解决。下面介绍使用相关工具来解决的方法。

**步骤 1** 选择该列，在"转换"选项卡中，执行"格式"→"添加前缀"命令，如图2-41所示，打开"前缀"对话框，输入前缀值20，如图2-42所示。

图2-41 执行"格式"→"添加前缀"命令

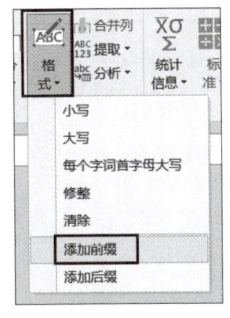

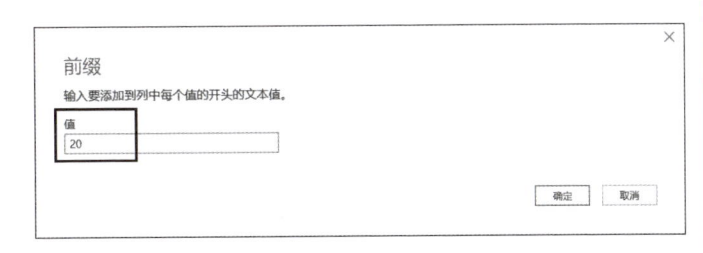

图2-42 输入前缀值20

**步骤 2** 执行"格式"→"添加后缀"命令，如图2-43所示，打开"后缀"对话框，输入后缀值"01"，如图2-44所示。

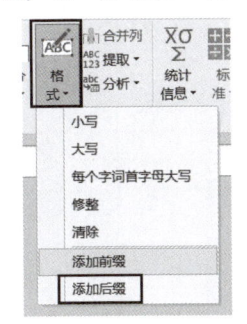

图2-43 执行"格式"→"添加后缀"命令

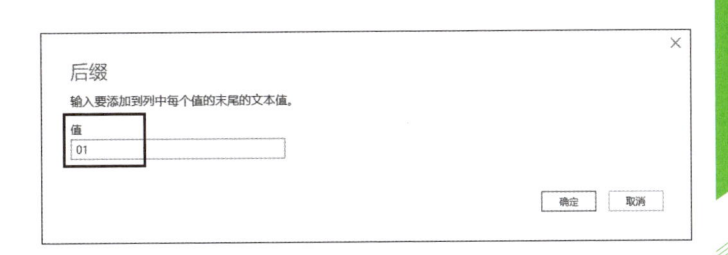

图2-44 输入后缀值"01"

**步骤 3** 这样，就得到图2-45所示的完整日期数据"yyyymmdd"。最后将该列数据类型设置为日期，就得到了正确的日期，如图2-46所示。

| 日期 |
| --- |
| 20230101 |
| 20230201 |
| 20230701 |
| 20230401 |
| 20230901 |
| 20231101 |
| 20231201 |
| 20230801 |

| 日期 |
| --- |
| 2023-1-1 |
| 2023-2-1 |
| 2023-7-1 |
| 2023-4-1 |
| 2023-9-1 |
| 2023-11-1 |
| 2023-12-1 |
| 2023-8-1 |

图2-45 得到的"yyyymmdd"格式日期

图2-46 设置数据类型为日期

### 2.3.3 规范文本日期的整理（使用M函数）

如果要将规范的文本型日期转换为数值型日期，可以使用Date.FromText函数，这个函数相当于Excel的DATEVALUE函数。

#### 案例2-9

下面以"案例2-8.xlsx"文件的数据为例，使用Date.FromText函数处理日期的方法如下。

首先在"添加列"选项卡中，单击"自定义列"命令按钮，如图2-47所示。

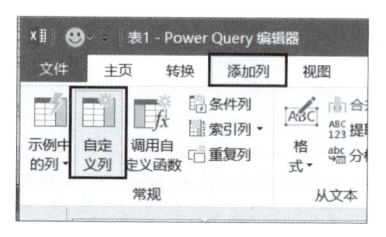

图2-47 "自定义列"命令按钮

打开"自定义列"对话框，输入新列名"转换日期"，然后输入自定义列公式，如图2-48所示。

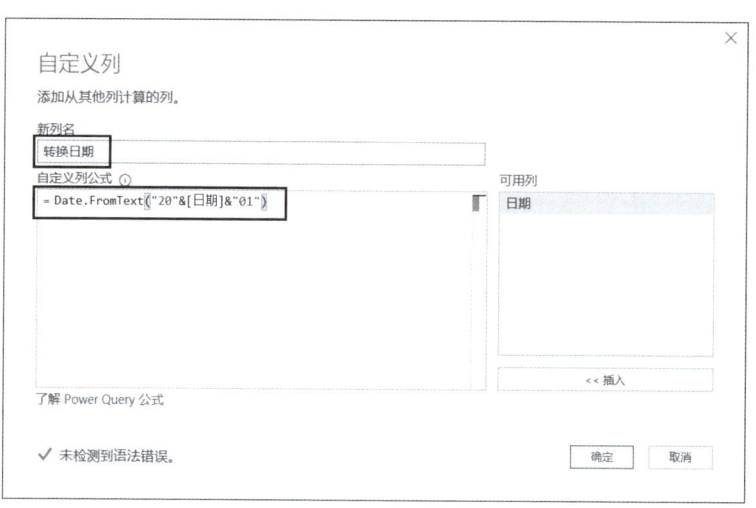

图2-48 自定义列对话框

单击"确定"按钮，就得到了真正的日期，如图2-49所示。最后删除原始日期列，将自定义列的标题修改为"日期"即可。

注意：公式中的"20"&[日期]&"01"就是按照日期格式连接一个日期文本字符串。

在M函数公式中，要连接文本字符串，被连接的各个部分必须是文本，因此，原始日期列的数据类型必须设置为文本，而不能是数值（整数），否则就会出现错误，如图2-50所示。

图2-49　自定义列得到真正日期

图2-50　原始数据为数值，不能连接字符串

### 案例 2-10

图2-51是一个从系统导出的数据，是2022年11月的数据，但是，A列的申请日期和D列的审批日期都出现了令人费解的情况：有的单元格是正确的日期（例如，单元格A4是"2022-11-1"），有的单元格是非法的日期（例如，单元格A2是一个文本字符串"01 11 2022"），那么，如何快速整理转换这些非法的日期？

扫一扫，看视频

图2-51　存在非法日期的表格

这个问题解决起来稍微有点难度，用户可以按照下面的思路来设计M函数公式：

◎ 使用Text.End函数提取末尾4位数字（即年份数字）。
◎ 使用Text.Middle函数提取中间2位数字（即月份数字）。
◎ 使用Text.Start函数提取开头2位数字（即某日数字）。
◎ 使用Date.FromText函数将这3个数字连接成"yyyymmdd"格式的文本型日期。
◎ 使用Date.From函数进行转换。
◎ 如果能够进行转换，不出现错误值，说明是非法的日期，就取转换的结果。
◎ 如果转换出现错误值，说明该数据是真正日期，就直接引过来。

根据上面的思路建立查询，添加自定义列"正确的申请日期"，公式如下，如图2-52所示。

```
= try Date.FromText(Text.End([申请日期],4)&Text.Middle([申请日期],3,2)
&Text.Start([申请日期],2)) otherwise Date.From([申请日期])
```

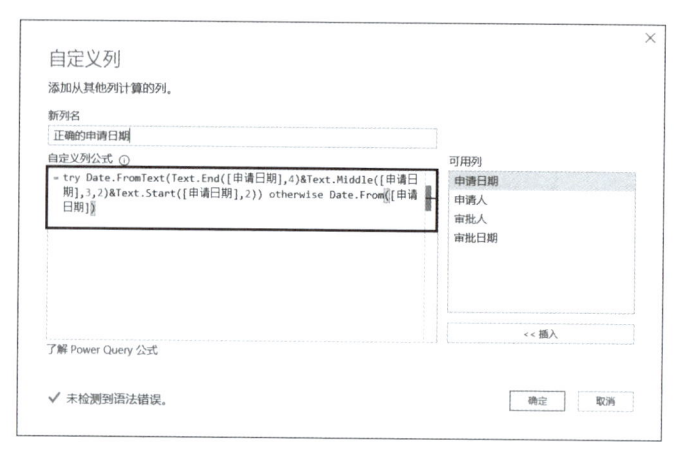

图2-52 添加自定义列"正确的申请日期"

审批日期的处理与此相同,自定义列,公式如下,如图2-53所示。

= try Date.FromText(Text.End([审批日期],4)&Text.Middle([审批日期],3,2)&Text.Start([审批日期],2)) otherwise Date.From([审批日期])

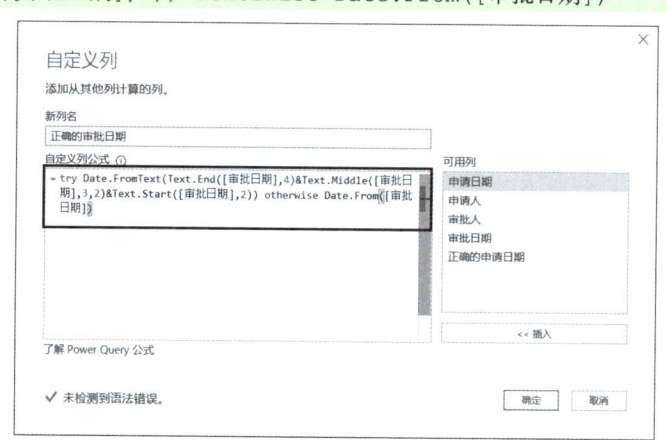

图2-53 添加自定义列"正确的审批日期"

最后,就得到图2-54所示的结果。

图2-54 添加两个自定义列

删除原来的“申请日期”列和“审批日期”列，将两个自定义列分别重命名为“申请日期”和“审批日期”，调整它们的位置，并将这两列的数据类型设置为“日期”，就得到一个正确日期的表，如图2-55所示。

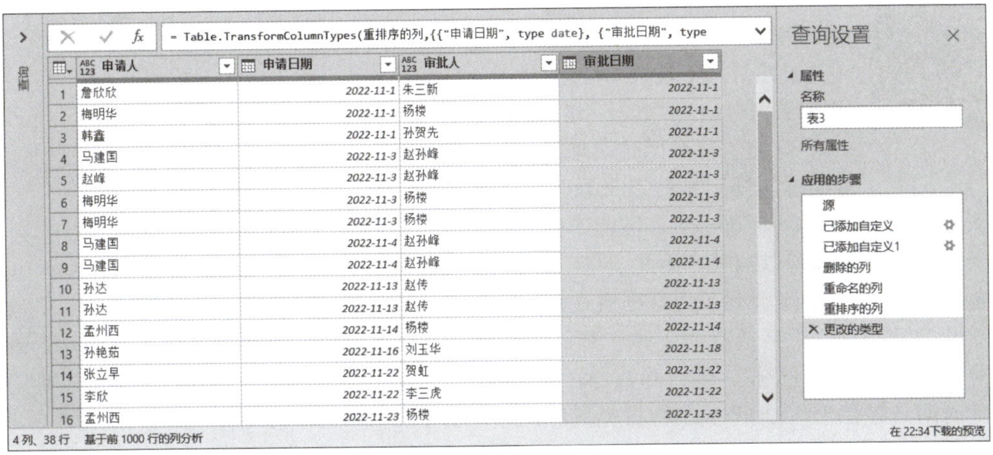


| | 申请人 | 申请日期 | 审批人 | 审批日期 |
|---|---|---|---|---|
| 1 | 詹欣欣 | 2022-11-1 | 朱三新 | 2022-11-1 |
| 2 | 梅明华 | 2022-11-1 | 杨楼 | 2022-11-1 |
| 3 | 韩鑫 | 2022-11-1 | 孙贺先 | 2022-11-1 |
| 4 | 马建国 | 2022-11-3 | 赵孙峰 | 2022-11-3 |
| 5 | 赵峰 | 2022-11-3 | 赵孙峰 | 2022-11-3 |
| 6 | 梅明华 | 2022-11-3 | 杨楼 | 2022-11-3 |
| 7 | 梅明华 | 2022-11-3 | 杨楼 | 2022-11-3 |
| 8 | 马建国 | 2022-11-4 | 赵孙峰 | 2022-11-4 |
| 9 | 马建国 | 2022-11-4 | 赵孙峰 | 2022-11-4 |
| 10 | 孙达 | 2022-11-13 | 赵传 | 2022-11-13 |
| 11 | 孙达 | 2022-11-13 | 赵传 | 2022-11-13 |
| 12 | 孟州西 | 2022-11-14 | 杨楼 | 2022-11-14 |
| 13 | 孙艳茹 | 2022-11-16 | 刘玉华 | 2022-11-18 |
| 14 | 张立早 | 2022-11-22 | 贺虹 | 2022-11-22 |
| 15 | 李欣 | 2022-11-22 | 李三虎 | 2022-11-22 |
| 16 | 孟州西 | 2022-11-23 | 杨楼 | 2022-11-23 |

图2-55　整理完成的表

在这个例子中使用了以下几个M函数。

（1）Text.Start函数：从字符串左侧截取指定个数的字符，相当于Excel的LEFT函数，其用法如下：

```
= Text.Start(文本字符串，要截取的字符个数)
```

（2）Text.End函数：从字符串右侧截取指定个数的字符，相当于Excel的RIGHT函数，其用法如下：

```
= Text.End(文本字符串，要截取的字符个数)
```

（3）Text.Middle函数：从字符串中指定位置截取指定个数的字符，相当于Excel的MID函数，其用法如下（注意字符顺序号是从0开始的，第一个字符的顺序号是0，第二个字符的顺序号是1，以此类推）：

```
= Text.Middle(文本字符串，开始截取字符的位置，要截取的字符个数)
```

（4）Date.FromText函数：将文本型日期转换为数值型日期，相当于Excel的DATEVALUE函数，其用法如下：

```
= Date.FromText(文本型日期)
```

（5）Date.From函数：将一个数值或者日期时间转换为日期，其用法如下：

```
= Date.From(数值或日期时间)
```

（6）try ...otherwise：处理错误的语句，相当于Excel的IFERROR函数：

```
try 表达式 otherwise 如果表达式是错误值则执行此部分代码
```

## 2.3.4　特殊时间数据的整理

正常情况下，表格中的时间数据是不会出错的，除非录入了错误的时间。例如，时间“1小时23分”录入为“1.23”，时间“18分”录入为“0.18”，时间“2小时10分”录入为“2.1”，这些错误的录入方式均无法正确表达原始的时间信息，因此，无法进行计算与分析。

## 案例 2-11

图2-56是工时数据，C列工时数据是小时。例如，1.2是1.2小时（不是1小时20分钟），4.25是4.25小时（不是4小时25分钟），如何将这列的数据转换为"h:m"格式的时间？

只要了解日期时间规则，就很容易解决这个问题。日期时间规则是：以天为基本单位，1表示1天，1天24小时，1小时60分钟。因此，要将1.2小时转换为天实际上就是1.2除以24天，因此，将C列数据除以24，就能得到真正的时间，然后设置数据格式为时间即可。

图2-56 工时数据

| | A | B | C |
|---|---|---|---|
| 1 | 产品 | 工序 | 工时（小时） |
| 2 | 产品A | 换工装 | 1.2 |
| 3 | | 镀铝 | 4.25 |
| 4 | | 模压 | 3.3 |
| 5 | 产品B | 镀铝 | 2.38 |
| 6 | | 背涂 | 7.5 |
| 7 | | 复合 | 3.48 |
| 8 | | 剥离 | 0.25 |

建立查询，然后选择"工时"列，在"转换"选项卡中，执行"标准"→"除"命令，打开"除"对话框，输入除数24，如图2-57所示，就将小数表示的时间转换为了真正的时间，然后将"工时"列的数据类型设置为"时间"即可，如图2-58所示。

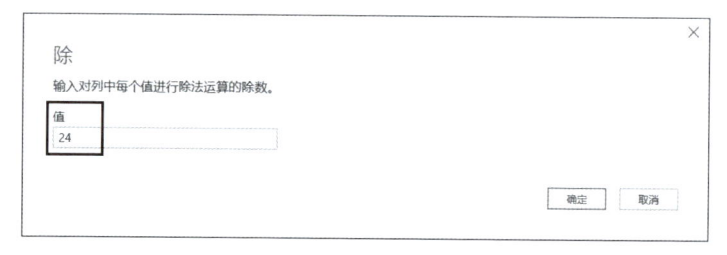

图2-57 输入除数24

图2-58 整理的工时数据

| | 产品 | 工序 | 工时（小时） |
|---|---|---|---|
| 1 | 产品A | 换工装 | 1:12:00 |
| 2 | null | 镀铝 | 4:15:00 |
| 3 | null | 模压 | 3:18:00 |
| 4 | 产品B | 镀铝 | 2:22:48 |
| 5 | null | 背涂 | 7:30:00 |
| 6 | null | 复合 | 3:28:48 |
| 7 | null | 剥离 | 0:15:00 |

## 案例 2-12

如果1.20表示"1小时20分钟"，0.25表示25分钟，该如何整理这样的时间数据呢，示例数据如图2-59所示。注意工时数据是文本型数字，否则1.20会变为1.2。

解决这个问题也很简单，把句点"."替换成冒号"："，然后设置数据类型就可以了。

图2-59 工时数据表示的是"时.分"

| | A | B | C |
|---|---|---|---|
| 1 | 产品 | 工序 | 工时（时.分） |
| 2 | 产品A | 换工装 | 1.20 |
| 3 | | 镀铝 | 4.25 |
| 4 | | 模压 | 3.30 |
| 5 | 产品B | 镀铝 | 2.38 |
| 6 | | 背涂 | 7.50 |
| 7 | | 复合 | 3.48 |
| 8 | | 剥离 | 0.25 |

不过要注意，在Power Query中，必须是文本数据才能进行替换，因此必须先将"工时"列的数据类型设置为文本，然后进行替换，替换完成后，再将"工时"列的数据类型设置为"时间"，最后结果如图2-60所示。

| | 产品 | 工序 | 工时（时.分） |
|---|---|---|---|
| 1 | 产品A | 换工装 | 1:20:00 |
| 2 | null | 镀铝 | 4:25:00 |
| 3 | null | 模压 | 3:30:00 |
| 4 | 产品B | 镀铝 | 2:38:00 |
| 5 | null | 背涂 | 7:50:00 |
| 6 | null | 复合 | 3:48:00 |
| 7 | null | 剥离 | 0:25:00 |

图2-60　处理后的工时数据

## 2.4　拆分列

所谓拆分列，就是把一列拆分成几列，或者把一列拆分成几行。在Power Query中，拆分列可以使用拆分列工具，也可以使用M函数。

### 2.4.1　根据分隔符将一列拆分成几列

在Excel中，有一个工具"分列"，可以使用指定的分隔符或者指定宽度，将一列数据拆分成几列。在Power Query中，也有这样的"拆分列"工具，如图2-61所示，在"主页"选项卡和"转换"选项卡中都可以找到。

**案例 2-13**

图2-62是一个简单示例，要求将A列的摘要拆分成"科目编码"和"科目名称"两列。

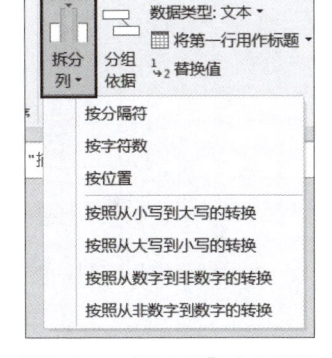

图2-61　"拆分列"命令菜单

这个数据中有两种分隔符号，一个是冒号（:），一个是斜杠（/），用户可以做两次分列处理。当然，对于本例数据，前面三个字符"科目:"是不需要的，也可以使用"替换值"命令将这三个字符清除，再对剩下的字符串进行拆分。这里重点练习"拆分列"工具的使用。

| | A | B | C | D | E |
|---|---|---|---|---|---|
| 1 | 摘要 | | | 科目编码 | 科目名称 |
| 2 | 科目:1001/现金 | | | 1001 | 现金 |
| 3 | 科目:1002/银行存款 | | | 1002 | 银行存款 |
| 4 | 科目:100201/银行存款-工行 | | | 100201 | 银行存款-工行 |
| 5 | 科目:100202/银行存款-招行 | | | 100202 | 银行存款-招行 |
| 6 | 科目:5602/管理费用 | | | 5602 | 管理费用 |
| 7 | 科目:5602001/管理费用-工资 | | | 5602001 | 管理费用-工资 |
| 8 | 科目:5602002/管理费用-业务招待费 | | | 5602002 | 管理费用-业务招待费 |
| 9 | 科目:5602003/管理费用-办公费 | | | 5602003 | 管理费用-办公费 |

图2-62　需要拆分成"科目编码"和"科目名称"两列

**步骤 1** 执行"数据"→"来自表格/区域"命令,建立查询,如图2-63所示。

图2-63 建立查询

**步骤 2** 在"主页"选项卡或者"转换"选项卡中,执行"拆分列"→"按分隔符"命令,打开"按分隔符拆分列"对话框,选择"冒号"作为分隔符,如图2-64所示。

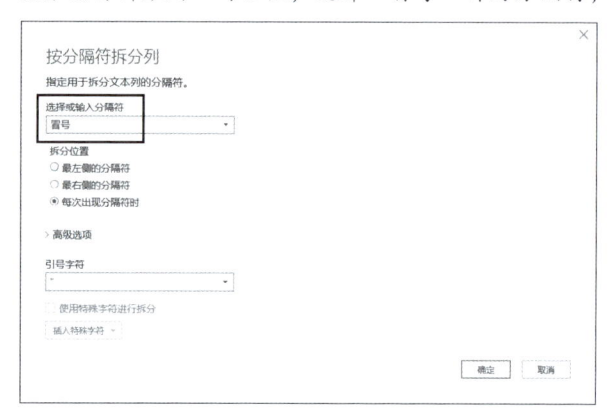

图2-64 选择"冒号"作为分隔符

单击"确定"按钮,就得到图2-65所示的结果。

图2-65 第一次使用冒号拆分

**步骤 3** 选择第二列,执行"拆分列"→"按分隔符"命令,打开"按分隔符拆分列"对话框,选择"--自定义--"作为分隔符,并输入斜杆"/",如图2-66所示。

单击"确定"按钮,就得到图2-67所示的结果。

**步骤 4** 将第二列数据类型设置为"文本",修改后两列的标题,删除第一列,就得到拆分列后的结果,如图2-68所示。

在选择"--自定义--"分隔符时,这个分隔符可以是任意的符号,如指定的字符、换行符等。

图2-66 使用自定义（斜杠）作为分隔符

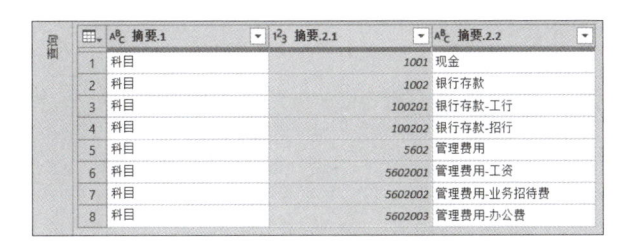

图2-67 第二次使用斜杠拆分

图2-68 拆分列后的最终结果

## 案例2-14

图2-69是由系统导出的数据，需要将材料编码和材料名称分成两列，它们之间都有两个汉字"材料"。

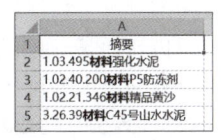

图2-69 以汉字"材料"分隔的材料编码和材料名称

建立查询，执行"拆分列"→"按分隔符"命令，打开"按分隔符拆分列"对话框，选择"--自定义--"作为分隔符，并输入"材料"，如图2-70所示。

图2-70　使用自定义（材料）作为分隔符

这样，就得到图2-71所示拆分后的数据。

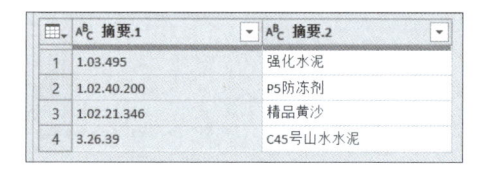

图2-71　拆分后的数据

### 案例 2-15

图2-72是导出的考勤数据，这个数据无法进行统计分析，需要先进行整理加工，才能得到每个人每天的签到时间和签退时间。

图2-72　考勤打卡数据

在这个考勤数据中，打卡时间之间都有一个换行符，即每个打卡时间是分行保存在单元格中的，因此，我们首先需要将每个打卡时间分列保存，以便进一步处理。

但是，这个表格结构是不能直接分列的，因为每日的打卡时间是按列保存的，因此在将打卡时间分列之前，必须将表格结构进行转换，整理为数据库结构。

**步骤 1**　建立查询，如图2-73所示。

| | ABC 123 工号 | ABC 123 姓名 | ABC 123 部门 | ABC 123 1 | ABC 123 2 | ABC 123 |
|---|---|---|---|---|---|---|
| 1 | 3959 | 张三 | 生产部 | 07:45<br>12:33<br>12:34<br>17:46<br>17:46 | 07:50<br>13:23<br>13:23<br>17:50<br>17:50 | 07:<br>13:<br>13:<br>17:<br>17: |
| 2 | 2123 | 李四 | 生产部 | 07:17<br>20:03 | 07:19<br>21:00 | 07:<br>21: |
| 3 | 4960 | 王五 | 生产部 | 07:45<br>13:26<br>13:27<br>17:57<br>17:57 | 07:51<br>13:27<br>13:27<br>17:57<br>17:57 | 07:<br>12: |

图2-73 建立查询

**步骤②** 选择前面三列，右击并执行"逆透视其他列"命令，如图2-74所示，就可将数据表整理为五列数据，如图2-75所示。

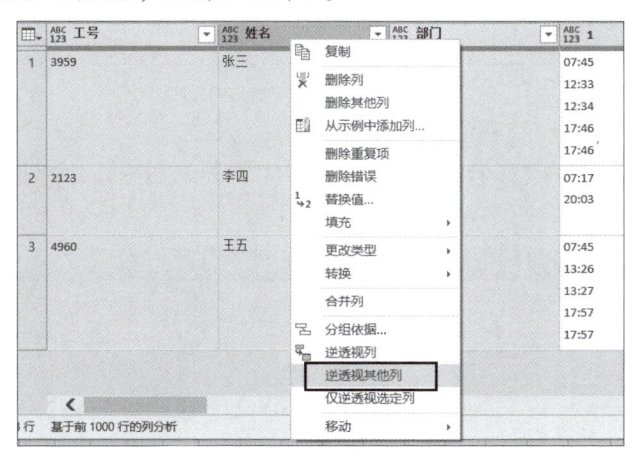

图2-74 执行"逆透视其他列"命令

| | I²₃ 工号 | ABC 姓名 | ABC 部门 | ABC 属性 | ABC 123 值 |
|---|---|---|---|---|---|
| 1 | 3959 | 张三 | 生产部 | 1 | 07:45<br>12:33<br>12:34<br>17:46<br>17:46 |
| 2 | 3959 | 张三 | 生产部 | 2 | 07:50<br>13:23<br>13:23<br>17:50<br>17:50 |
| 3 | 3959 | 张三 | 生产部 | 3 | 07:50<br>13:23<br>13:23<br>17:48<br>17:48 |
| 4 | 3959 | 张三 | 生产部 | 5 | 07:49 |

图2-75 逆透视后的表

**步骤3** 选择最后一列，执行"拆分列"→"按分隔符"命令，打开"按分隔符拆分列"对话框，选择"--自定义--"作为分隔符，选择"使用特殊字符进行拆分"复选框，然后插入特殊字符"换行"，如图2-76所示。

图2-76 使用换行符拆分列

**步骤4** 单击"确定"按钮，就得到图2-77所示的拆分列后的表格，也就是每个打卡时间保存一列。

图2-77 每个打卡时间数据整理为按列保存

这样就可以根据拆分列后的每个打卡时间数据进一步处理，以获取每天的签到时间和签退时间，从而对考勤数据进行统计分析。

## 2.4.2 根据数据类型特征将一列拆分成几列

在图2-61所示的"拆分列"命令菜单中，有两个非常有用的命令"按照从数字到非数字的转换"和"按照从非数字到数字的转换"，利用这两个命令，我们可以快速解决某些数据分列问题。

## 案例 2-16

如图2-78所示，在"摘要"列中，科目编码是数字，长短不一，科目名称是文本，现在要求将该列分成"科目编码"和"科目名称"两列。

图2-78 拆分科目编码和科目名称

建立查询，执行"拆分列"→"按照从数字到非数字的转换"命令，如图2-79所示。即可将"摘要"列拆分成两列，如图2-80所示。

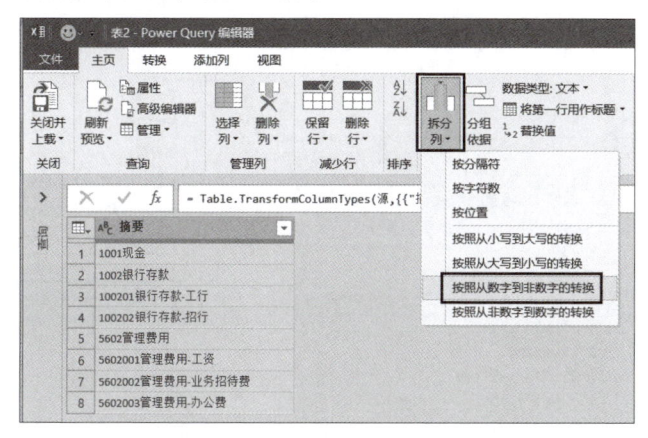

图2-79 执行"拆分列"→"按照从数字到非数字的转换"命令

图2-80 拆分成"科目编码"和"科目名称"两列数据

最后将两列标题分别修改为"科目编码"和"科目名称"。

## 案例 2-17

本例介绍根据数据类型特征拆分列的方法，如图2-81所示，要求把品名和规格数据分成两列。

图2-81　拆分品名和规格数据

仔细观察表格数据，规格都是以数字开头的右侧字符，因此，根据这个规律可以快速拆分列。

建立查询，执行"拆分列"→"按照从非数字到数字的转换"命令，如图2-82所示。

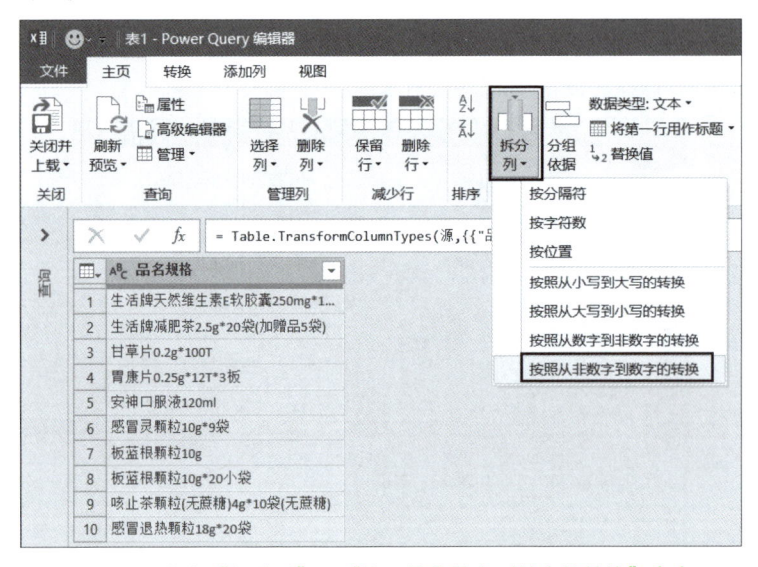

图2-82　执行"拆分列"→"按照从非数字到数字的转换"命令

即可得到图2-83所示的拆分结果，第一列就是品名，后面各列是规格组成部分。

图2-83　拆分后的结果

选择第二列和后面的各列，在"转换"选项卡中单击"合并列"命令按钮，如图2-84所示。

打开"合并列"对话框，保持默认参数（分隔符选择"--无--"，新列名默认为"已合并"），如图2-85所示。

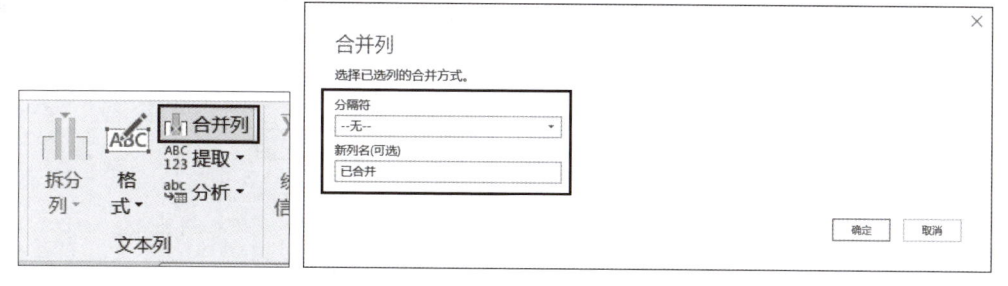

图2-84 "合并列"命令按钮

图2-85 "合并列"对话框

单击"确定"按钮，就得到了图2-86所示的规格。

图2-86 合并的规格数据

最后将两列标题分别修改为"品名"和"规格"。

## 2.4.3 根据指定字符数将一列拆分成几列

前面章节介绍了根据分隔符或者数据类型特征来拆分列的方法，但在某些情况下，我们可以使用指定字符数来拆分列。

### 案例 2-18

图2-87是一个简单的数据表，要求将邮编和地址拆分成两列。

注意邮政编码是6位数字，并且本例只是要拆分成两列，因此只要把左侧的6位邮政编码数字拆分出来，剩余的部分自然就构成了地址。

图2-87 拆分邮编和地址

建立查询，执行"拆分列"→"按字符数"命令，如图2-88所示。

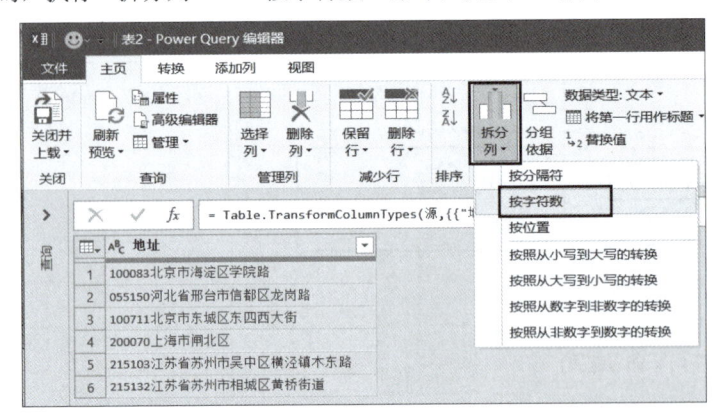

图2-88 执行"拆分列"→"按字符数"命令

打开"按字符数拆分列"对话框，字符数输入6，并选择"一次，尽可能靠左"单选按钮（因为左侧是6位邮政编码，只需拆分一次即可），如图2-89所示，即可得到图2-90所示的结果。

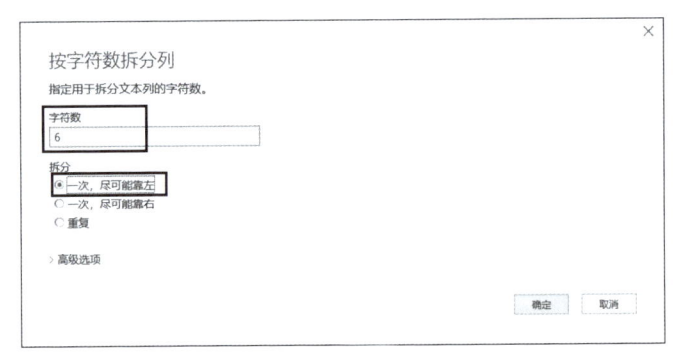

图2-89 输入字符数"6"，选择"一次，尽可能靠左"单选按钮

图2-90 拆分后的邮编和地址

### 案例 2-19

图2-91所示为姓名和身份证号码数据，它们在一个单元格中，现在的任务是将姓名和身份证号码分成两列。

在这个例子中,身份证号码是固定的18位,因此我们只要把右侧的18位身份证号码拆分出来,左侧的姓名也就出来了。

建立查询,执行"拆分列"→"按字符数"命令,打开"按字符数拆分列"对话框,字符数输入18,并选择"一次,尽可能靠右"单选按钮,如图2-92所示,即可得到如图2-93所示的结果。

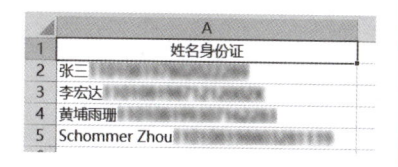

图2-91 姓名和身份证号码数据

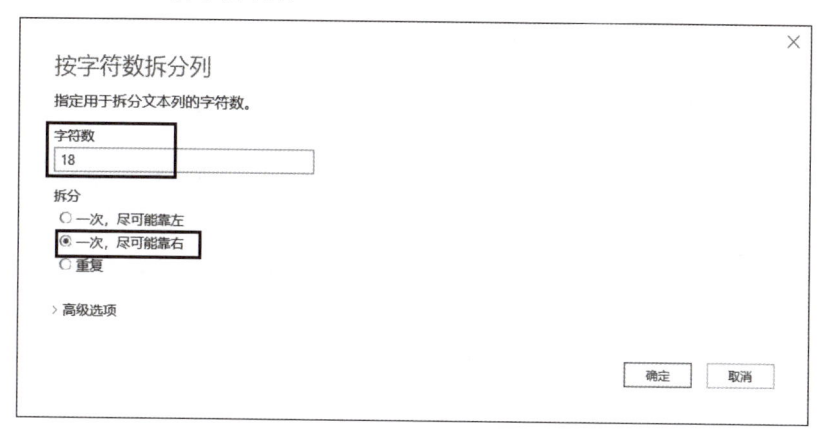

图2-92 输入字符数18,选择"一次,尽可能靠右"单选按钮

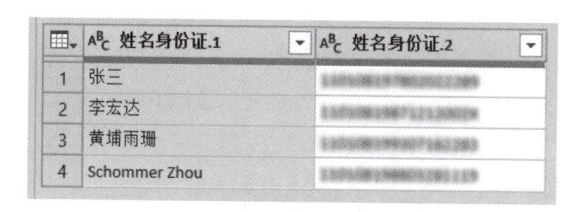

图2-93 拆分后的姓名和身份证号码

## 案例 2-20

图2-94所示为导出的刷卡数据,每个刷卡时间保存在E列的单元格中,它们之间没有任何分隔符,但每个刷卡时间都是5位(如"07:45"),现在要把这些刷卡时间分成各列,以便进一步处理。

由于每个刷卡时间都是5位字符,因此可以使用指定字符数进行拆分。

建立查询,执行"拆分列"→"按字符数"命令,打开"按字符数拆分列"对话框,字符数输入5,并选择"重复"单选按钮,如图2-95所示,即可得到图2-96所示的结果。

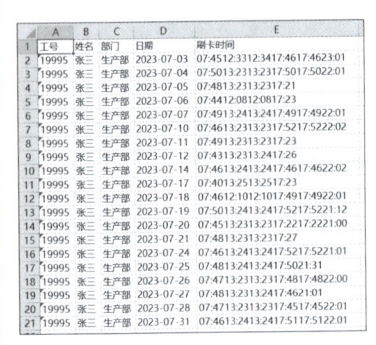

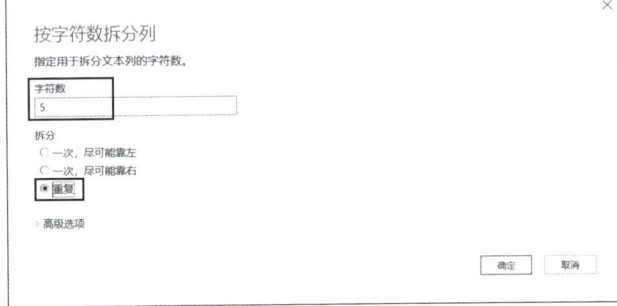

图2-94　需要拆分的刷卡时间数据　　　　图2-95　输入字符数5，选择"重复"单选按钮

图2-96　拆分后的每个刷卡时间

## 2.4.4　根据指定位置将一列拆分成几列

根据数据特征，也可以在指定的位置拆分列。

### 案例 2-21

对于案例2-18中的数据，邮编是左侧6位，从第7位开始是地址，执行"拆分列"→"按位置"命令，如图2-97所示。

打开"按位置拆分列"对话框，在"位置"栏中输入"0,6"，如图2-98所示。

这里要注意，该案例中，要将邮编和地址拆分成两列，第一列是从第1个字符开始，第二列是从第7个字符开始，而在Power Query中，第1个字符的位置是0，第2个字符的位置是1，以此类推，即字符位置是从0开始计数的，并不是Excel中的从1开始计数。

因此，在"按位置拆分列"对话框中，要将两个拆分位置分别设置为0和6。

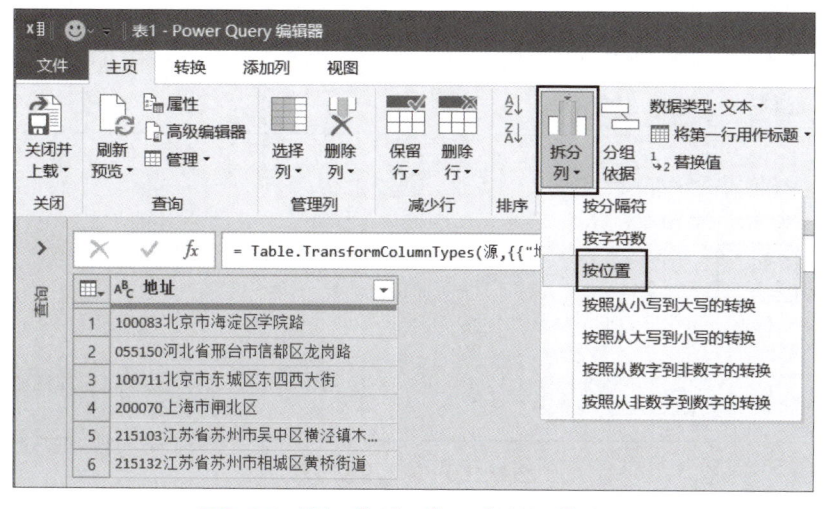

图2-97　执行"拆分列"→"按位置"命令

图2-98　输入拆分位置

### 案例 2-22

图2-99所示为拆分地区和门店数据，地区编码是6位，地区名称是2个汉字，门店编码是6位，门店名称长度不一。现在的任务是将地区编码、地区名称、门店编码和门店名称分成4列。

扫一扫，看视频

图2-99　拆分地区和门店数据

地区编码是从第1个字符开始，地区名称是从第7个字符开始，门店编码是从第9个字符开始，门店名称是从第15个字符开始，这样，在"按位置拆分列"对话框中，输入拆分位置"0, 6, 8, 14"，如图2-100所示。

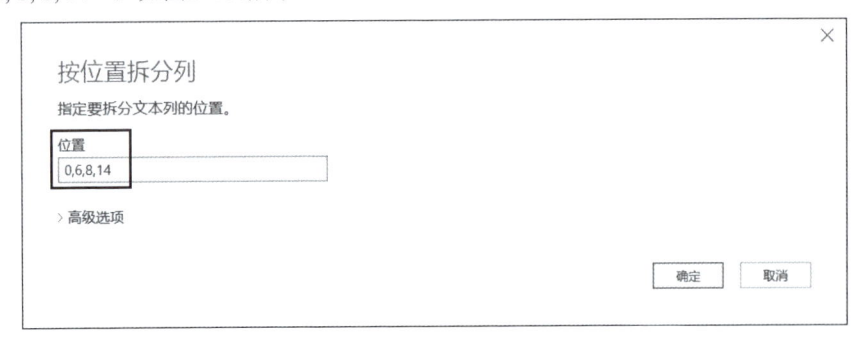

图2-100　输入拆分位置

这样，就得到了需要的结果，如图2-101所示。

图2-101　拆分列后的表

### 2.4.5　使用M函数将一列拆分成几列

尽管很多数据分列问题，可以使用拆分列命令来解决，但是也有很多拆分列问题需要使用M函数。即使是拆分列命令能够解决的问题，使用M函数也是可以完成的。

使用M函数拆分列，需要添加自定义列，使用相关的M函数，构建M函数公式，从原始列中提取各列信息。

"自定义列"命令按钮在"添加列"选项卡中，如图2-102所示。

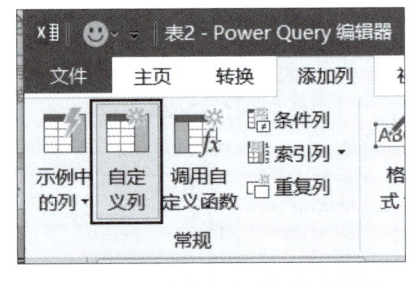

图2-102　"自定义列"命令按钮

**案例 2-23**

对于"案例2-18"中的数据，邮编是左侧6位，从第7位开始是地址，那么可以使用Text.Start函数提取左边6位数得到邮编，使用Text.Middle函数从第7位开始提取右侧所有数据得到地址。

建立查询，单击"自定义列"命令按钮，打开"自定义列"对话框，输入新列名"邮编"，输入下面的自定义列公式，如图2-103所示，即可得到一个新列"邮编"，如图2-104所示。

= Text.Start([地址],6)

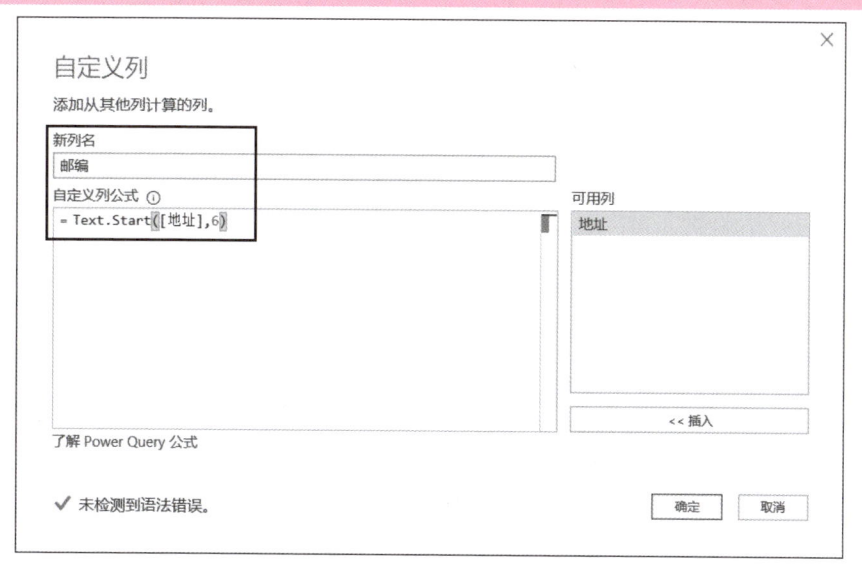

图2-103　自定义列"邮编"

图2-104　增加新列"邮编"

再单击"自定义列"命令按钮，打开"自定义列"对话框，输入新列名"地址"，输入下面的自定义列公式，如图2-105所示，即可得到一个新列"地址"，如图2-106所示。

= Text.Middle([地址],6,100)

本案例使用了Text.Start函数和Text.Middle函数，前者相当于Excel的LEFT函数，后者相当于Excel的MID函数。

此外，Power Query还有一个Text.End函数，相当于Excel的RIGHT函数。

这3个M函数的用法很简单，只要会使用Excel的LEFT函数、MID函数和RIGHT函数，那么这3个M函数也就会使用了。

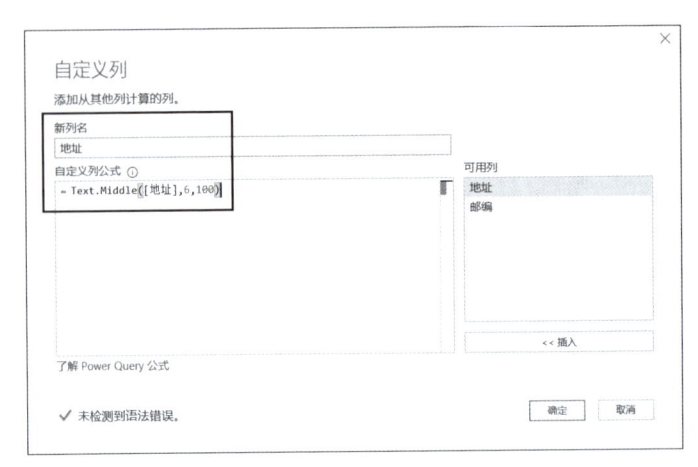

图2-105 自定义列"地址"

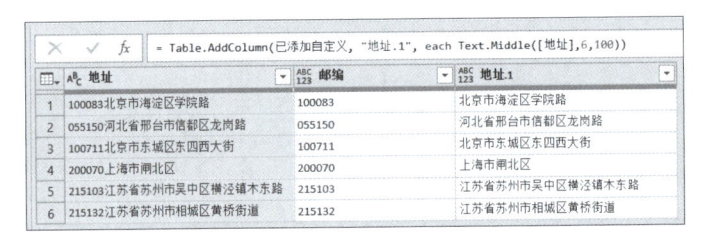

图2-106 得到的邮编和地址

### 案例2-24

图2-107所示为一个简单的数据表,要求把物料编码和物料名称分成两列。

图2-107 物料编码和物料名称数据

仔细观察数据特征,物料编码是由数字和句点组成的,这样只要将数字和句点提取出来,就是物料编码,而剩下的数据就是物料名称。

因此,我们可以使用Text.Select函数来获取物料编码,使用Text.Remove函数来获取物料名称。

建立查询,单击"自定义列"命令按钮,打开"自定义列"对话框,输入新列名"物料编码",输入下面的自定义列公式,如图2-108所示,即可得到一个新列"物料编码",如图2-109所示。

= Text.Select([物料编码名称],{"0".."9","."})

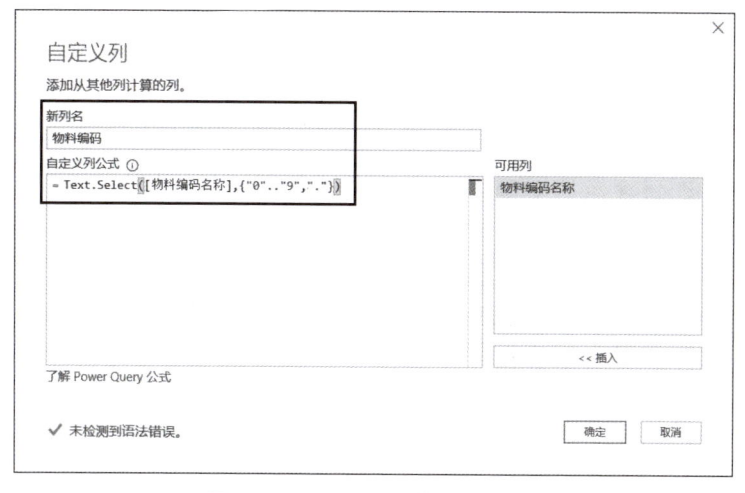

图2-108　自定义列"物料编码"

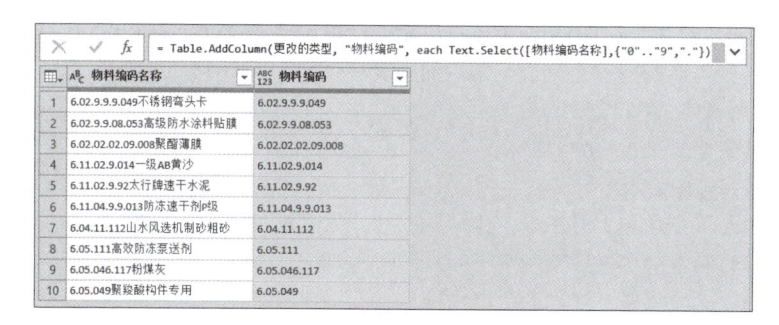

图2-109　添加的新列"物料编码"

单击"自定义列"命令按钮，打开"自定义列"对话框，输入新列名"物料名称"，输入下面的自定义列公式，如图2-110所示，即可得到一个新列"物料名称"，如图2-111所示。

= Text.Remove([物料编码名称],{"0".."9","."})

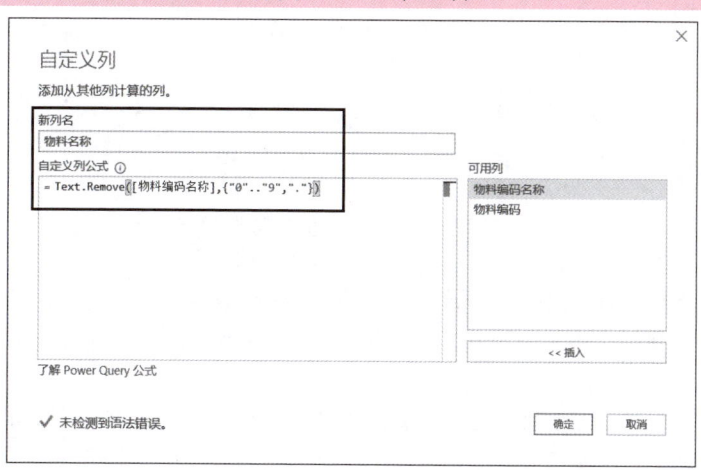

图2-110　自定义列"物料名称"

```
= Table.AddColumn(已添加自定义, "物料名称", each Text.Remove([物料编码名称],{"0".."9","."}))
```

| | 物料编码名称 | 物料编码 | 物料名称 |
|---|---|---|---|
| 1 | 6.02.9.9.9.049不锈钢弯头卡 | 6.02.9.9.9.049 | 不锈钢弯头卡 |
| 2 | 6.02.9.9.08.053高级防水涂料贴膜 | 6.02.9.9.08.053 | 高级防水涂料贴膜 |
| 3 | 6.02.02.02.09.008聚酯薄膜 | 6.02.02.02.09.008 | 聚酯薄膜 |
| 4 | 6.11.02.9.014一级AB黄沙 | 6.11.02.9.014 | 一级AB黄沙 |
| 5 | 6.11.02.9.92太行牌速干水泥 | 6.11.02.9.92 | 太行牌速干水泥 |
| 6 | 6.11.04.9.9.013防冻速干剂p级 | 6.11.04.9.9.013 | 防冻速干剂p级 |
| 7 | 6.04.11.112山水风选机制砂粗砂 | 6.04.11.112 | 山水风选机制砂粗砂 |
| 8 | 6.05.111高效防冻泵送剂 | 6.05.111 | 高效防冻泵送剂 |
| 9 | 6.05.046.117粉煤灰 | 6.05.046.117 | 粉煤灰 |
| 10 | 6.05.049聚羧酸构件专用 | 6.05.049 | 聚羧酸构件专用 |

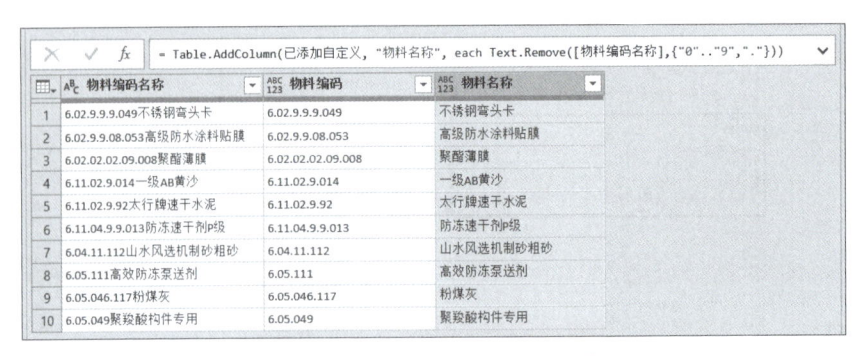

图2-111　添加的新列"物料名称"

Text.Select函数，从字面上理解就是，从一个文本字符串（Text）中，选择出（Select）指定的字符。例如，本案例中，{"0".."9","."}就是选择0~9的数字和句点。

Text.Remove函数，从字面上理解就是，从一个文本字符串（Text）中，剔除（Remove）指定的字符。例如，本案例中，{"0".."9","."}就是剔除0~9的数字和句点。

Text.Select函数和Text.Remove函数都很简单，指定要选择的字符即可。但是，如果要选择某类字符，则需要构建一个列表。常用的列表有：

◎ 0-9的数字：{"0".."9"}。
◎ 大写字母A-Z：{"A".."Z"}。
◎ 小写字母a-z：{"a".."z"}。
◎ 全部大写字母和小写字母：{"A".."z"}，或者{"A".."Z","a".."z"}。
◎ 常用的汉字：{"一".."龟"}。
◎ 带小数点的数字：{"0".."9","."}。
◎ 带小数点以及负号的数字：{"0".."9",".","-"}。

### 案例2-25

图2-112也是一个简单的数据表，要求把左侧的地址和右侧的电话号码分成两列。

| | A | B | C | D | E |
|---|---|---|---|---|---|
| 1 | 地址电话 | | | 地址 | 电话 |
| 2 | 北京市丰台区新飞工业区20号院综合楼010-86161072 | | | 北京市丰台区新飞工业区20号院综合楼 | 010-86161072 |
| 3 | 江苏省苏州市吴中区长桥街道488号院15号楼0512-43725601 | | | 江苏省苏州市吴中区长桥街道488号院15号楼 | 0512-43725601 |
| 4 | 江苏省常州市新北区薛家镇庆阳路49566588 | | | 江苏省常州市新北区薛家镇庆阳路 | 49566588 |
| 5 | 河北省石家庄市裕华路甲45号13521848823 | | | 河北省石家庄市裕华路甲45号 | 13521848823 |
| 6 | 广东省深圳市龙岗路1048号0755-60381129 | | | 广东省深圳市龙岗路1048号 | 0755-60381129 |

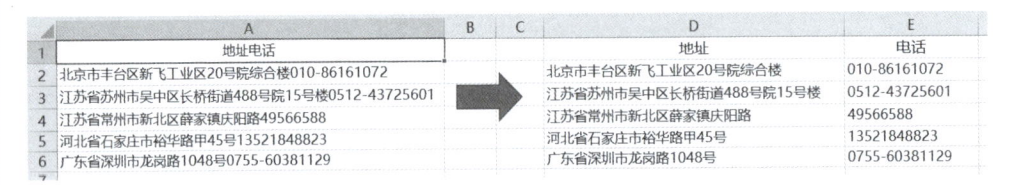

图2-112　把左侧的地址和右侧的电话号码分成两列

这个问题的一个麻烦点是，右侧电话号码中有连字符（-），不过，我们可以将这个连字符去掉，然后将地址电话字符串倒序，再使用从数字到非数字的转换拆分列，即可得到电话号码。

**步骤①** 建立查询，插入自定义列，如图2-113所示，自定义列公式如下，得到图2-114所示的自定义列。

```
= Text.Reverse(Text.Remove([地址电话],"-"))
```

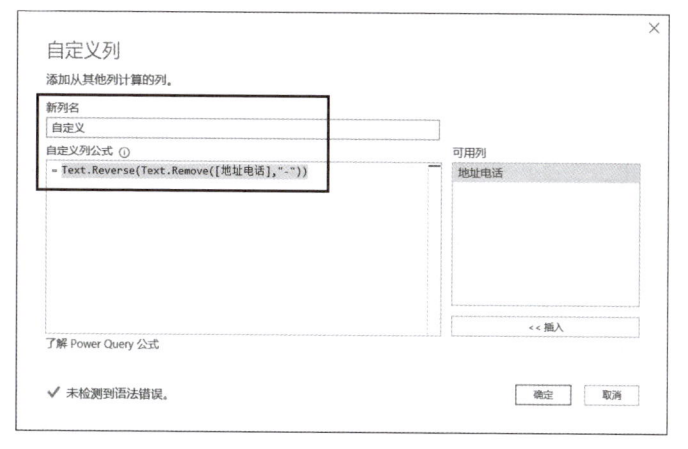

图2-113　添加自定义列

| | 地址电话 | 自定义 |
|---|---|---|
| 1 | 北京市丰台区新飞工业区20号院综合楼010-86161072 | 27016168010楼合综院号02区业工飞新区台丰市京北 |
| 2 | 江苏省苏州市吴中区长桥街道488号院15号楼0512-43725601 | 106527342150楼号51院号884道街桥长区中吴市州苏省苏江 |
| 3 | 江苏省常州市新北区薛家镇庆阳路49566588 | 88566594路阳庆镇家薛区北新市州常省苏江 |
| 4 | 河北省石家庄市裕华路甲45号13521848823 | 32884812531号54甲路华裕市庄家石省北河 |
| 5 | 广东省深圳市龙岗路1048号0755-60381129 | 921183065570号8401路岗龙市圳深省东广 |

图2-114　得到的自定义列

**步骤2** 选择自定义列，执行"拆分列"→"按照从数字到非数字的转换"命令，将自定义列进行拆分，如图2-115所示。

| | 地址电话 | 自定义.1 | 自定义.2 | 自定义.3 | 自定义.4 |
|---|---|---|---|---|---|
| 1 | 北京市丰台区新飞工业区20号院综合楼010-86161072 | 27016168010 | 楼合综院号02 | 区业工飞新区台丰市京北 | null |
| 2 | 江苏省苏州市吴中区长桥街道488号院15号楼0512-43725601 | 106527342150 | 楼号51 | 院号884 | 道街桥长区中吴市州苏省苏… |
| 3 | 江苏省常州市新北区薛家镇庆阳路49566588 | 88566594 | 路阳庆镇家薛区北新市州常… | | null |
| 4 | 河北省石家庄市裕华路甲45号13521848823 | 32884812531 | 号54 | 甲路华裕市庄家石省北河 | null |
| 5 | 广东省深圳市龙岗路1048号0755-60381129 | 921183065570 | 号8401 | 路岗龙市圳深省东广 | null |

图2-115　拆分自定义列

**步骤3** 选择电话号码后的所有列，右击并执行"合并列"命令，如图2-116所示，打开"合并列"对话框，如图2-117所示，保持默认。

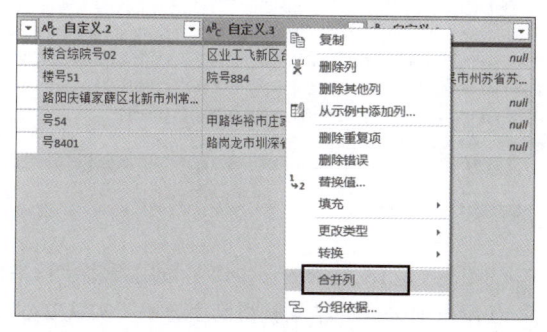

图2-116　"合并列"命令

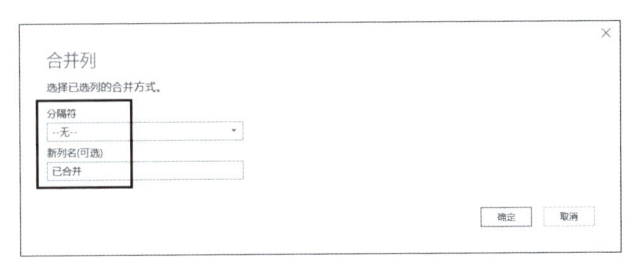

图2-117 "合并列"对话框

单击"确定"按钮，得到合并列，将分散的地址字符连接在一起，如图2-118所示。

图2-118 合并分散的地址字符

**步骤 4** 添加两个自定义列"电话"和"地址"，自定义列公式分别如下。

自定义列"地址"：

= Text.Reverse([已合并])

自定义列"电话"：

= Text.Reverse([自定义.1])

那么，就得到了地址和电话号码数据列，如图2-119所示。

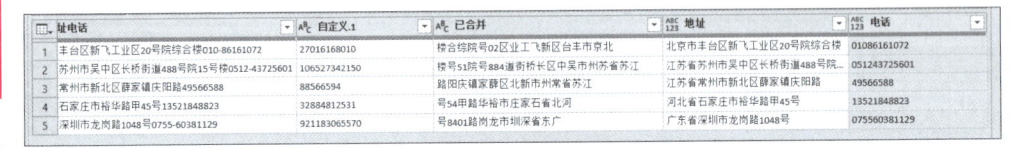

图2-119 添加自定义列

最后删除中间的两列，就得到要求的地址和电话分开的表格，如图2-120所示。

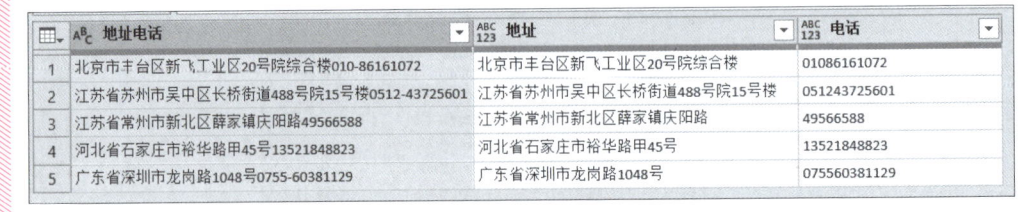

图2-120 地址和电话数据

这个例子使用的核心M函数是Text.Reverse，该函数用于将字符串倒序处理。例如，对于字符串"ABC123"，使用下面公式的结果就得到字符串"321CBA"：

= Text.Reverse("ABC123")

## 2.4.6 将一列拆分成几行

在很多情况下，我们需要将某个单元格的数据，根据指定的特征拆分成几行保存，此时，可以直接使用"拆分列"命令。下面介绍几个实际案例。

### 案例 2-26

图2-121是一个简单的数据表，每天的发票号用斜杠（/）分隔保存在一个单元格中，现在要求将它们分行保存，整理为数据表单。

图2-121　发票汇总表

这个例子很简单，建立查询，执行"拆分列"→"分隔符"命令，然后用斜杠（/）作为分隔符，再单击"高级选项"，展开对话框，选择"行"单选按钮，如图2-122所示，就可将一列数据拆分成行，如图2-123所示。

图2-122　用分隔符"/"将一列数据拆分成行

|  | 日期 ▼ | ABC 发票 ▼ |
|---|---|---|
| 1 | 2023-7-3 | 29596070 |
| 2 | 2023-7-3 | 39596073 |
| 3 | 2023-7-3 | 39506001 |
| 4 | 2023-7-6 | 20502312 |
| 5 | 2023-7-6 | 29506501 |
| 6 | 2023-7-6 | 20507600 |
| 7 | 2023-7-6 | 58686169 |
| 8 | 2023-7-11 | 93985769 |
| 9 | 2023-7-11 | 85869603 |
| 10 | 2023-7-18 | 29859001 |
| 11 | 2023-7-18 | 49770707 |
| 12 | 2023-7-18 | 59795930 |
| 13 | 2023-7-18 | 59686060 |
| 14 | 2023-7-18 | 50606555 |

图2-123　整理好的发票清单

### 案例 2-27

图2-124是导出的考勤数据，现在要求整理出每个人的上班签到时间和下班签退时间。注意，打卡时间在一个单元格中，并且打卡时间有多次。

| | A | B | C | D |
|---|---|---|---|---|
| 1 | 姓名 | 部门 | 打卡日期 | 打卡时间 |
| 2 | A001 | 总公司 | 2023-07-02 | 08:50:29 08:50:37 17:58:42 17:58:45 17:58:51 |
| 3 | A002 | 总公司 | 2023-07-01 | 08:14:09 18:06:22 |
| 4 | A003 | 总公司 | 2023-07-01 | 08:30:09 08:30:23 08:30:26 |
| 5 | A005 | 总公司 | 2023-07-01 | 08:31:00 08:31:03 18:04:50 18:04:53 |
| 6 | A009 | 总公司 | 2023-07-01 | 08:26:18 17:55:16 17:55:43 |
| 7 | A011 | 总公司 | 2023-07-01 | 08:17:48 08:18:01 18:06:04 18:08:37 18:09:03 |
| 8 | A012 | 总公司 | 2023-07-01 | 08:27:49 08:28:23 08:29:28 18:06:09 |
| 9 | A014 | 总公司 | 2023-07-01 | 18:38:20 18:38:43 |
| 10 | A016 | 总公司 | 2023-07-01 | 08:37:46 08:38:34 18:06:24 18:06:38 |
| 11 | A018 | 总公司 | 2023-07-01 | 08:07:49 08:28:54 08:37:03 18:06:15 18:06:22 18:06:28 |
| 12 | A020 | 总公司 | 2023-07-01 | 08:23:43 08:24:28 18:06:11 18:06:13 |

图2-124　考勤数据

从图2-124中的数据可以看出，有些打卡数据只有上班签到，有些打卡数据只有下班签退，大部分数据是上班签到和下班签退都有。我们需要将打卡时间拆分开，然后计算每个人每天的最早打卡时间和最晚打卡时间，然后依据公司出勤规定进行判断，才能得到正确的上班签到时间和下班签退时间。

这里需要使用Power Query的拆分列工具、组合工具、M函数公式，才能解决这个问题。下面是主要步骤。

**步骤①**　建立查询，选择"打卡时间"列，执行"拆分列"→"按分隔符"命令，打开"按分隔符拆分列"对话框，分隔符选择"空格"，单击"高级选项"按钮，展开对话框，选择"行"单选按钮，如图2-125所示。

图2-125 设置拆分选项

单击"确定"按钮，就可得到图2-126所示的表。

| # | 姓名 | 部门 | 打卡日期 | 打卡时间 |
|---|---|---|---|---|
| 1 | A001 | 总公司 | 2023-7-2 | 8:50:29 |
| 2 | A001 | 总公司 | 2023-7-2 | 8:50:37 |
| 3 | A001 | 总公司 | 2023-7-2 | 17:58:42 |
| 4 | A001 | 总公司 | 2023-7-2 | 17:58:45 |
| 5 | A001 | 总公司 | 2023-7-2 | 17:58:51 |
| 6 | A002 | 总公司 | 2023-7-1 | 8:14:09 |
| 7 | A002 | 总公司 | 2023-7-1 | 18:06:22 |
| 8 | A003 | 总公司 | 2023-7-1 | 8:30:09 |
| 9 | A003 | 总公司 | 2023-7-1 | 8:30:23 |
| 10 | A003 | 总公司 | 2023-7-1 | 8:30:26 |
| 11 | A005 | 总公司 | 2023-7-1 | 8:31:00 |
| 12 | A005 | 总公司 | 2023-7-1 | 8:31:03 |
| 13 | A005 | 总公司 | 2023-7-1 | 18:04:50 |
| 14 | A005 | 总公司 | 2023-7-1 | 18:04:53 |
| 15 | A009 | 总公司 | 2023-7-1 | 8:26:18 |
| 16 | A009 | 总公司 | 2023-7-1 | 17:55:16 |

图2-126 将单元格里的打卡时间拆分成行

**步骤 2** 在"主页"选项卡中，单击"分组依据"命令按钮，如图2-127所示。

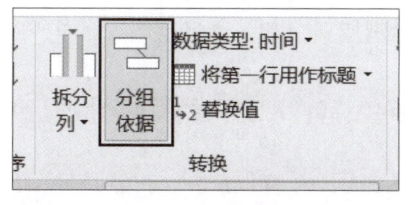

图2-127 单击"分组依据"命令按钮

打开"分组依据"对话框，选择"高级"单选按钮，然后添加3个分组"姓名""部门""打卡日期"，添加2个新列"最早时间""最晚时间"，分别计算打卡时间的最小值和最大值，如图2-128所示。

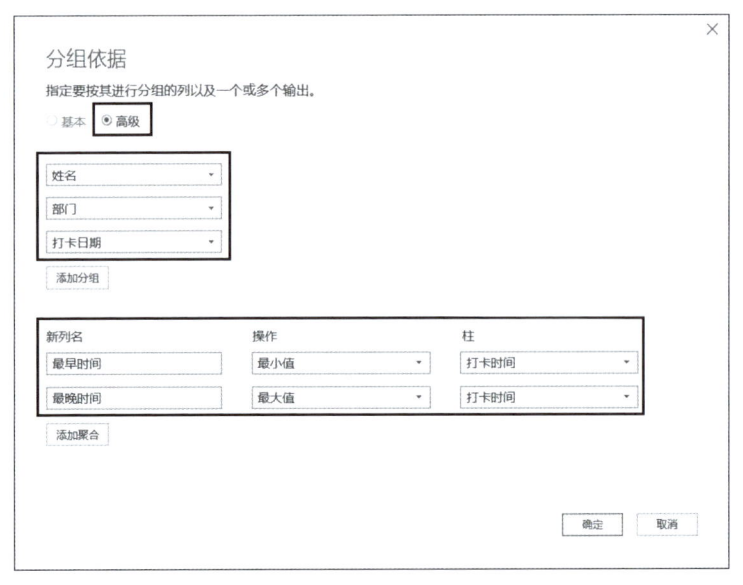

图2-128  设置分组

单击"确定"按钮，就得到图2-129所示的表。

图2-129  得到的"最早时间"和"最晚时间"

**步骤 3** 因为某人某天可能就只有签到时间或者签退时间，因此需要根据公司出勤规定来判断是签到还是签退。这里假设公司出勤时间是9:00—18:00，并且如果是14:00点之前打卡，就认为是签到时间，否则就是签退时间。

添加两个自定义列"签到时间"和"签退时间"，自定义列公式分别如下。

自定义列"签到时间"：

= if [最早时间]<=#time(14,0,0) then [最早时间] else null

自定义列"签退时间"：

= if [最晚时间]>#time(14,0,0) then [最晚时间] else null

这样，就得到了签到时间和签退时间，如图2-130所示。

| | 打卡日期 | 最早时间 | 最晚时间 | 签到时间 | 签退时间 |
|---|---|---|---|---|---|
| 1 | 2023-7-2 | 8:50:29 | 17:58:51 | 8:50:29 | 17:58:51 |
| 2 | 2023-7-1 | 8:14:09 | 18:06:22 | 8:14:09 | 18:06:22 |
| 3 | 2023-7-1 | 8:30:09 | 8:30:26 | 8:30:09 | null |
| 4 | 2023-7-1 | 8:31:00 | 18:04:53 | 8:31:00 | 18:04:53 |
| 5 | 2023-7-1 | 8:26:18 | 17:55:43 | 8:26:18 | 17:55:43 |
| 6 | 2023-7-1 | 8:17:48 | 18:09:03 | 8:17:48 | 18:09:03 |
| 7 | 2023-7-1 | 8:27:49 | 18:06:09 | 8:27:49 | 18:06:09 |
| 8 | 2023-7-1 | 18:38:20 | 18:38:43 | null | 18:38:43 |
| 9 | 2023-7-1 | 8:37:46 | 18:06:38 | 8:37:46 | 18:06:38 |
| 10 | 2023-7-1 | 8:07:49 | 18:06:28 | 8:07:49 | 18:06:28 |
| 11 | 2023-7-1 | 8:23:43 | 18:06:13 | 8:23:43 | 18:06:13 |

图2-130　得到的签到时间和签退时间

**步骤④** 将"签到时间"和"签退时间"两列的数据类型设置为"时间",删除"最早时间"和"最晚时间"两列,就得到整理好的考勤数据表单,如图2-131所示。

| | 姓名 | 部门 | 打卡日期 | 签到时间 | 签退时间 |
|---|---|---|---|---|---|
| 1 | A001 | 总公司 | 2023-7-2 | 8:50:29 | 17:58:51 |
| 2 | A002 | 总公司 | 2023-7-1 | 8:14:09 | 18:06:22 |
| 3 | A003 | 总公司 | 2023-7-1 | 8:30:09 | null |
| 4 | A005 | 总公司 | 2023-7-1 | 8:31:00 | 18:04:53 |
| 5 | A009 | 总公司 | 2023-7-1 | 8:26:18 | 17:55:43 |
| 6 | A011 | 总公司 | 2023-7-1 | 8:17:48 | 18:09:03 |
| 7 | A012 | 总公司 | 2023-7-1 | 8:27:49 | 18:06:09 |
| 8 | A014 | 总公司 | 2023-7-1 | null | 18:38:43 |
| 9 | A016 | 总公司 | 2023-7-1 | 8:37:46 | 18:06:38 |
| 10 | A018 | 总公司 | 2023-7-1 | 8:07:49 | 18:06:28 |
| 11 | A020 | 总公司 | 2023-7-1 | 8:23:43 | 18:06:13 |

图2-131　整理好的考勤数据表单

在这个例子中,#time函数是构建一个时间常量。例如,#time (9,10,23) 就是9:10:23。

## 2.5 从指定列中提取必要信息

如果要从一个列中提取必要信息,并生成新的一列或几列,既可以使用Power Query的提取命令,也可以使用M函数,根据具体情况,选择一个最简单、高效的方法即可。

### 2.5.1 从文本字符串中提取必要信息

从文本字符串中提取必要信息,是最常见的数据处理内容之一。例如,从地址中提取电话号码,从身份证号码中提取出生日期,从材料长编码中提取材料类别编码等。下面介绍几个从文本字符串中提取必要信息的实际案例。

**案例2-28**

图2-132所示为身份证号码数据,要求从身份证号码中提取出生日期。

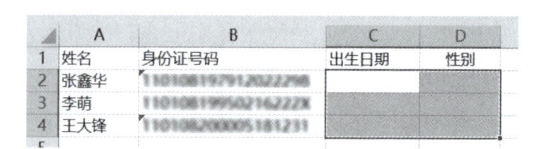

图2-132　身份证号码数据

如果使用Excel函数，则可以使用下面的公式提取出生日期：
```
=1*TEXT(MID(B2,7,8),"0000-00-00")
```
如果使用Power Query处理出生日期，则有两种方法可以实现：一种方法是使用拆分列工具并设置数据类型；另一种方法是使用M函数，下面分别进行介绍。

方法1：使用拆分列工具并设置数据类型

建立查询，选择身份证号码列，在"添加列"选项卡中，执行"提取"→"范围"命令，如图2-133所示。

打开"提取文本范围"对话框，输入起始索引"6"和字符数"8"，如图2-134所示。

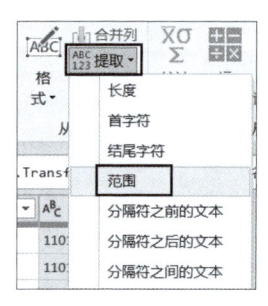

图2-133　"提取"→"范围"命令

图2-134　输入起始索引"6"和字符数"8"

单击"确定"按钮，就可得到图2-135所示8位数字的出生日期。

图2-135　提取出的8位数字出生日期

修改新列"文本范围"标题为"出生日期"，并将该列数据类型设置为"日期"，就得到每个人的出生日期，如图2-136所示。

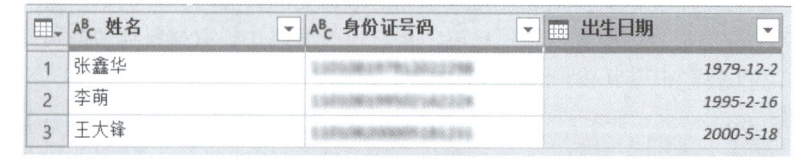

图2-136　从身份证号码中提取的出生日期

如果要提取性别，可以添加一列，将身份证号码的第17位数字取出来，并将取出的数据类型设置为整数，如图2-137所示。

图2-137　提取身份证号码的第17位数字

选择该列，在"转换"选项卡中，执行"信息"→"偶数"命令（或者执行"信息"→"奇数"命令），如图2-138所示，判断第17位数字是否为偶数（如果是偶数，性别就是女，否则就是男），然后就将数字变为逻辑值TRUE和FALSE，如图2-139所示。

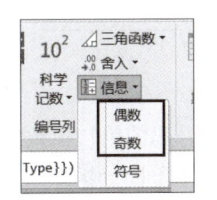

图2-138　"信息"菜单命令

图2-139　偶数判断结果

下面的思路是将逻辑值TRUE替换为女，FALSE替换为男，但是逻辑值是无法替换的，需要将逻辑值TRUE和FALSE变成文本字符串true和false，因此将该列数据类型设置为"文本"，如图2-140所示。

这样就可以使用"替换值"命令，将文本字符串true替换为"女"，将文本字符串false替换为"男"，如图2-141所示。

最后将标题修改为"性别"。

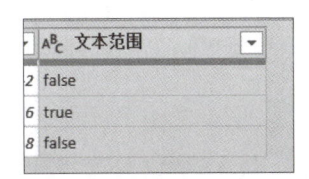

图2-140　逻辑值变为文本字符串

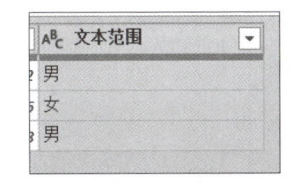

图2-141　替换成性别

方法2：使用M函数

这个方法更简单，使用Date.FromText函数和Text.Middle函数即可：先用Text.Middle函数取出表示出生日期的8位数字，再用Date.FromText函数将取出的出生日期转换为真正日期。

出生日期的自定义列如图2-142所示，公式如下：

```
= Date.FromText(Text.Middle([身份证号码],6,8))
```

注意，Text.Middle函数的结果是文本，因此需要使用Date.FromText函数对文本日期进行转换。Date.FromText函数的使用方法很简单：

```
=Date.FromText(文本型日期)
```

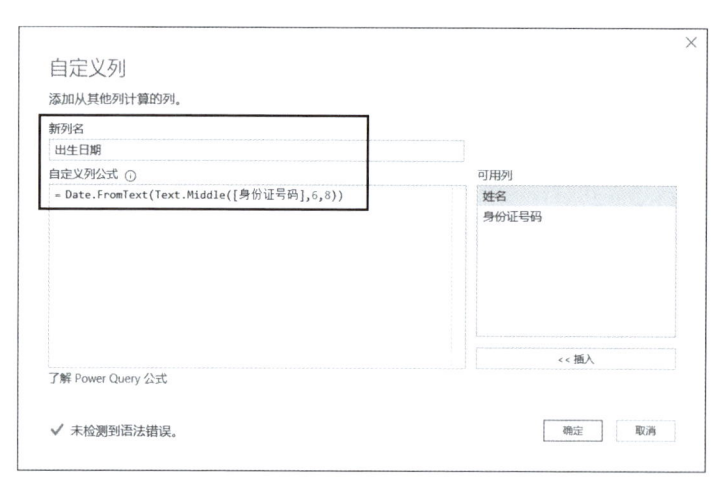

图2-142　自定义列"出生日期"

提取性别的基本逻辑是：先用Text.Middle函数取出身份证号码的第17位数字，再使用Number.FromText函数将文本型数字转换为数值，最后使用Number.IsEven函数判断所取数值是否是偶数。如果是偶数，就是女；否则就是男。

自定义列"性别"如图2-143所示，自定义列公式如下：

= if Number.IsEven(Number.FromText(Text.Middle([身份证号码],16,1))) then "女" else "男"

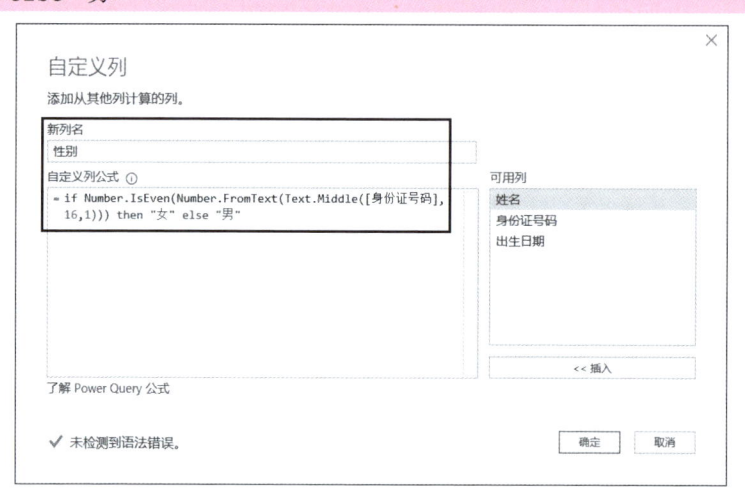

图2-143　从身份证号码提取性别

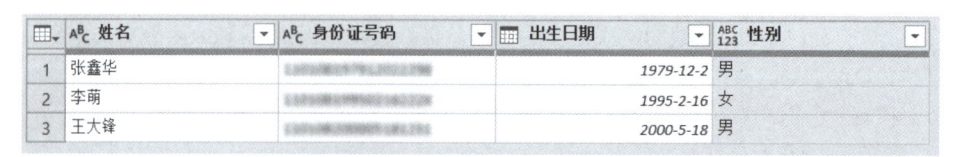

最后结果如图2-144所示。

图2-144　从身份证号码提取出生日期和性别

注意，Number.IsEven函数只能对数字进行判断，而Text.Middle函数的结果是文本，因此需要先使用Number.FromText函数将文本型数字转换为数字，才能使用Number.IsEven函数判断数字是否为偶数。

当然，我们也可以使用Number.IsOdd函数来判断数字是否为奇数，此时自定义列"性别"的公式如下：

```
= if Number.IsOdd(Number.FromText(Text.Middle([身份证号码],16,1))) then "男" else "女"
```

### 案例 2-29

前面的例子比较简单，目的是介绍提取信息的两种最基本的方法。下面再介绍一个案例。

图2-145是系统导出来的客户信息，要求从"电话"列中，提取第一个手机号码。

| | A | B | C |
|---|---|---|---|
| 1 | 客户名称 | 联系人 | 电话 |
| 2 | 客户01 | A001 | 13840198584;13500139965;13895888391;010-88375769;15029599901 |
| 3 | 客户02 | A002 | 13500299897;0311-67993339 |
| 4 | 客户03 | A003 | 13810018808;13512300069;0512-84759914;0512-84759916 |
| 5 | 客户05 | A005 | 0755-83757991;0755-83757992;18530688887;185223994133 |
| 6 | 客户06 | A006 | 010-82339985;15322378892 |

图2-145　系统导出来的客户信息

手机号码是11位，每个手机号码之间都是以分号（;）分隔，因此解决本问题，可以先使用分号将"电话"列拆分成行，再使用Text.Lengh函数计算手机号码的长度，筛选出11位手机号码，最后删除重复的客户和联系人。

建立查询，按分隔符（分号）拆分成行，如图2-146所示，拆分结果如图2-147所示。

图2-146　按分隔符（分号）拆分

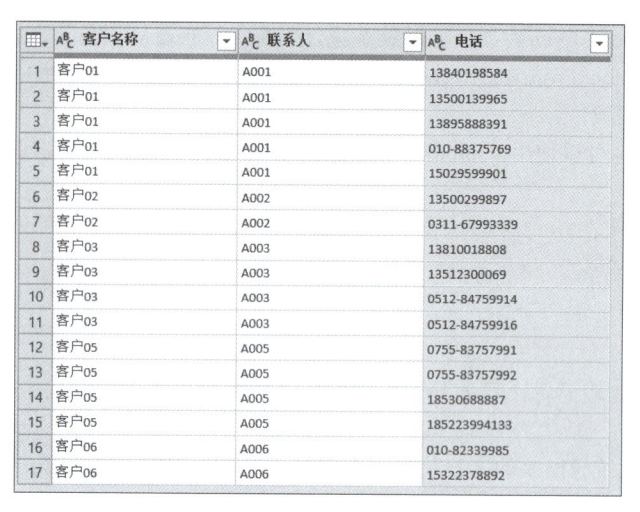

图2-147 拆分手机号码

选择"电话"列,在"添加列"选项卡中,执行"提取"→"长度"命令,如图2-148所示,就得到新列"长度",计算出每行手机号码的位数,如图2-149所示。

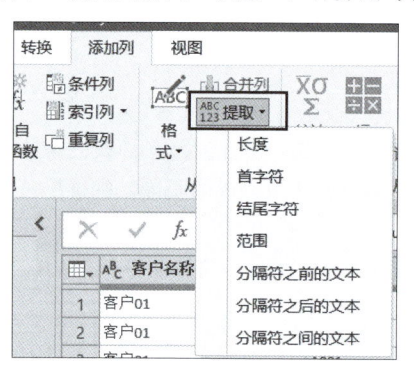

图2-148 执行"提取"→"长度"命令

图2-149 添加的新列"长度"

从"长度"列中筛选出数据11,如图2-150所示。

图2-150 筛选出11位的手机号码

选择第一列和第二列,在"主页"选项卡中执行"删除行"→"删除重复项"命令,如图2-151所示,就保留了第一个手机号码,其他手机号码删除了,如图2-152所示。

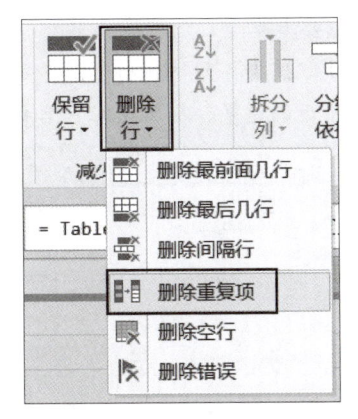

图2-151　执行"删除行"→"删除重复项"命令

图2-152　保留第一个手机号码

最后将"长度"列删除，就得到了需要的表格，如图2-153所示。

图2-153　整理完成的第一个手机号码表格

### 案例 2-30

图2-154是一个比较复杂的例子，要求从"摘要"列中提取客户名称、订单号和合计金额。这里，订单号是以数字开头的15位字符串，订单号左侧是客户名称，合计金额是摘要中最右侧的数字。

扫一扫，看视频

| | A | B | C | D | E | F |
|---|---|---|---|---|---|---|
| 1 | 日期 | 摘要 | | 客户 | 订单号 | 金额 |
| 2 | 2023-8-1 | 西单欣欣工贸公司1812-2004-010EF全款336元，税金27元，合计363元 | | 西单欣欣工贸公司 | 1812-2004-010EF | 363 |
| 3 | 2023-8-6 | 南京信息技术有限公司1812-1406-053EA全款2615元，税金209元，合计2824元 | | 南京信息技术有限公司 | 1812-1406-053EA | 2824 |
| 4 | 2023-8-9 | 苏州梅花服饰1812-6930-012EF全款2148元，税金174元，合计2322元 | | 苏州梅花服饰 | 1812-6930-012EF | 2322 |
| 5 | 2023-8-12 | 新时代广场1812-293N-076EF货款894元，税金98元，合计992元 | | 新时代广场 | 1812-293N-076EF | 992 |
| 6 | 2023-8-20 | 旧官人酒店1012-3969-014EM单全款16682.3元，税金1297.7元，合计17980元 | | 旧官人酒店 | 1012-3969-014EM | 17980 |

图2-154　客户订单摘要数据

下面介绍解决以上问题的主要步骤。

**步骤 1** 建立查询,选择"摘要"列,执行"拆分列"→"按照从非数字到数字的转换"命令,得到图2-155所示的结果,提取出客户名称。

| 日期 | 摘要.1 | 摘要.2 | 摘要.3 | 摘要.4 |
|---|---|---|---|---|
| 2023-8-1 | 西单欣欣工贸公司 | 1812- | 2004- | 010EF全款 |
| 2023-8-6 | 南京信息技术有限公司 | 1812- | 1406- | 053EA全款 |
| 2023-8-9 | 苏州梅花服饰 | 1812- | 6930- | 012EF全款 |
| 2023-8-12 | 新时代广场 | 1812- | 293N- | 076EF货款 |
| 2023-8-20 | 旧宫大酒店 | 1012- | 3969- | 014EM单全款 |

图2-155 提取出的客户名称

**步骤 2** 选择客户名称后的所有列,执行"合并列"命令,将它们重新合并在一起,如图2-156所示。

| 日期 | 摘要.1 | 已合并 |
|---|---|---|
| 2023-8-1 | 西单欣欣工贸公司 | 1812-2004-010EF全款336元,税金27元,合计363元 |
| 2023-8-6 | 南京信息技术有限公司 | 1812-1406-053EA全款2615元,税金209元,合计2824元 |
| 2023-8-9 | 苏州梅花服饰 | 1812-6930-012EF全款2148元,税金174元,合计2322元 |
| 2023-8-12 | 新时代广场 | 1812-293N-076EF货款894元,税金98元,合计992元 |
| 2023-8-20 | 旧宫大酒店 | 1012-3969-014EM单全款16682.3元 税金1297.7元 合计17980元 |

图2-156 合并列

**步骤 3** 选择合并列,在"添加列"选项卡中,执行"提取"→"首字符"命令,提取合并列的前15个字符,就是订单号,如图2-157和图2-158所示。

插入首字符

输入要保留的起始字符数。

计数
15

确定  取消

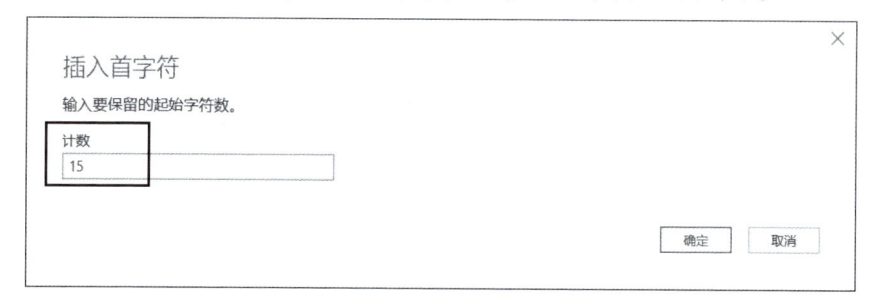

图2-157 提取前15个字符

| 日期 | 摘要.1 | 已合并 | 首字符 |
|---|---|---|---|
| 2023-8-1 | 西单欣欣工贸公司 | 1812-2004-010EF全款336元,税金27元,合计363元 | 1812-2004-010EF |
| 2023-8-6 | 南京信息技术有限公司 | 1812-1406-053EA全款2615元,税金209元,合计2824元 | 1812-1406-053EA |
| 2023-8-9 | 苏州梅花服饰 | 1812-6930-012EF全款2148元,税金174元,合计2322元 | 1812-6930-012EF |
| 2023-8-12 | 新时代广场 | 1812-293N-076EF货款894元,税金98元,合计992元 | 1812-293N-076EF |
| 2023-8-20 | 旧宫大酒店 | 1012-3969-014EM单全款16682.3元 税金1297.7元 合计17980元 | 1012-3969-014EM |

图2-158 提取出的订单号

**步骤 4** 选择合并列,在"转换"选项卡中,执行"提取"→"分隔符之间的文本"命令,提取合并列中的"合计"和"元"之间的金额数字,如图2-159和图2-160所示。

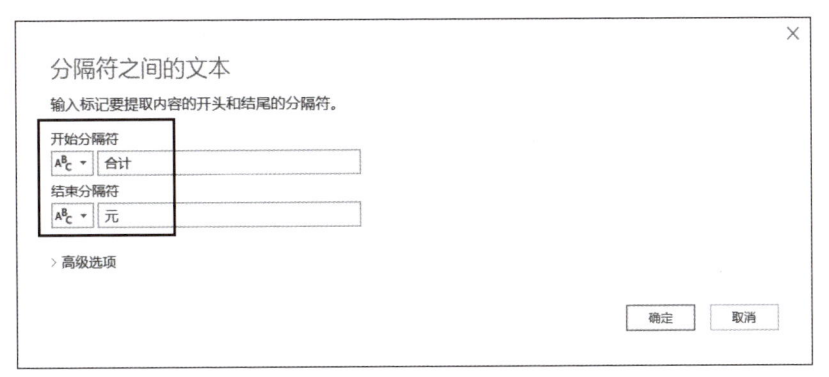

图2-159 提取分隔符之间的文本

| 日期 | 摘要.1 | 已合并 | 首字符 |
| --- | --- | --- | --- |
| 2023-8-1 | 西单欣欣工贸公司 | 363 | 1812-2004-010EF |
| 2023-8-6 | 南京信息技术有限公司 | 2824 | 1812-1406-053EA |
| 2023-8-9 | 苏州梅花服饰 | 2322 | 1812-6930-012EF |
| 2023-8-12 | 新时代广场 | 992 | 1812-293N-076EF |
| 2023-8-20 | 旧宫大酒店 | 17980 | 1012-3969-014EM |

图2-160 提取出的合计金额数字

**步骤 5** 调整各列的次序,修改各列的标题,将金额数字的数据类型设置为"小数",整理好的表格如图2-161所示。

| 日期 | 客户 | 订单号 | 金额 |
| --- | --- | --- | --- |
| 2023-8-1 | 西单欣欣工贸公司 | 1812-2004-010EF | 363 |
| 2023-8-6 | 南京信息技术有限公司 | 1812-1406-053EA | 2824 |
| 2023-8-9 | 苏州梅花服饰 | 1812-6930-012EF | 2322 |
| 2023-8-12 | 新时代广场 | 1812-293N-076EF | 992 |
| 2023-8-20 | 旧宫大酒店 | 1012-3969-014EM | 17980 |

图2-161 整理好的表格

## 2.5.2 从日期数据中提取必要信息

用户可以直接使用相关命令从日期数据中提取必要信息,如年、月、季度、周、天等。

从日期数据中提取信息,可以使用相关的菜单命令,如图2-162所示,也可以使用相关的M函数。用户可以根据实际情况选择一种高效的方法。

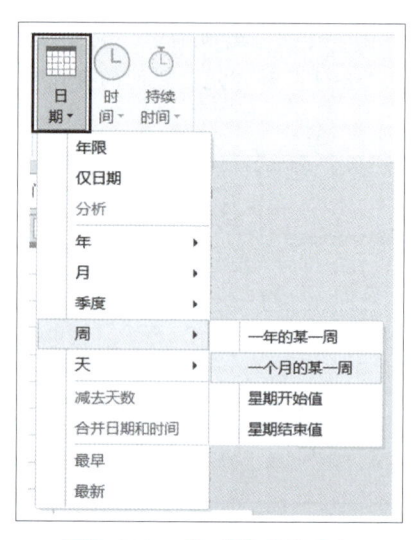

图2-162 "日期"菜单命令

### 案例 2-31

图2-163是一个销售数据表,现在要求制作图2-164所示的一年内每周、每星期几的销售汇总表。

图2-163 销售数据表　　图2-164 要求制作的统计表

要想制作这个报表,我们必须在原始表中增加两列"星期几"和"周",可以使用菜单命令和M函数来完成。

**步骤1** 建立查询,选择"日期"列,在"添加列"选项卡中,执行"日期"→"天"→"星期几"命令,如图2-165所示,插入一个新列"星期几",提取星期几的数据,如图2-166所示。

**步骤2** 选择"日期"列,在"添加列"选项卡中,执行"日期"→"周"→"一年的某一周"命令,如图2-167所示,插入了一个新列"一年的某一周",提取周的数据,如图2-168所示。

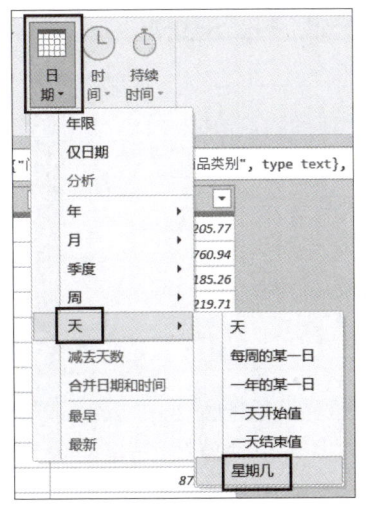

图2-165 执行"日期"→"天"→"星期几"命令

图2-166 添加"星期几"列

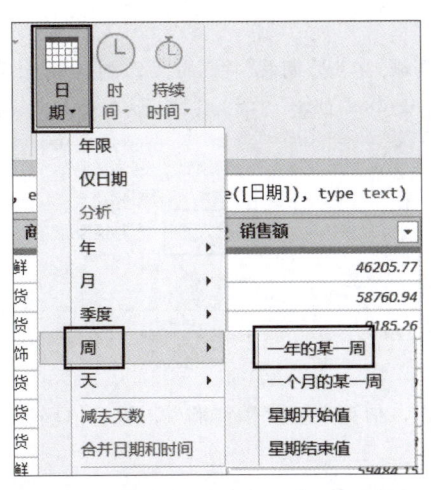

图2-167 执行"日期"→"周"→"一年的某一周"命令

图2-168 添加新列"一年的某一周"

将列标题修改为"周",然后添加前缀"第"和后缀"周",就得到了周名称,如图2-169所示。

图2-169 添加新列"周"

**步骤3** 保留"销售额""星期几""周"三列,删除其他列,然后选择"星期几"列,在"转换"选项卡中,单击"透视列"命令按钮,如图2-170所示。

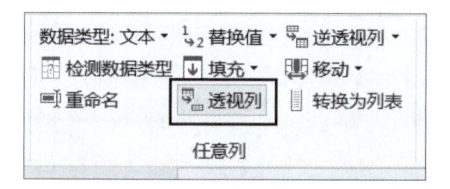

图2-170 单击"透视列"命令按钮

打开"透视列"对话框,值列选择"销售额",聚合值函数选择"求和",如图2-171所示。

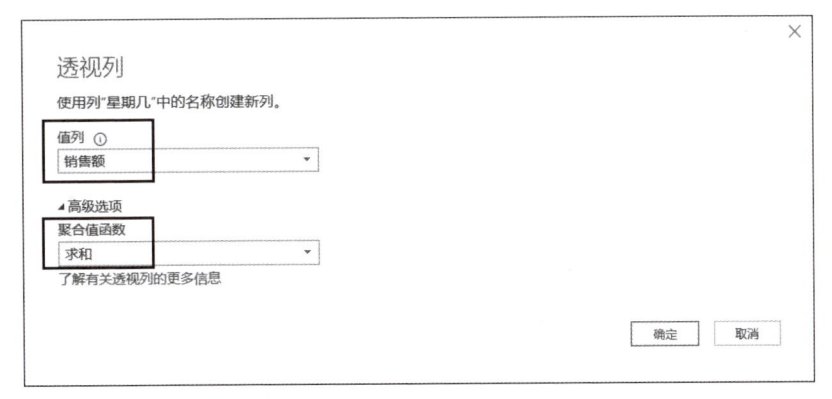

图2-171 设置透视列选项

单击"确定"按钮,得到图2-172所示的汇总表。

| 周 | 1.2 星期日 | 1.2 星期一 | 1.2 星期二 | 1.2 星期五 | 1.2 星期六 |
|---|---|---|---|---|---|
| 第01周 | 104966.71 | null | null | null | |
| 第02周 | 184419.29 | 176030.32 | 322299.1 | 118961.34 | |
| 第03周 | 194839.9 | 52959.14 | null | 343759.32 | |
| 第04周 | 215128.48 | 32456.07 | 227445.15 | 155362.45 | |
| 第05周 | null | 152787.13 | 6995.67 | 113751.9 | |
| 第06周 | 117313.76 | null | null | 187303.58 | |
| 第07周 | 9768.52 | null | 113344.27 | 102580.67 | |
| 第08周 | 115366.68 | 107437.6 | 69311.66 | 32057.6 | |
| 第09周 | 94679.77 | 202268.68 | 149084.48 | 46156.62 | |
| 第10周 | 139067.09 | 34391.45 | 115018.35 | 51345.21 | |
| 第11周 | 52400.12 | 167174.92 | 104118.87 | 27803.23 | |
| 第12周 | 325190.73 | 107312.28 | 163059.3 | null | |
| 第13周 | 61614.35 | 30650.62 | 14389.92 | 53191.68 | |
| 第14周 | 70977.02 | 88394.22 | 19340.31 | null | |
| 第15周 | 41753.76 | 164838.97 | 74727.31 | 315628.78 | |

图2-172 得到的汇总表

在本案例中,周的次序和星期几的次序不重要,我们可以在以后的分析中进行处理,这里就不介绍调整次序的方法了。

## 2.6 添加新列

为了深入分析数据,需要在已有数据表中,对列做必要的计算,添加新列,以能够对数据进行更深入的分析。

Power Query的"添加列"选项卡中的命令都可用于添加新列,如图2-173所示。

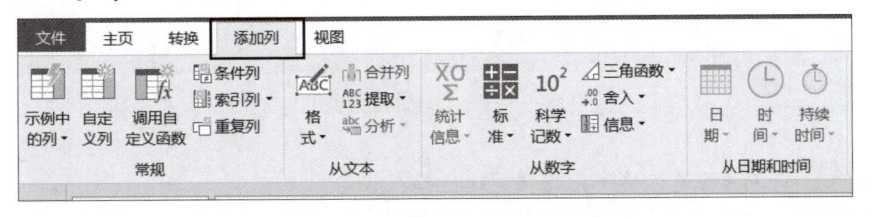

图2-173 "添加列"选项卡中的命令

下面结合实际案例介绍"添加列"选项卡中常用命令的使用方法和技巧。

## 2.6.1 添加索引列

索引列就是一个连续序号数字列,可以是以数字0或者数字1开始的数字序列,也可以是一个以指定数字开始、指定增量的数字序列。

添加索引列,可以在"添加列"选项卡中执行索引列下的相关菜单命令,如图2-174所示。

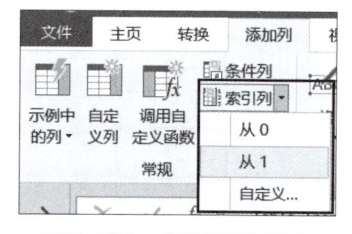

图2-174 "索引列"命令

### 案例 2-32

图2-175所示为原始数据表。图2-176所示为添加以数字1开始的"索引"列。

图2-175 原始数据表

图2-176 添加以数字1开始的"索引"列

### 案例 2-33

对于某些数据处理问题,我们可以通过使用索引列来解决,这是一个非常奇妙的解决方法。下面介绍一个例子。

图2-177左侧两列是"归属地区"和"省份",现在要将其整理为右侧的两列数据,相同地区的省份保存在一个单元格中。

图2-177 归属地区和省份

**步骤①** 对A列进行排序,将相同地区排在一起。

**步骤②** 建立查询,并添加一个默认的"索引"列,如图2-178所示。

图2-178 建立查询，添加"索引"列

**步骤3** 选择"索引"列，在"转换"选项卡中，执行"透视列"命令，打开"透视列"对话框，值列选择"省份"，展开高级选项，聚合值函数选择"不要聚合"，如图2-179所示。单击"确定"按钮，就得到图2-180所示的表。

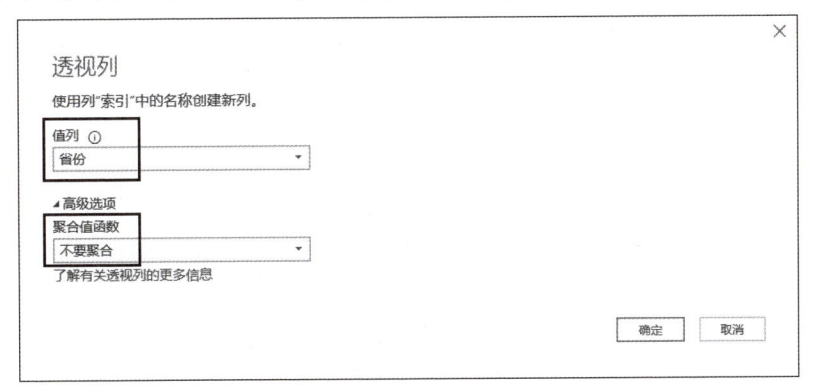

图2-179 设置透视列选项

图2-180 透视列后的表

**步骤4** 选择第二列及其以后的所有列，在"转换"选项卡中执行"合并列"命令，以空格作为分隔符，新列名为"省份"，如图2-181所示，将这些列合并成一列，如图2-182所示。

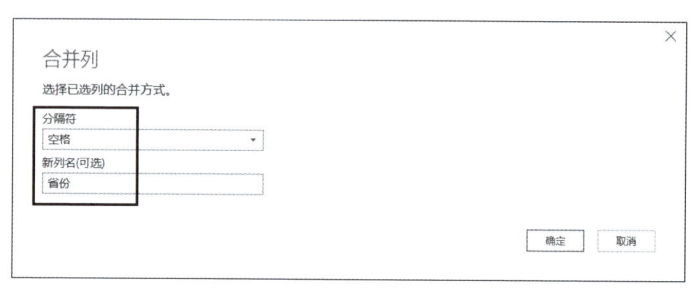

图2-181 以空格为分隔符进行合并

图2-182 合并的各个省份

**步骤 5** 选择"省份"列，在"转换"选项卡中，执行"格式"→"修整"命令，将"省份"列数据前后的空格删除，如图2-183所示。

图2-183 删除"省份"列数据前后的空格

**步骤 6** 选择"省份"列，在"转换"选项卡中，执行"替换值"命令，将各个省份名称之间的空格替换为顿号（、），如图2-184所示。单击"确定"按钮，即得到需要的表格，如图2-185所示。

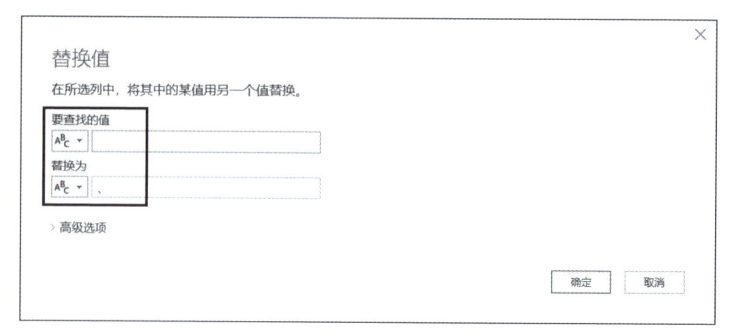

图2-184 将省份之间的空格替换为顿号（、）

图2-185 完成的表格

## 2.6.2 使用提取菜单命令添加新列

对于文本数据，我们可以使用"添加列"选项卡中的"提取"菜单命令来添加新列。如图2-186所示，可以根据文本字符串的特征，提取相应的字符：

◎ 首字符：提取文本字符串左侧指定位数的字符。
◎ 结尾字符：提取文本字符串右侧指定位数的字符。
◎ 范围：提取文本字符串指定位置、指定位数的字符。
◎ 分隔符之前的文本：提取文本字符串中指定分隔符之前的字符。
◎ 分隔符之后的文本：提取文本字符串中指定分隔符之后的字符。
◎ 分隔符之间的文本：提取文本字符串中两个指定分隔符之间的字符。

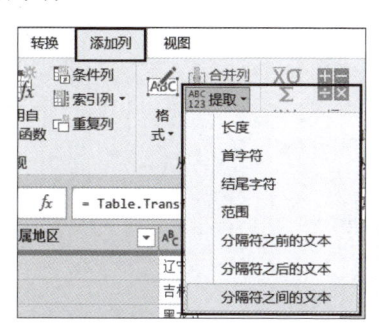

图2-186 "提取"菜单命令

### 案例 2-34

图2-187是一个简单的数据表，要求从合同号中提取最后一个横杠后面的字母。

图2-187 示例数据

建立查询，然后在"添加列"选项卡中执行"提取"→"分隔符之后的文本"命令，打开"分隔符之后的文本"对话框，分隔符输入横杠"-"；再单击"高级选项"展开对话框，扫描分隔符选择"从输入的末尾"，如图2-188所示。

单击"确定"按钮，就得到了需要的结果，如图2-189所示。

图2-188　设置提取选项

图2-189　提取合同号中的字母

### 2.6.3　使用日期菜单命令添加新列

前面章节已经介绍过，如果某列是日期数据，则可以提取很多重要数据，如年份、月份、季度、星期、周等信息，提取出的信息可以作为新列保存，这样不会破坏原有的日期列。

**案例 2-35**

图2-190所示为门店三年销售记录，现在要分析这三年每周的销售情况。

图2-190　门店三年销售记录

选择"日期"列，在"添加列"选项卡中，执行如下操作：
（1）执行"日期"→"年"→"年"命令，如图2-191所示，得到一个新列"年"。
（2）执行"日期"→"天"→"星期几"命令，如图2-192所示，得到一个新列"星期几"。

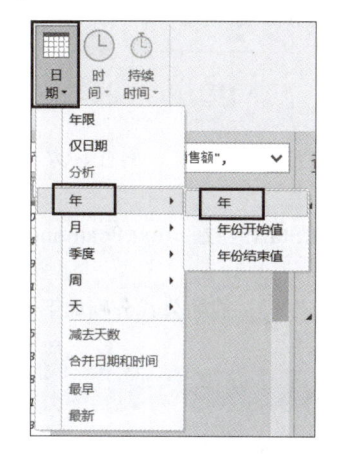

图2-191　执行"日期"→"年"→"年"命令

图2-192　执行"日期"→"天"→"星期几"命令

添加"年"和"星期几"两个新列的表格如图2-193所示。

图2-193　添加"年"和"星期几"两个新列

## 2.6.4　使用"自定义列"命令添加新列

前面的很多例子已经使用了"自定义列"命令，要创建自定义列，一般需要使用M函数设计公式。下面介绍一个较为复杂的例子。

**案例 2-36**

图2-194的A列是存货名称，现在要求从A列的存货名称中提取品名、产品型号和产品名称三列数据。

扫一扫，看视频

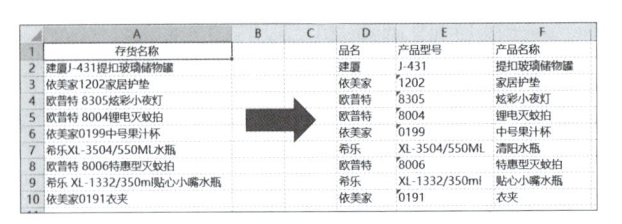

图2-194　示例数据

在"存货名称"列中，品名都是汉字，产品型号是由数字、横杠、斜杠、大小写字母组成的字符串，而产品型号右边的字符就是名称（都是汉字）。

根据这个规律，我们可以使用Text.Select函数、Text.Start函数、Text.Positionof函数、Text.Replace函数提取数据。

添加三个自定义列"产品型号""品名""产品名称"，它们的公式分别如下。

自定义列"产品型号"公式：

```
= Text.Select([存货名称],{"0".."9","-","/","A".."Z","a".."z"})
```

自定义列"品名"公式：

```
= Text.Start([存货名称],Text.Positionof([存货名称],[产品型号]))
```

自定义列"产品名称"公式：

```
= Text.Replace([存货名称],[品名] & [产品型号],"")
```

这样，就得到图2-195所示的表。最后再根据需要，调整三个自定义列的位置即可。

图2-195　添加三个自定义列"产品型号""品名""产品名称"

Text.Select函数和Text.Start函数在前面的相关例子中介绍过。

Text.Positionof函数用于从一个文本字符串中，确定指定字符的位置，相当于Excel中的FIND函数和SEARCH函数，其用法如下：

```
= Text.Positionof(字符串，要查找的字符，指定哪次出现，可选比较参数)
```

Text.Replace函数用于将一个文本字符串中指定的字符替换为新字符，相当于Excel中的SUBSTITUTE函数，其用法如下：

```
= Text.Replace(字符串，旧字符，新字符)
```

## 2.7　表格结构整理

无论是从系统导出的表格，还是手工设计的台账，很多表格都是不规范的。除了前面介绍的数据本身不规范外，也会存在表格结构不规范的情况。例如，本来应该是三列保存的数据，结果是一列保存了；本该是一行多列保存的，结果是一列多行保存了；本来应该是一列完整数据，却被分成了几列保存。此外，从数据分析的角度来说，基础数据必须是一维数据库，但是实际很多表格是二维结构表，使得数据分析非常不方便。本节将介绍关于表格结构整理的实际案例以及相关实用技能。

## 2.7.1 将一列数据拆分成多列或多行

前面介绍的拆分列问题，本质上就是表格结构问题，因为原始表格的各个字段没有按列分别保存，而是保存在了一列，这样就需要将一列数据拆分成多列（多个字段）。

Power Query的拆分列功能非常强大，使用拆分列命令，可以解决大部分数据拆分列问题，而M函数则可以解决各种复杂条件下的拆分列问题。

拆分列的有关技能，本章前面已经有过很多例子介绍。下面再介绍一个实际案例，以复习巩固拆分列的技能与技巧。

### 案例 2-37

图2-196中的A列合并了物料类别、物料代码、物料名称、规格型号、单位和实收数量等摘要数据，现在要将这个摘要拆分成6列。

图2-196  摘要数据及拆分结果

这是一个很简单的例子，使用 "拆分列"→"按分隔符"命令即可完成拆分列工作，如图2-197所示。

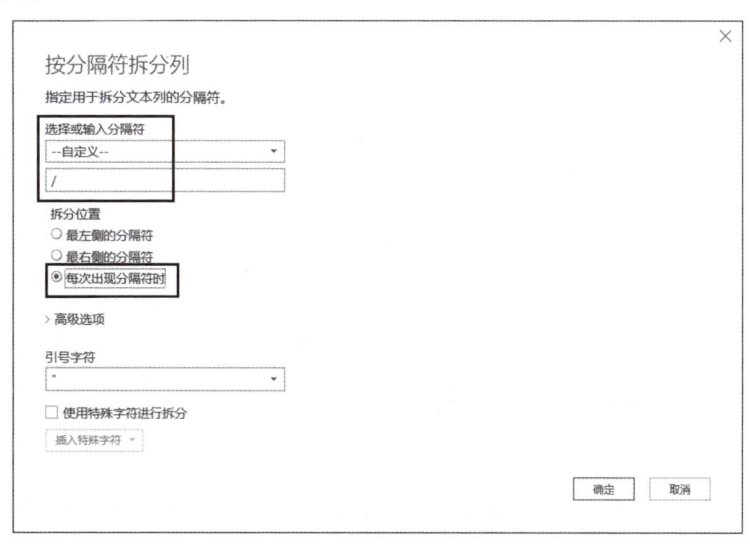

图2-197  设置拆分列选项

## 2.7.2 将二维表转换为一维表

从本质上来说，二维表是一个将不同项目按列分类汇总的表格。然而，这种结构在进行数据分析时并不直观和便捷，因此通常需要将其重新整理为一维表，以便于更轻松地进行分析和处理。

将二维表转换为一维表，可以使用Power Query中的"逆透视"列命令，该命令在"转换"选项卡中，如图2-198所示。也可以使用右键快捷菜单命令，如图2-199所示。

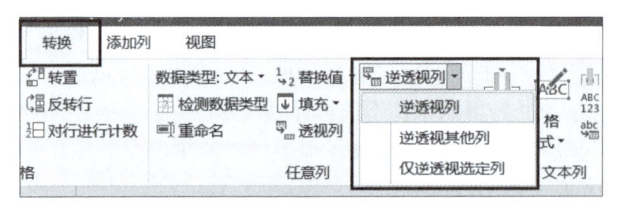

图2-198 "转换"选项卡中的逆透视列命令

图2-199 右键快捷菜单中的逆透视列命令

下面介绍如何使用逆透视列命令来转换二维表格。

### 案例 2-38

图2-200是一个原始的二维表，也就是每个地区、每个产品历年的销售数据。从数据分析角度来说，这个表实际上是3个维度（地区、产品和年份）和1个度量（销售收入），因此，如果要建立数据分析模型，需要将其转换为4个字段（地区、产品、年份和销售额）的一维表，如图2-201所示。

图2-200  原始的二维表

图2-201  需要得到的一维表

**步骤 1** 选择"合计"行以外的数据区域建立查询，如图2-202所示。

图2-202  建立查询

**步骤 2** 选择第一列"地区"，在"转换"选项卡中执行"填充"→"向下"命令，如图2-203所示，就为null值单元格填充了上一行数据，如图2-204所示。

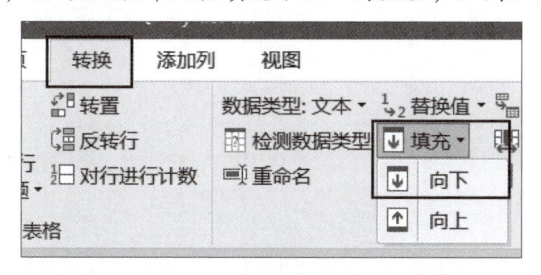

图2-203  执行"填充"→"向下"命令

93

| | ABC 地区 ▼ | ABC 产品 ▼ | 1²³ 2018年 ▼ | 1²³ 2019年 ▼ | 1²³ 2020年 ▼ | 1²³ 2021年 ▼ |
|---|---|---|---|---|---|---|
| 1 | 华北 | 产品01 | 892 | 1382 | 698 | |
| 2 | 华北 | 产品02 | 391 | 128 | 1754 | |
| 3 | 华北 | 产品03 | 1588 | 1198 | 1077 | |
| 4 | 西北 | 产品01 | 1745 | 2081 | 1936 | |
| 5 | 西北 | 产品02 | 1401 | 802 | 1110 | |
| 6 | 西北 | 产品03 | 327 | 256 | 608 | |
| 7 | 东北 | 产品01 | 934 | 1404 | 984 | |
| 8 | 东北 | 产品02 | 1290 | 244 | 541 | |
| 9 | 东北 | 产品03 | 861 | 1070 | 2068 | |
| 10 | 华东 | 产品01 | 1838 | 813 | 1913 | |
| 11 | 华东 | 产品02 | 506 | 1874 | 1518 | |
| 12 | 华东 | 产品03 | 1317 | 1966 | 296 | |
| 13 | 华中 | 产品01 | 1494 | 161 | 197 | |
| 14 | 华中 | 产品02 | 246 | 2045 | 281 | |
| 15 | | | | | | |

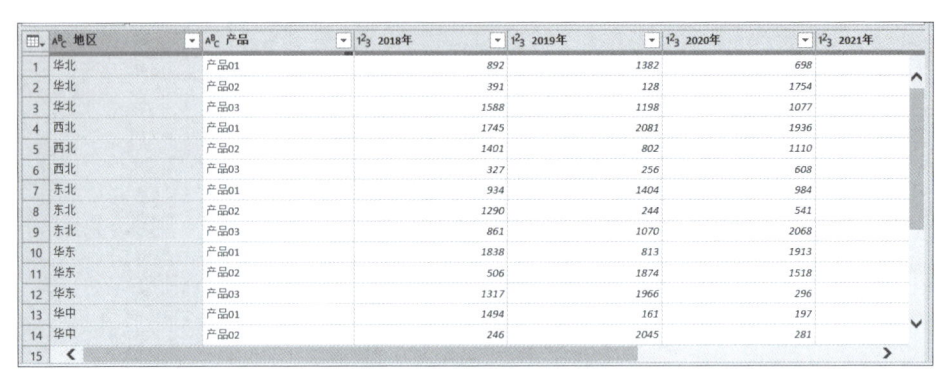

图2-204　填充第一列"地区"

**步骤 3**　选择前两列"地区"和"产品"，右击并执行"逆透视其他列"命令，或者选择右侧所有年份列，右击并执行"逆透视列"命令，将各年数据进行逆透视，结果如图2-205所示。

| | ABC 地区 ▼ | ABC 产品 ▼ | ABC 属性 ▼ | 1²³ 值 ▼ |
|---|---|---|---|---|
| 1 | 华北 | 产品01 | 2018年 | 892 |
| 2 | 华北 | 产品01 | 2019年 | 1382 |
| 3 | 华北 | 产品01 | 2020年 | 698 |
| 4 | 华北 | 产品01 | 2021年 | 889 |
| 5 | 华北 | 产品01 | 2022年 | 179 |
| 6 | 华北 | 产品01 | 2023年 | 643 |
| 7 | 华北 | 产品02 | 2018年 | 391 |
| 8 | 华北 | 产品02 | 2019年 | 128 |
| 9 | 华北 | 产品02 | 2020年 | 1754 |
| 10 | 华北 | 产品02 | 2021年 | 1643 |
| 11 | 华北 | 产品02 | 2022年 | 1539 |
| 12 | 华北 | 产品02 | 2023年 | 1305 |
| 13 | 华北 | 产品03 | 2018年 | 1588 |
| 14 | 华北 | 产品03 | 2019年 | 1198 |
| 15 | 华北 | 产品03 | 2020年 | 1077 |

图2-205　逆透视各年数据

**步骤 4**　最后修改字段名，将"属性"修改为"年份"，将"值"修改为"销售额"，就可得到整理完成的一维表，如图2-206所示。

| | ABC 地区 ▼ | ABC 产品 ▼ | ABC 年份 ▼ | 1²³ 销售额 ▼ |
|---|---|---|---|---|
| 1 | 华北 | 产品01 | 2018年 | 892 |
| 2 | 华北 | 产品01 | 2019年 | 1382 |
| 3 | 华北 | 产品01 | 2020年 | 698 |
| 4 | 华北 | 产品01 | 2021年 | 889 |
| 5 | 华北 | 产品01 | 2022年 | 179 |
| 6 | 华北 | 产品01 | 2023年 | 643 |
| 7 | 华北 | 产品02 | 2018年 | 391 |
| 8 | 华北 | 产品02 | 2019年 | 128 |
| 9 | 华北 | 产品02 | 2020年 | 1754 |
| 10 | 华北 | 产品02 | 2021年 | 1643 |
| 11 | 华北 | 产品02 | 2022年 | 1539 |
| 12 | 华北 | 产品02 | 2023年 | 1305 |
| 13 | 华北 | 产品03 | 2018年 | 1588 |
| 14 | 华北 | 产品03 | 2019年 | 1198 |
| 15 | 华北 | 产品03 | 2020年 | 1077 |

图2-206　整理完成的一维表

## 2.7.3 转置表格

转置表格，就是把列转换为行，把行转换为列。在Power Query的"转换"选项卡中，有一个"转置"命令，如图2-207所示，利用这个命令，可以迅速转置表格。

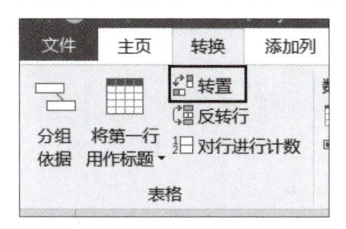

图2-207 "转置"命令

### 案例 2-39

图2-208是一个简单的数据表，要求将表格进行转置。

| | 地区 | 产品01 | 产品02 | 产品03 | 产品04 |
|---|---|---|---|---|---|
| 1 | 华北 | 1661 | 1311 | 1406 | 382 |
| 2 | 华南 | 442 | 154 | 567 | 1540 |
| 3 | 华中 | 1820 | 1771 | 1568 | 2100 |
| 4 | 西北 | 1376 | 1439 | 1076 | 494 |
| 5 | 西南 | 1225 | 1770 | 1307 | 1692 |
| 6 | 华东 | 1000 | 899 | 372 | 1005 |
| 7 | 东北 | 993 | 995 | 2060 | 1275 |

图2-208 示例表格

首先，执行"将标题作为第一行"命令，如图2-209所示，将表格标题降级为表格第一行，如图2-210所示。

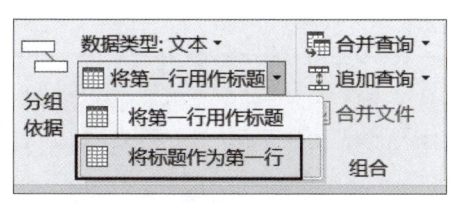

图2-209 执行"将标题作为第一行"命令

| | Column1 | Column2 | Column3 | Column4 | Column5 |
|---|---|---|---|---|---|
| 1 | 地区 | 产品01 | 产品02 | 产品03 | 产品04 |
| 2 | 华北 | 1661 | 1311 | 1406 | 382 |
| 3 | 华南 | 442 | 154 | 567 | 1540 |
| 4 | 华中 | 1820 | 1771 | 1568 | 2100 |
| 5 | 西北 | 1376 | 1439 | 1076 | 494 |
| 6 | 西南 | 1225 | 1770 | 1307 | 1692 |
| 7 | 华东 | 1000 | 899 | 372 | 1005 |
| 8 | 东北 | 993 | 995 | 2060 | 1275 |

图2-210 降级标题

然后，执行"转置"命令就得到转置后的表格，如图2-211所示。

图2-211 转置表格

最后，再执行"将第一行用作标题"命令，就将表格进行了转置，如图2-212所示。

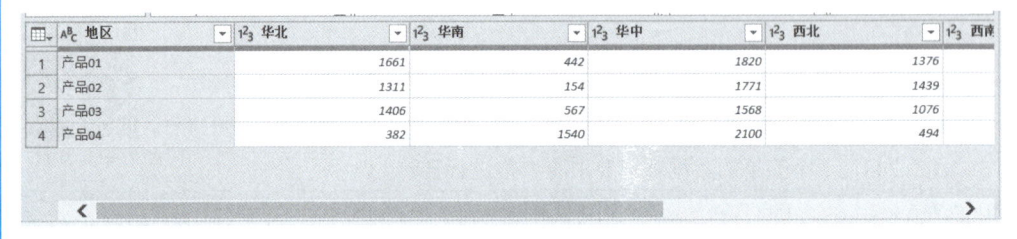

图2-212 转置后的表格

转置表格的核心是要先将原始表的标题降级为表的第一行，然后才能执行"转置"命令进行转置。如果直接转置，就会得到错误的结果。

### 2.7.4 处理多行标题

如果行标题中有合并单元格，那么表格是有多行标题的，这就意味着无法对每列数据进行辨识，也就无法灵活进行数据分析，必须处理合并单元格的多行标题。

#### 案例 2-40

图2-213是一个典型的合并单元格多行标题的表格。从数据分析建模的角度考虑，必须将这个表格整理成一个一维表，该表有四个字段：地区、产品、销量和销售额。

**步骤 1** 建立查询，注意要取消选择"表包含标题"复选框，如图2-214所示，打开Power Query编辑器，如图2-215所示。

图2-213 合并单元格多行标题的表格

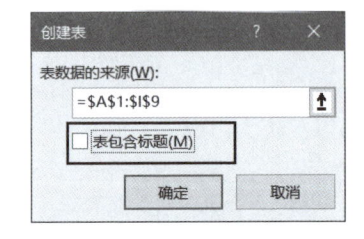

图2-214 取消选择"表包含标题"复选框

| | ABC 列1 | ABC 列2 | ABC 列3 | ABC 列4 | ABC 列5 |
|---|---|---|---|---|---|
| 1 | 地区 | 产品01 | | null | 产品02 |
| 2 | | null | 销量 | 销售额 | 销量 | 销售额 |
| 3 | 华北 | | 342 | 17767 | 148 | |
| 4 | 华南 | | 270 | 14308 | 327 | |
| 5 | 华中 | | 194 | 9499 | 482 | |
| 6 | 西北 | | 171 | 7712 | 284 | |
| 7 | 西南 | | 113 | 6201 | 510 | |
| 8 | 华东 | | 238 | 12594 | 674 | |
| 9 | 东北 | | 424 | 19941 | 433 | |

图2-215　建立查询

**步骤 2** 执行"转置"命令，将表进行转置，如图2-216所示。

| | ABC Column1 | ABC Column2 | ABC Column3 | ABC Column4 | ABC Column5 |
|---|---|---|---|---|---|
| 1 | 地区 | | null | 华北 | 华南 | 华中 |
| 2 | 产品01 | 销量 | 342 | 270 | |
| 3 | null | 销售额 | 17767 | 14308 | |
| 4 | 产品02 | 销量 | 148 | 327 | |
| 5 | null | 销售额 | 4433 | 11123 | |
| 6 | 产品03 | 销量 | 61 | 75 | |
| 7 | null | 销售额 | 6571 | 8888 | |
| 8 | 产品04 | 销量 | 192 | 257 | |
| 9 | null | 销售额 | 17505 | 22853 | |

图2-216　转置表格

**步骤 3** 选择第一列，向下填充数据，将null单元格填充为产品名称，如图2-217所示。

| | ABC Column1 | ABC Column2 | ABC Column3 | ABC Column4 | ABC Column5 |
|---|---|---|---|---|---|
| 1 | 地区 | | null | 华北 | 华南 | 华中 |
| 2 | 产品01 | 销量 | 342 | 270 | |
| 3 | 产品01 | 销售额 | 17767 | 14308 | |
| 4 | 产品02 | 销量 | 148 | 327 | |
| 5 | 产品02 | 销售额 | 4433 | 11123 | |
| 6 | 产品03 | 销量 | 61 | 75 | |
| 7 | 产品03 | 销售额 | 6571 | 8888 | |
| 8 | 产品04 | 销量 | 192 | 257 | |
| 9 | 产品04 | 销售额 | 17505 | 22853 | |

图2-217　填充数据

**步骤 4** 执行"将第一行用作标题"命令，提升标题，如图2-218所示。

图2-218 提升标题

**步骤5** 选择前两列，执行"逆透视其他列"命令，或者选择第三列及其以后的所有列，执行"逆透视列"命令，对表格进行逆透视，如图2-219所示。

图2-219 逆透视列

**步骤6** 选择第二列，执行"透视列"命令，打开"透视列"对话框，值列选择"值"，聚合值函数选择"求和"，如图2-220所示，即可得到图2-221所示的表。

图2-220 设置透视列选项

| | 地区 | 属性 | 销量 | 销售额 |
| --- | --- | --- | --- | --- |
| 1 | 产品01 | 东北 | 424 | 19941 |
| 2 | 产品01 | 华东 | 238 | 12594 |
| 3 | 产品01 | 华中 | 194 | 9499 |
| 4 | 产品01 | 华北 | 342 | 17767 |
| 5 | 产品01 | 华南 | 270 | 14308 |
| 6 | 产品01 | 西北 | 171 | 7712 |
| 7 | 产品01 | 西南 | 113 | 6201 |
| 8 | 产品02 | 东北 | 433 | 14736 |
| 9 | 产品02 | 华东 | 674 | 22258 |
| 10 | 产品02 | 华中 | 482 | 13973 |
| 11 | 产品02 | 华北 | 148 | 4433 |
| 12 | 产品02 | 华南 | 327 | 11123 |

图2-221　透视列后的表

步骤7　修改各列标题，调整先后次序，得到整理好的一维表，如图2-222所示。

| | 地区 | 产品 | 销量 | 销售额 |
| --- | --- | --- | --- | --- |
| 1 | 东北 | 产品01 | 424 | 19941 |
| 2 | 华东 | 产品01 | 238 | 12594 |
| 3 | 华中 | 产品01 | 194 | 9499 |
| 4 | 华北 | 产品01 | 342 | 17767 |
| 5 | 华南 | 产品01 | 270 | 14308 |
| 6 | 西北 | 产品01 | 171 | 7712 |
| 7 | 西南 | 产品01 | 113 | 6201 |
| 8 | 东北 | 产品02 | 433 | 14736 |
| 9 | 华东 | 产品02 | 674 | 22258 |
| 10 | 华中 | 产品02 | 482 | 13973 |
| 11 | 华北 | 产品02 | 148 | 4433 |
| 12 | 华南 | 产品02 | 327 | 11123 |

图2-222　整理好的一维表

# 第 3 章
# 使用Power Query合并Excel工作表数据

当数据源是某个Excel工作簿的多个工作表数据，或者是多个工作簿数据时，我们需要将这些工作表数据进行合并，制作分析底稿（分析模型），此时，可以使用Power Query的基本查询功能、合并查询以及追加查询工具。

## 3.1 合并指定工作簿内结构完全相同的工作表

对于工作簿中的多个结构完全相同的工作表，不管是一维表还是二维表，都可以使用Power Query的基本查询功能进行快速合并。这里说的"结构完全相同"，是指每个工作表的列结构完全相同（列的顺序和标题一样）。

### 3.1.1 合并结构完全相同的一维工作表

合并结构完全相同的一维工作表是最常见的情况。例如，合并12个月的工资表，合并12个月的销售记录数据，合并每天的生产数据等。这些工作表的结构相同，将这些工作表数据堆积起来，生成一个总表，这种合并又称为并集。

> **案例 3-1**

图3-1是各部门的员工花名册，保存在一个工作簿中，现在要将所有部门的员工信息数据汇总到一个工作表中，并添加"年龄"列和"工龄"列。

图3-1 各部门的员工花名册

**步骤①** 插入一个新的工作表"全部员工"，然后保存工作簿。

**步骤②** 在"数据"选项卡中，执行"获取数据"→"来自文件"→"从工作簿"命令，如图3-2所示。

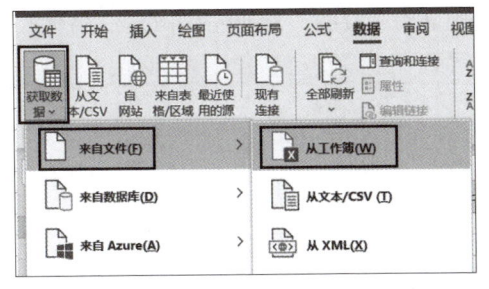

图3-2 执行"获取数据"→"来自文件"→"从工作簿"命令

**步骤 3** 打开"导入数据"对话框，从文件夹里选择Excel工作簿，如图3-3所示。

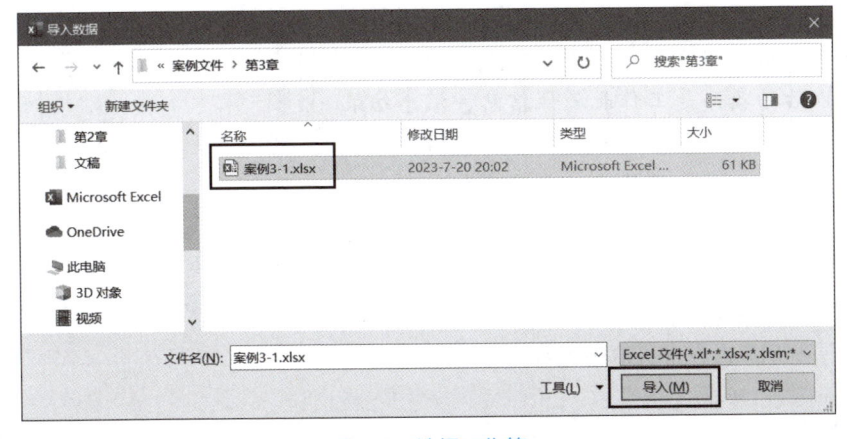

图3-3 选择工作簿

**步骤 4** 单击"导入"按钮，打开"导航器"对话框，由于是要汇总工作簿中除"全部员工"之外的所有工作表，因此选择左侧列表中的工作簿名称，如图3-4所示。

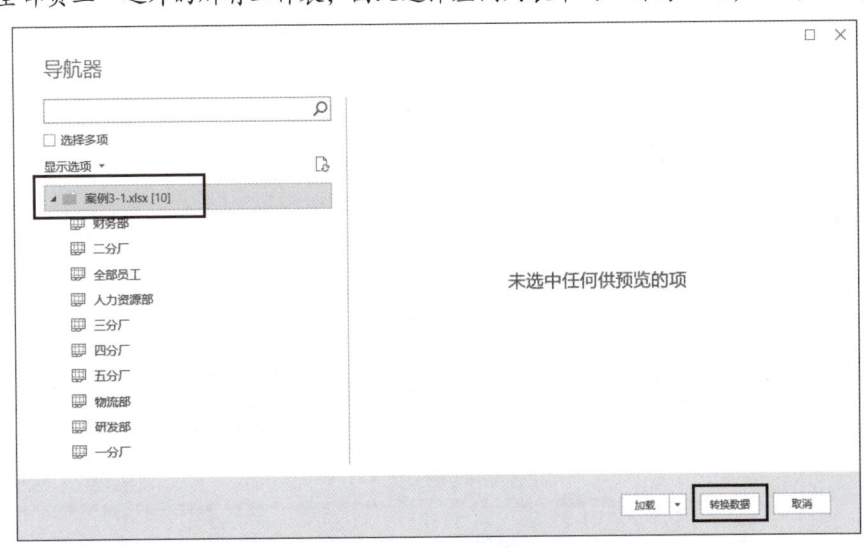

图3-4 选择工作簿名称

**步骤 5** 单击"转换数据"按钮，打开Power Query编辑器，如图3-5所示。

图3-5 Power Query编辑器

**步骤 6** 第一列Name是每个工作表的名称（部门名称），第二列Data是每个工作表中的数据，第三列以后的各列是工作表属性信息，汇总结果不需要，因此选择第三列以后的各列，右击并执行"删除列"命令，将第三列以后的各列删除，如图3-6所示。

**步骤 7** "全部员工"表不是要汇总的源数据表，因此将其筛选掉，单击字段Name右侧的下拉箭头，展开筛选窗口，取消选择"全部员工"数据表，如图3-7所示。

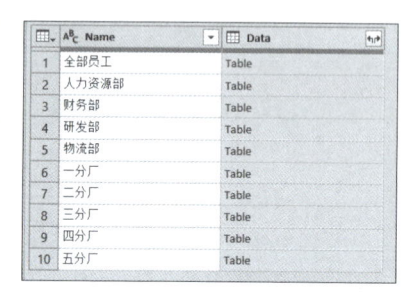

图3-6 删除不需要的列

**步骤 8** 单击字段Data右侧的展开按钮，展开筛选窗口，保持默认的"展开"和Column的选择，取消选择"使用原始列名作为前缀"复选框，如图3-8所示，这样就可得到各个部门工作表数据的汇总表，如图3-9所示。

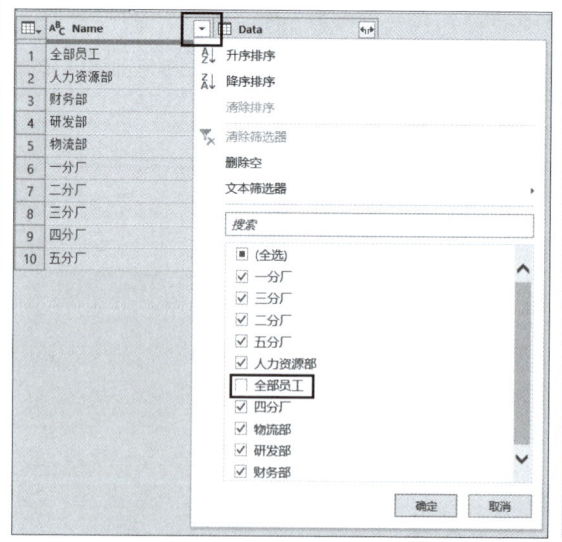

图3-7 取消选择"全部员工"数据表

图3-8 设置筛选参数

102

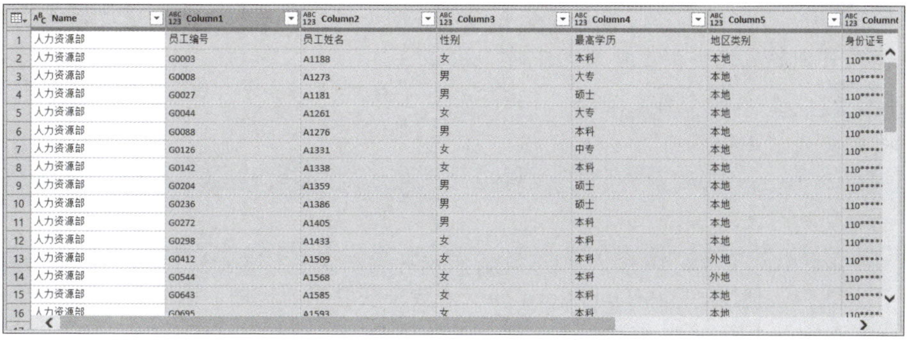

图3-9 各个部门工作表数据的汇总表

**步骤9** 图3-9所示汇总表，就是各个部门工作表全部数据（包括每个工作表的第一行标题）的并集，因此，有几个工作表，汇总表就有几个标题。我们可以将第一个工作表的标题作为汇总表的标题，然后筛选掉其他工作表的标题。

在"主页"选项卡中，单击"将第一行用作标题"命令按钮，提升标题，如图3-10所示。然后在某列筛选掉多余的标题，如图3-11所示，并将第一列标题修改为"部门"，就得到只有一个标题的汇总表，如图3-12所示。

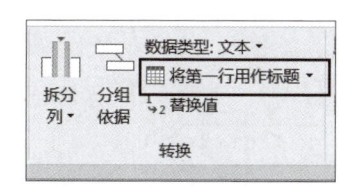

图3-10 "将第一行用作标题"命令按钮　　　图3-11 从某个字段筛选掉多余的标题

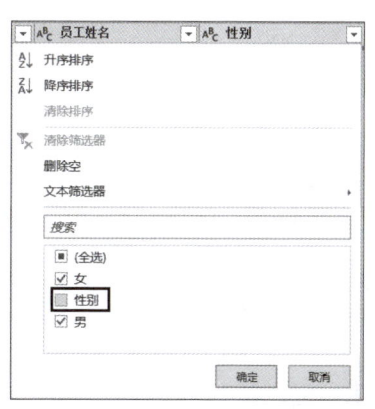

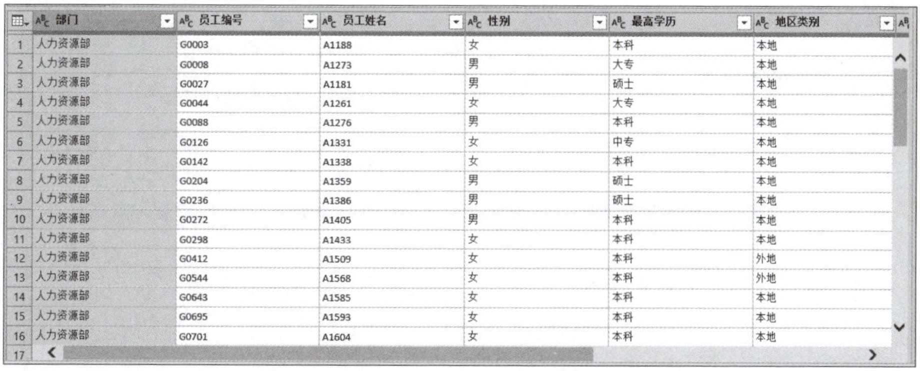

图3-12 得到的汇总表

**步骤 10** 由于每个部门的工作表有两列日期（出生日期和入职日期），因此需要将这两列日期的数据类型设置为"日期"。

**步骤 11** 插入两个自定义列"年龄"和"工龄"，自定义公式分别如下。

自定义列"年龄"：

= Duration.Days((DateTime.Date(DateTime.LocalNow())-[出生日期])/365)

自定义列"工龄"：

= Duration.Days((DateTime.Date(DateTime.LocalNow())-[入职日期])/365)

在公式中，使用了DateTime.LocalNow函数来获取当前日期，该函数等同于Excel中的NOW函数，由于要对日期进行计算（时间部分不考虑），因此使用DateTime.Date获取DateTime.LocalNow的日期部分。

两个日期相减，就得到了一个持续时间，因此使用Duration.Days函数从这个持续时间中提取天数，然后除以365，就得到了年数，也就是年龄和工龄。

**步骤 12** 调整出生日期、入职日期、年龄和工龄各列的顺序，然后将查询名称修改为"部门汇总"，如图3-13所示。

**步骤 13** 执行"文件"→"关闭并上载至"命令，如图3-14所示，打开"导入数据"对话框，选择"表"和"现有工作表"，指定数据存放位置，如图3-15所示。

图3-13　修改查询名称

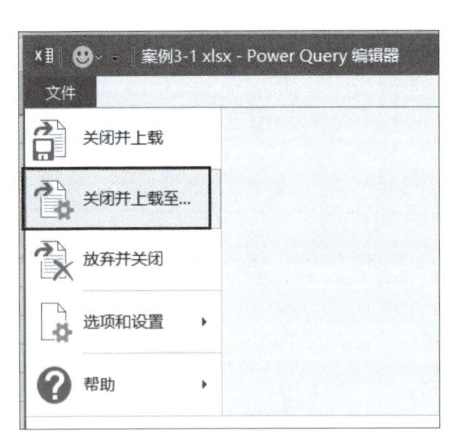

图3-14　执行"关闭并上载至"命令

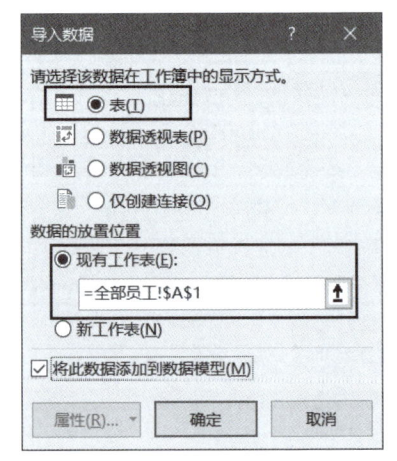

图3-15　设置数据导入选项

这样，就将各部门汇总表导入"全部员工"工作表，如图3-16所示。

图3-16 各部门员工花名册汇总表

## 3.1.2 合并结构完全相同的二维工作表

上一小节介绍的是汇总多个结构完全相同的一维数据表，Power Query还可以汇总多个结构完全相同的二维表，方法和步骤与上一小节相同。同时，还可以使用逆透视命令将汇总后的二维表转换为一维表，使得数据分析更加灵活。

### 案例 3-2

图3-17是各个仓库的收货报告数据，是二维数据表，A列是商品代码，第1行标题是尺码，单元格数字是收货数量，这些工作表的列结构完全相同。

图3-17 各仓库的收货报告

现在的任务是，将这几个仓库数据表合并，生成一个有仓库名称、商品代码、尺码和收货数量四列数据的汇总表。

插入一个新的工作表，重命名为"仓库汇总"，然后按照"案例3-1"的汇总方法进行汇总，结果如图3-18所示。将最右一列的小计删除，我们仅仅需要最原始的记录数据。

105

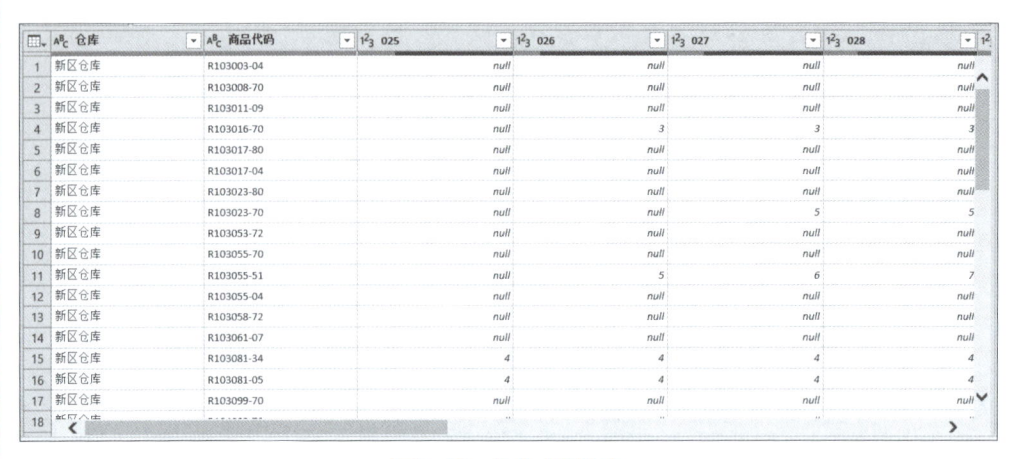

图3-18　各仓库汇总表

选择左边两列，右击并执行"逆透视其他列"命令，将各个尺码列逆透视，如图3-19所示。

最后修改列标题，将数据加载到工作表"仓库汇总"，如图3-20所示。

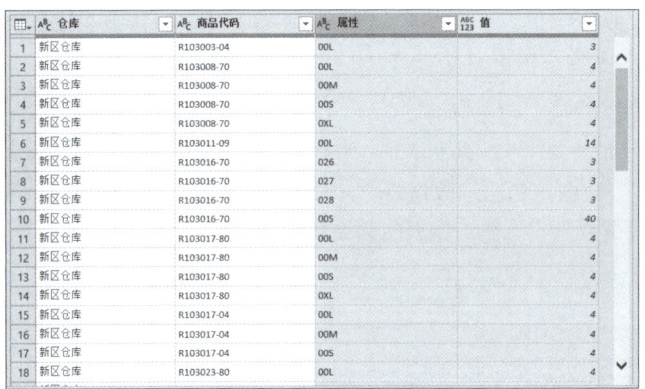

图3-19　逆透视各尺码列

图3-20　将各仓库数据汇总成一维表

### 3.1.3　合并指定的几个结构完全相同的工作表

如果一个工作簿中有很多工作表，要将某几个指定的工作表进行合并，这些工作表的结构完全相同，而其他的工作表不需要合并，那么可以使用Power Query的追加查询工具来快速完成。

#### 案例 3-3

如图3-21所示，现在需要将"北京分公司""苏州分公司""深圳分公司""武汉分公司"这4个工作表合并，它们的列结构完全相同。其他几个工作表不需要合并。

图3-21 要汇总的4个分公司数据表

"案例3-1"中介绍了工作簿内全部工作表的汇总方法，而本案例只需要汇总指定的几个工作表，汇总方法和主要步骤如下。

**步骤1** 插入一个新的工作表"合并"，然后在"数据"选项卡中，执行"获取数据"→"来自文件"→"从工作簿"命令，打开"导入数据"对话框，从文件夹中选择Excel工作簿，打开"导航器"对话框。

**步骤2** 在"导航器"对话框中，选择"选择多项"复选框，然后再选择要汇总的4个工作表，如图3-22所示。

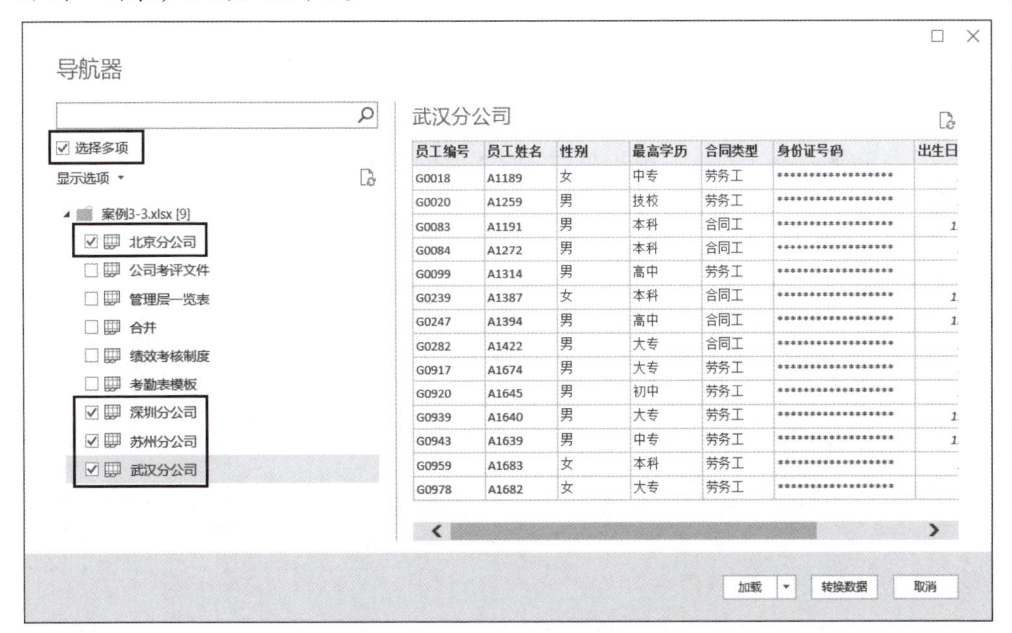

图3-22 选择要汇总的工作表

**步骤3** 单击"转换数据"按钮，打开Power Query编辑器。

**步骤4** 在"主页"选项卡中，执行"追加查询"→"将查询追加为新查询"命令，如图3-23所示。

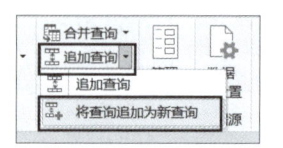

图3-23 "将查询追加为新查询"命令

**步骤 5** 打开"追加"对话框,首先选中"三个或更多表"单选按钮,然后从左侧的"可用表"列表中选择要合并的工作表,单击"添加"按钮,将它们添加到右侧的"要追加的表"列表中,如图3-24所示。

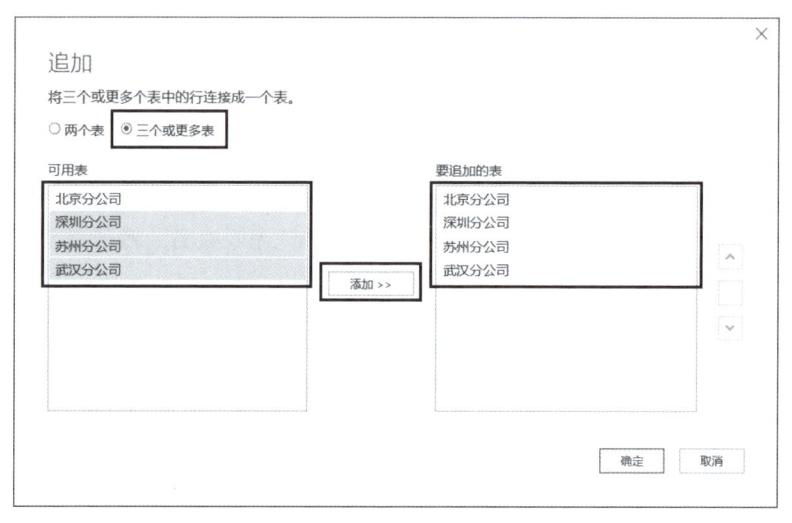

图3-24 添加要追加合并的表

**步骤 6** 单击"确定"按钮,将这几个表合并在一起,如图3-25所示。

图3-25 选定几个表的合并表

**步骤 7** 将默认的查询名称"追加1"修改为"分公司合并表",然后执行"文件"→"关闭并上载至"命令,打开"导入数据"对话框,选中"仅创建连接"单选按钮,如图3-26所示。

注意,我们实际上创建了5个查询(4个分公司表和合并表),如果直接导入数据,就会将这5个查询表全部导入Excel,因此,这里要选择"仅创建连接"单选按钮。

**步骤 8** 单击"确定"按钮,关闭Power Query编辑器,返回到Excel,可以看到,在Excel工作表右侧的"查询 & 连接"窗格中出现了5个查询,如图3-27所示。

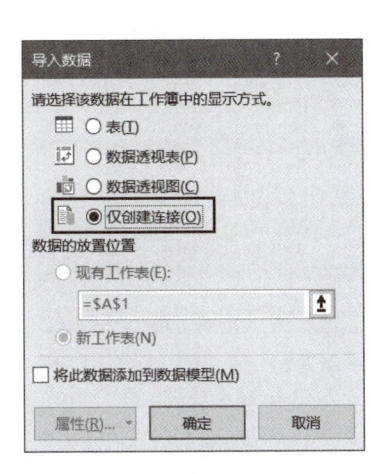

图3-26 选中"仅创建连接"单选按钮

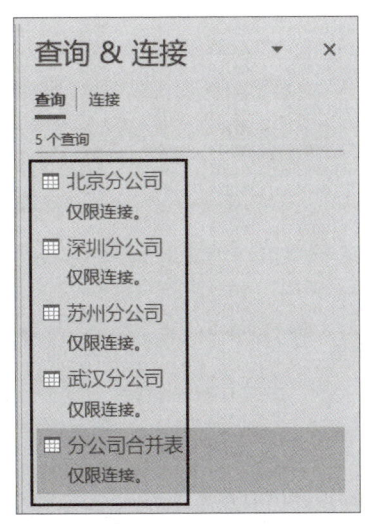

图3-27 查询列表

**步骤 9** 右击"分公司合并表",执行"加载到"命令,如图3-28所示。打开"导入数据"对话框,选中"表"和"现有工作表"单选按钮,并指定数据存放单元格,如图3-29所示。

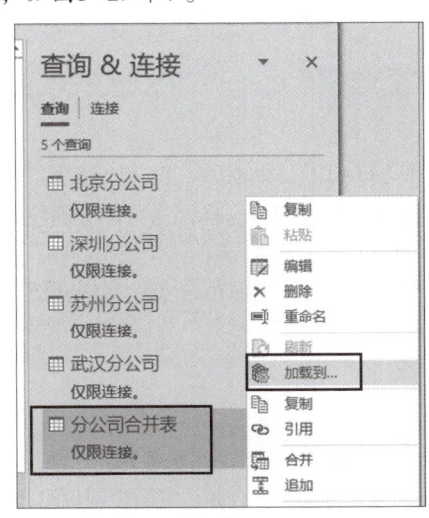

图3-28 单独导出某个查询数据

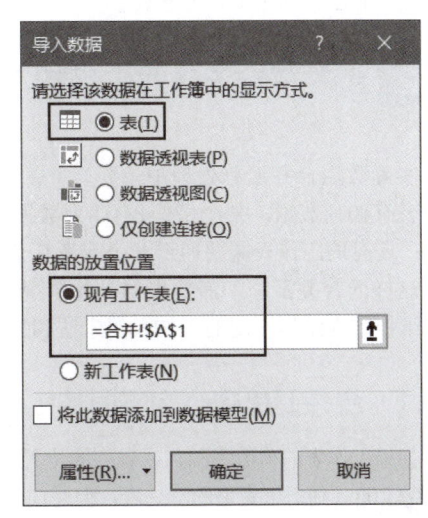

图3-29 设置数据导出选项

**步骤 10** 单击"确定"按钮,就得到了4个分公司的合并数据,如图3-30所示。

| | A | B | C | D | E | F | G | H | I |
|---|---|---|---|---|---|---|---|---|---|
| 1 | 员工编号 | 员工姓名 | 性别 | 最高学历 | 合同类型 | 身份证号码 | 出生日期 | 入职日期 | 分公司 |
| 2 | G0027 | A1181 | 男 | 硕士 | 合同工 | ****************** | 1971-11-18 | 1995-11-25 | 北京 |
| 3 | G0236 | A1386 | 男 | 硕士 | 合同工 | ****************** | 1965-8-23 | 2009-8-3 | 北京 |
| 4 | G0272 | A1405 | 男 | 本科 | 合同工 | ****************** | 1990-3-7 | 2010-11-29 | 北京 |
| 5 | G0298 | A1433 | 女 | 本科 | 合同工 | ****************** | 1991-9-6 | 2011-9-19 | 北京 |
| 6 | G0412 | A1509 | 女 | 本科 | 合同工 | ****************** | 1994-4-14 | 2013-11-1 | 北京 |
| 7 | G0643 | A1585 | 女 | 本科 | 合同工 | ****************** | 1987-12-11 | 2016-1-12 | 北京 |
| 8 | G0695 | A1593 | 女 | 本科 | 劳务工 | ****************** | 1988-6-6 | 2016-6-11 | 北京 |
| 48 | G0752 | A1605 | 男 | 本科 | 劳务工 | ****************** | 1985-6-14 | 2016-11-1 | 苏州 |
| 49 | G1011 | A1705 | 男 | 本科 | 合同工 | ****************** | 1986-5-4 | 2017-10-6 | 苏州 |
| 50 | G1021 | A1711 | 男 | 本科 | 劳务工 | ****************** | 1995-5-1 | 2017-10-17 | 苏州 |
| 51 | G0018 | A1189 | 女 | 中专 | 劳务工 | ****************** | 1965-5-28 | 1995-7-10 | 武汉 |
| 52 | G0020 | A1259 | 男 | 技校 | 劳务工 | ****************** | 1971-7-21 | 1995-7-20 | 武汉 |
| 53 | G0083 | A1191 | 男 | 本科 | 合同工 | ****************** | 1976-11-22 | 2000-4-26 | 武汉 |
| 54 | G0084 | A1272 | 男 | 本科 | 合同工 | ****************** | 1974-3-14 | 2000-5-13 | 武汉 |
| 55 | G0099 | A1314 | 男 | 高中 | 劳务工 | ****************** | 1971-9-4 | 2002-1-28 | 武汉 |
| 56 | G0239 | A1387 | 女 | 本科 | 合同工 | ****************** | 1974-10-15 | 2009-9-10 | 武汉 |
| 57 | G0247 | A1394 | 男 | 高中 | 合同工 | ****************** | 1959-10-11 | 2009-11-25 | 武汉 |
| 58 | G0282 | A1422 | 男 | 大专 | 合同工 | ****************** | 1978-4-15 | 2011-4-4 | 武汉 |
| 59 | G0917 | A1674 | 男 | 大专 | 劳务工 | ****************** | 1992-1-19 | 2017-6-5 | 武汉 |
| 60 | G0920 | A1645 | 男 | 初中 | 劳务工 | ****************** | 1985-4-10 | 2017-6-9 | 武汉 |
| 61 | G0939 | A1640 | 男 | 大专 | 劳务工 | ****************** | 1982-12-25 | 2017-7-1 | 武汉 |
| 62 | G0943 | A1639 | 男 | 中专 | 劳务工 | ****************** | 1980-10-20 | 2017-7-6 | 武汉 |
| 63 | G0959 | A1683 | 女 | 本科 | 劳务工 | ****************** | 1993-10-2 | 2017-7-22 | 武汉 |
| 64 | G0978 | A1682 | 女 | 大专 | 劳务工 | ****************** | 1981-9-7 | 2017-8-19 | 武汉 |
| 65 | | | | | | | | | |

合并 | 北京分公司 | 苏州分公司 | 深圳分公司 | 武汉分公司 | 绩效考核制度 | 公司考评文件 | 考勤表模板 | 管理层一览表

图3-30　4个分公司的合并数据表

追加查询的要点是：

◎ 在导航器中选择要合并的表。

◎ 如果要区分合并后数据中每个原始表的来源（即识别哪个表的数据），并且原始表中没有这样的标识字段，那么就需要在每个表中添加一个自定义列来标记其来源。这样，在合并后的数据中，就可以通过这个自定义列来识别每部分数据的原始表。

◎ 查询需要先以“仅创建连接”的形式导出。

◎ 最后单独导出合并表数据。

## 3.2 合并指定工作簿内结构不同的工作表

实际数据合并汇总处理中，要合并汇总的工作表结构不一定都完全相同。例如，某个工作表有10列数据，某个工作表有8列数据；即使这些工作表列数一样，也可能列的位置不一样；还有的工作表需要通过一个或者几个关键字段进行关联汇总等。

这样的合并汇总，需要根据具体情况，使用不同的方法。下面结合实际案例介绍合并指定工作簿内结构不同的工作表的方法和技能技巧。

### 3.2.1 合并汇总列结构不同的工作表

如果工作表的列数不同，或者列的位置不同，Power Query也会自动匹配各列进行合并，得到一个完整的汇总表，但是需要使用追加查询方法进行合并。下面举例说明。

扫一扫，看视频

#### 案例 3-4

表A、表B和表C的模拟数据如图3-31所示，现在需要将三个表进行合并汇总。

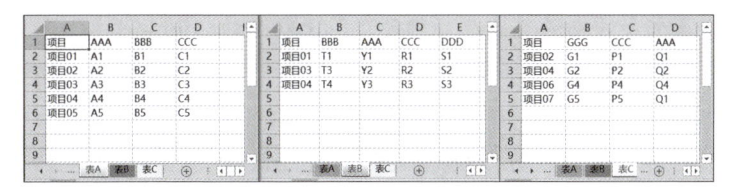

图3-31 三个表数据

**步骤1** 插入一个新的工作表"合并表",然后在"数据"选项卡中,执行"获取数据"→"来自文件"→"从工作簿"命令,打开"导入数据"对话框,从文件夹里选择Excel工作簿,打开"导航器"对话框。在"导航器"对话框中,选择"选择多项"复选框,然后选择要汇总的三个工作表,如图3-32所示。

图3-32 选择"选择多项"复选框和三个要汇总的表

**步骤2** 单击"转换数据"按钮,打开Power Query编辑器,如图3-33所示。

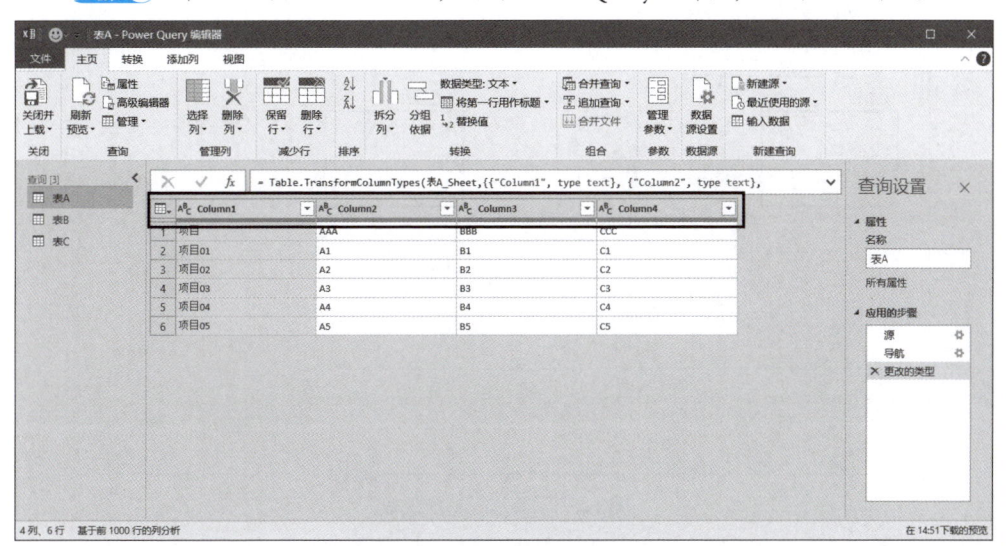

图3-33 Power Query编辑器

第 3 章 使用 Power Query 合并 Excel 工作表数据

111

**步骤3** 每个表的标题不是原始标题，而是默认的Column1、Column2之类的名称，因此需要分别选择每个表。在"主页"选项卡中，单击"将第一行用作标题"命令按钮，为每个表提升标题，如图3-34所示。

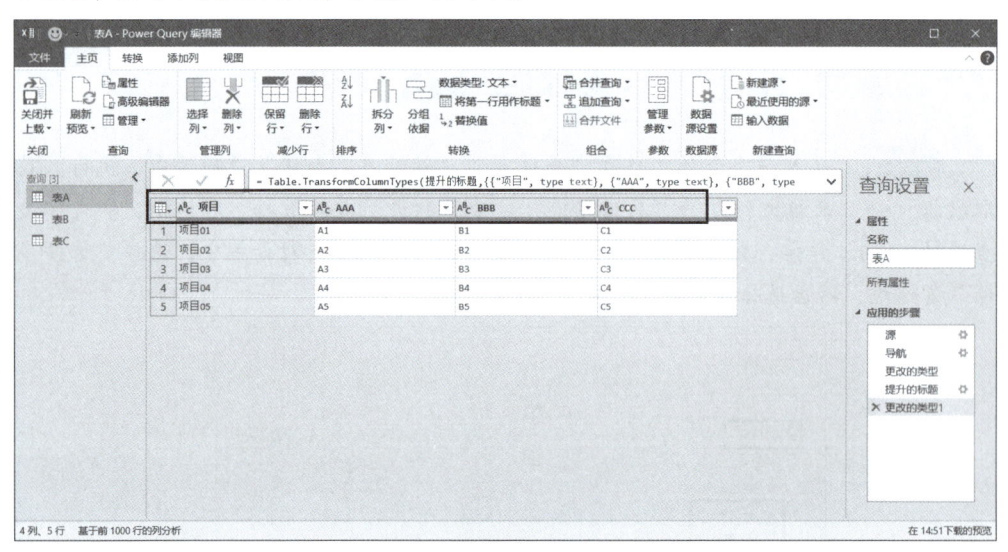

图3-34 提升标题

**步骤4** 在"主页"选项卡中，执行"追加查询"→"将查询追加为新查询"命令，打开"追加"对话框，选中"三个或更多表"单选按钮，然后从左侧的可用表中将各个表添加到右侧要追加的表中，如图3-35所示。

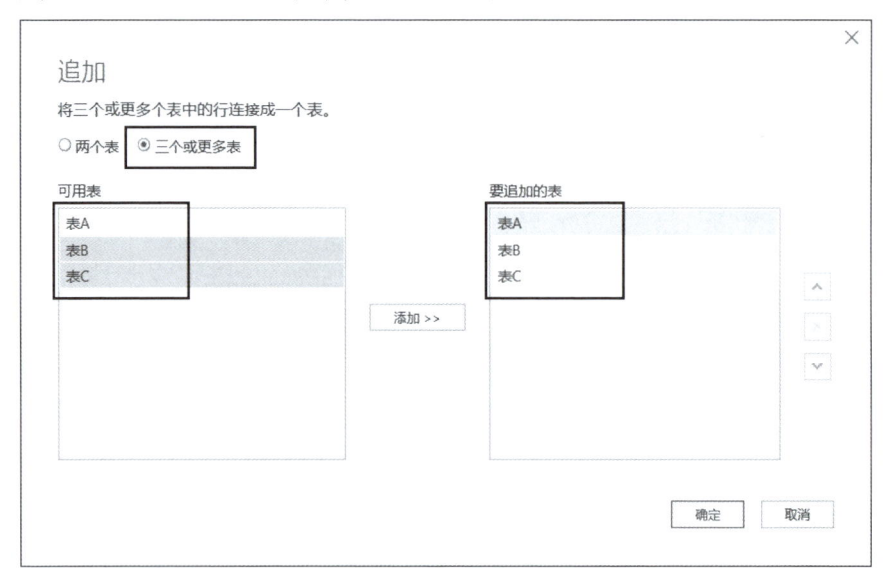

图3-35 添加要追加的表

**步骤5** 单击"确定"按钮，即可得到三个表的合并表，如图3-36所示。

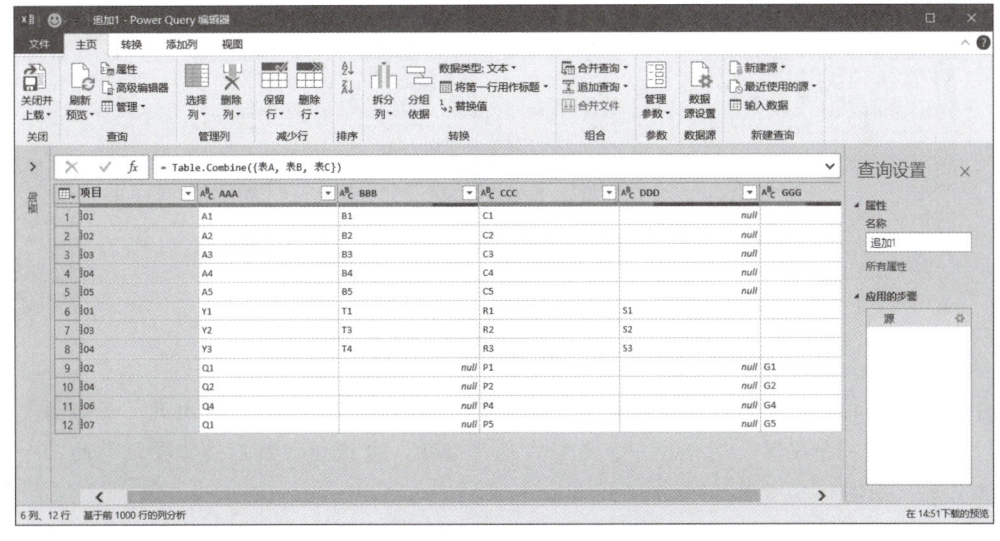

图3-36　三个结构不同表的合并表

**步骤 6**　将查询名称重命名为"合并",然后将数据导入Excel工作表,如图3-37所示。

图3-37　合并结果

比较这个合并表和三个原始表数据,可以看到,Power Query 自动对不同位置的相同列进行匹配,而仅仅某个表存在但其他表不存在的列则会单独作为一列。

## 3.2.2　合并每个工作表都存在的列数据

利用追加查询,我们可以合并几个工作表都存在的列数据,下面结合例子进行说明。

### 案例 3-5

图3-38所示为三个分公司的销售数据表,它们的列结构不相同,现在要将这三个工作表中共有的列"日期""产品""销售量""销售额"合并到一个工作表,并且还要添加一列标识分公司,同时还要将"产品"列拆分成产品编码、产品名称和规格型号三列。

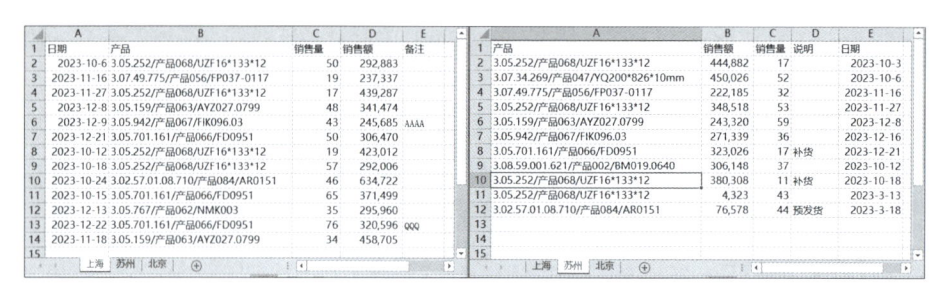

图3-38　三个分公司的销售数据

**步骤①**　在"数据"选项卡中,执行"获取数据"→"来自文件"→"从工作簿"命令,打开"导入数据"对话框。从文件夹中选择Excel工作簿,打开"导航器"对话框,在"导航器"对话框中,选择"选择多项"复选框,然后选择要汇总的三个工作表,如图3-39所示。

图3-39　选择三个工作表

**步骤②**　单击"转换数据"按钮,打开Power Query编辑器,如图3-40所示。

图3-40　Power Query编辑器

**步骤 3** 由于还需要合并后，有一列能够区分城市的列，因此分别选择每个表，添加一个自定义列"城市"，输入每个表的城市名称。图3-41和图3-42就是为表"北京"添加的自定义列。

图3-41 添加自定义列"城市"

图3-42 添加的自定义列

**步骤 4** 执行"追加查询"→"将查询追加为新查询"命令，打开"追加"对话框，选中"三个或更多表"单选按钮，然后从左侧的可用表中将各个表添加到右侧要追加的表中，如图3-43所示。最后单击"确定"按钮，即可得到图3-44所示的合并表。

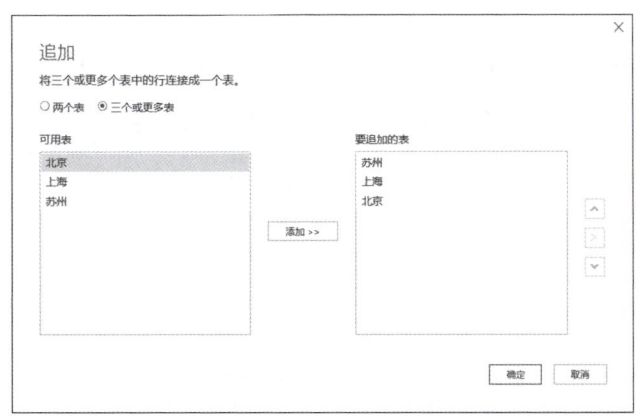

图3-43 添加表

图3-44　追加合并表

**步骤 5**　保留三个表都有的列"日期""产品""销售量""销售额""城市"，删除其他列，然后调整各列的位置，如图3-45所示。

图3-45　删除不需要的列，调整列次序

**步骤 6**　选择产品列，按照分隔符拆分，得到产品编码、产品名称和规格型号，如图3-46所示。这里已经修改了拆分列的标题。

图3-46　拆分列得到产品编码、产品名称和规格型号

**步骤 7** 将查询名称"追加1"重命名为"合并表",然后将所有查询导出为仅连接。最后单独将"合并表"数据导入Excel工作表,如图3-47所示。

图3-47 最终的合并表

### 3.2.3 根据关键字段合并有关联的工作表:仅关联合并

如果要合并的几个工作表分别保存不同的信息数据,但它们都是通过一个或者几个关键字段关联的,现在需要制作一个包含各个工作表信息的汇总表,这种关联工作表合并又称为关联。

在Excel中,根据几个工作表的关键字段进行汇总,常常使用VLOOKUP函数、INDEX函数和MATCH函数,如果要合并的同时还要继续汇总计算,则需要使用SUMIFS函数等。Power Query可以通过合并查询的方法,快速将几个工作表进行合并汇总。

#### 案例 3-6

图3-48所示为两个工作表,分别保存销售明细和汇率,现在要求生成一个有销售额外币和销售额本币的分析底稿,以及一个各产品销售额本币的统计报表。

图3-48 销售明细和汇率

**步骤 1** 插入一个新的工作表"分析报告",保存工作簿。

**步骤 2** 执行"获取数据"→"来自文件"→"从工作簿"命令,打开"导入数据"对话框，从文件夹里选择Excel工作簿，打开"导航器"对话框，在"导航器"对话框中，选择"选择多项"复选框，然后选择"汇率"和"销售明细"表，如图3-49所示。

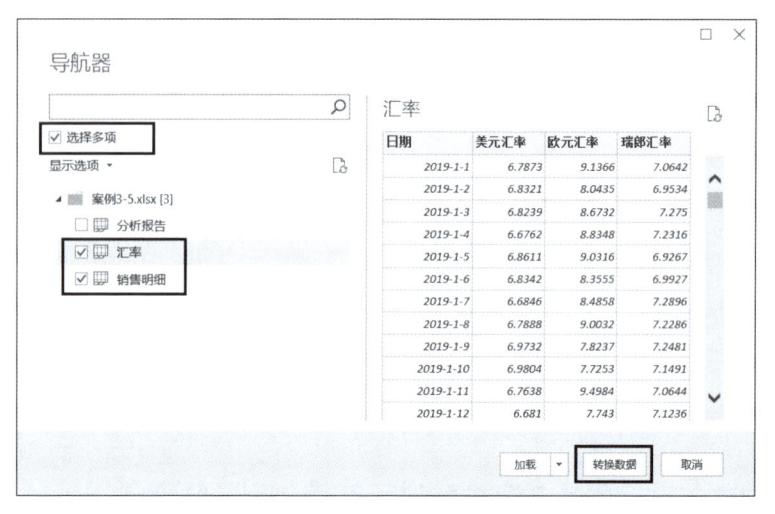

图3-49 选择两个表

**步骤3** 单击"转换数据"按钮，打开Power Query编辑器。由于"汇率"表是一个二维表，因此需要先选择"汇率"表，将其进行逆透视，整理为一维表，并将货币名称后面的"汇率"两字删除，如图3-50所示。

**步骤4** 选择"销售明细"表，然后在"主页"选项卡中，执行"合并查询"→"将查询合并为新查询"命令，如图3-51所示。

图3-50 将"汇率"表整理为一维表

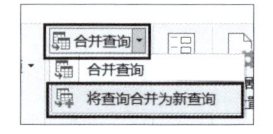

图3-51 "将查询合并为新查询"命令

**步骤5** 打开"合并"对话框，上下两个表分别选择"销售明细"和"汇率"，然后在上下两个表中单击关联字段"日期"和"货币"（按住Ctrl键单击），如图3-52所示。

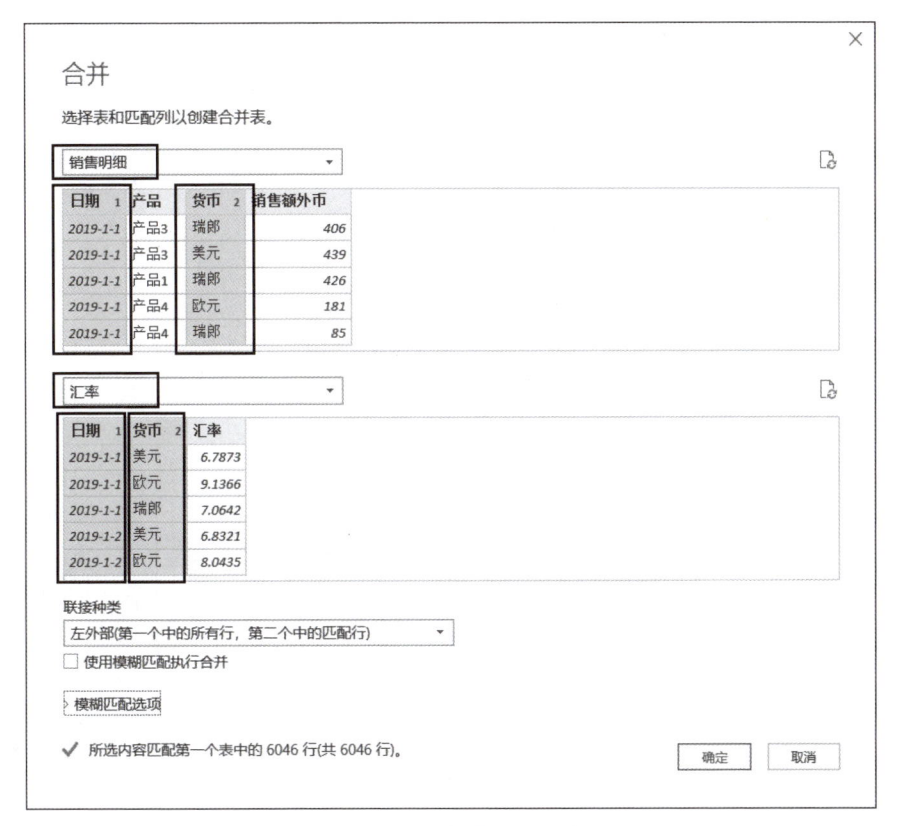

图3-52　选择表和匹配列

> **步骤6** 单击"确定"按钮，就得到图3-53所示的合并表，表单最后一列是合并的汇率表数据。

图3-53　合并表

> **步骤7** 单击"汇率"列右侧的展开按钮，打开筛选窗格，保持默认选中的"展开"单选按钮，再选择"汇率"复选框，取消其他所有选择，如图3-54所示。

119

图3-54 选择"汇率"复选框

**步骤8** 单击"确定"按钮，得到一个汇率列，如图3-55所示。

图3-55 合并的汇率列

**步骤9** 将汇率列的默认标题"汇率.1"修改为"汇率"，然后添加一个自定义列"销售额本币"，计算公式如下，就得到有销售额外币和销售额本币的分析底稿，如图3-56所示。

```
= Number.Round([销售额外币]*[汇率],2)
```

图3-56 合并底稿

步骤⑩ 将"销售额本币"的数据类型设置为"小数",然后将查询重命名为"分析底稿",如图3-57所示。

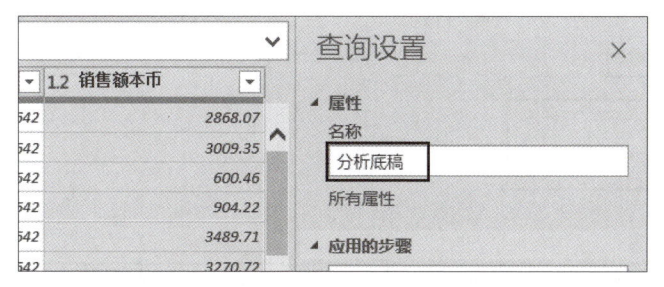

图3-57 设置"销售额本币"的数据类型,修改查询名称

步骤⑪ 在左侧的查询列表中,选择"分析底稿",右击并执行"复制"命令,如图3-58所示,将查询复制一份,然后将复制的查询重命名为"统计报告",如图3-59所示。

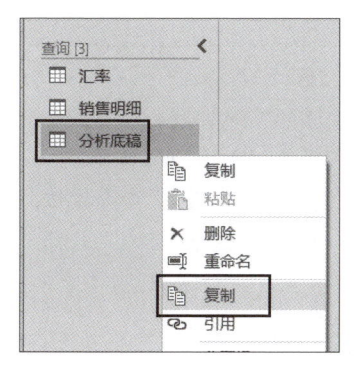

图3-58 执行"复制"命令

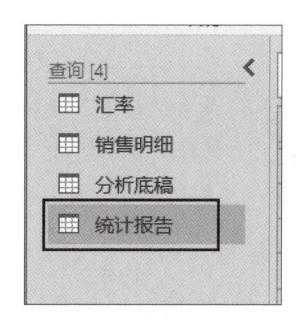

图3-59 重命名查询

步骤⑫ 选择查询"统计报告",在"主页"选项卡中单击"分组依据"命令按钮,如图3-60所示。

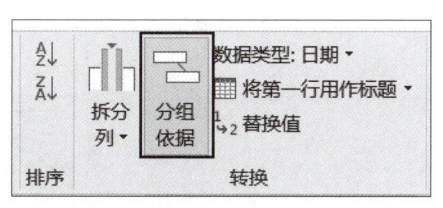

图3-60 "分组依据"命令按钮

步骤⑬ 打开"分组依据"对话框,做以下设置,如图3-61所示。
◎ 选中"高级"单选按钮。
◎ 单击"添加分组"按钮,再添加一个分组。
◎ 两个分组分别选择"产品"和"货币"。
◎ "新列名"输入"销售额","操作"选择"求和","柱"选择"销售额本币"。

图3-61 设置分组依据

**步骤14** 单击"确定"按钮，就得到分组后的报表，如图3-62所示。

**步骤15** 选择"货币"列，在"转换"选项卡中单击"透视列"命令按钮，如图3-63所示，打开"透视列"对话框，"值列"选择"销售额"，"聚合值函数"选择"求和"，如图3-64所示。

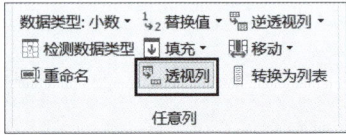

| 产品 | 货币 | 销售额 |
|---|---|---|
| 产品3 | 瑞郎 | 599732.96 |
| 产品1 | 瑞郎 | 603456.58 |
| 产品4 | 瑞郎 | 595483.82 |
| 产品5 | 瑞郎 | 629927.78 |
| 产品2 | 瑞郎 | 612181.27 |
| 产品6 | 瑞郎 | 626312.37 |
| 产品3 | 美元 | 586165.19 |
| 产品1 | 美元 | 567173.14 |
| 产品2 | 美元 | 582196.84 |
| 产品4 | 美元 | 586019.44 |
| 产品6 | 美元 | 583406.75 |
| 产品5 | 美元 | 571894.84 |
| 产品4 | 欧元 | 716630.93 |
| 产品6 | 欧元 | 715992.5 |
| 产品5 | 欧元 | 766942.14 |
| 产品1 | 欧元 | 698261.39 |

图3-62 分组后的报表　　　　　图3-63 "透视列"命令按钮

**步骤16** 单击"确定"按钮，得到不同产品在各种货币的本币销售额统计报表，如图3-65所示。

**步骤17** 最后将查询上载为仅连接，并添加到数据模型，如图3-66所示，以备日后继续做数据进行统计分析。

图3-64 设置透视列选项

图3-65 产品在各种货币的本币销售额统计报表

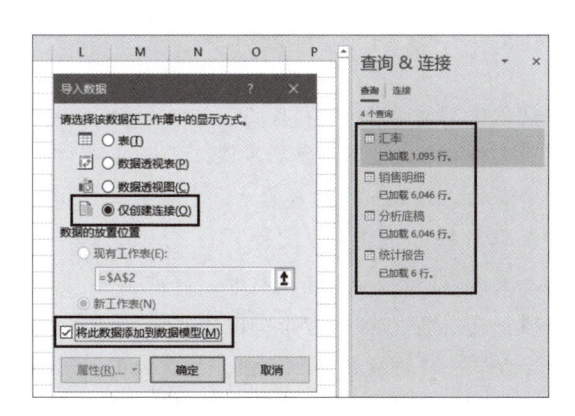

图3-66 上载查询结果为连接

这里要说明一下，产品在各种货币的本币销售额统计报表，其实不需要在Power Query里进行分组计算和透视列操作，我们可以直接使用合并的分析底稿创建数据透视表，从而快速得到所需报表。这里介绍用Power Query制作统计报告，主要是为了展示Power Query在数据分组和透视列方面的技能和技巧。

## 3.2.4 根据关键字段合并有关联的工作表：关联与汇总统计

案例3-6介绍的是纯粹的关联合并，也就是把一个表中的数据根据关联字段引入另一个表中，生成一个分析底稿。

在某些情况下，我们不仅要通过关联字段来关联合并几个表，还需要同时进行汇总（如求和）计算，以便得到一个满足需要的汇总表。下面介绍一个这样的例子。

#### 案例 3-7

图3-67是三个工作表，分别保存年初库存数据、入库明细和出库明细，现在的任务是制作一个即时库存表，统计每个供应商、每种材料的即时库存数量。

即时库存表的结构如图3-68所示。

图3-67 年初库存、入库明细和出库明细

图3-68 即时库存表的结构

图3-67所示的三个工作表都是通过"物料代码"这个关键字段关联的，即三个工作表进行合并。下面介绍制作即时库存表的主要方法和步骤。

**步骤①** 插入一个新的工作表"即时库存表"，保存工作簿。

**步骤②** 执行"获取数据"→"来自文件"→"从工作簿"命令，打开"导入数据"对话框，从文件夹里选择Excel工作簿，打开"导航器"对话框，在"导航器"对话框中选择"选择多项"复选框，然后选择"出库明细""年初库存""入库明细"表，如图3-69所示，最后单击"转换数据"按钮，打开Power Query编辑器。

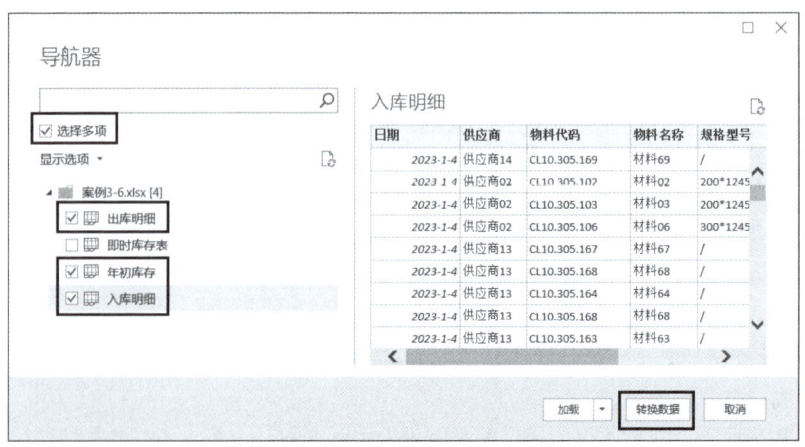

图3-69 选择要合并的表

**步骤3** 选择"年初库存"表,然后在"主页"选项卡中,执行"合并查询"→"将查询合并为新查询"命令,打开"合并"对话框,上下两个表分别选择"年初库存"和"入库明细",然后在上下两个表中单击关联字段"物料代码",如图3-70所示。

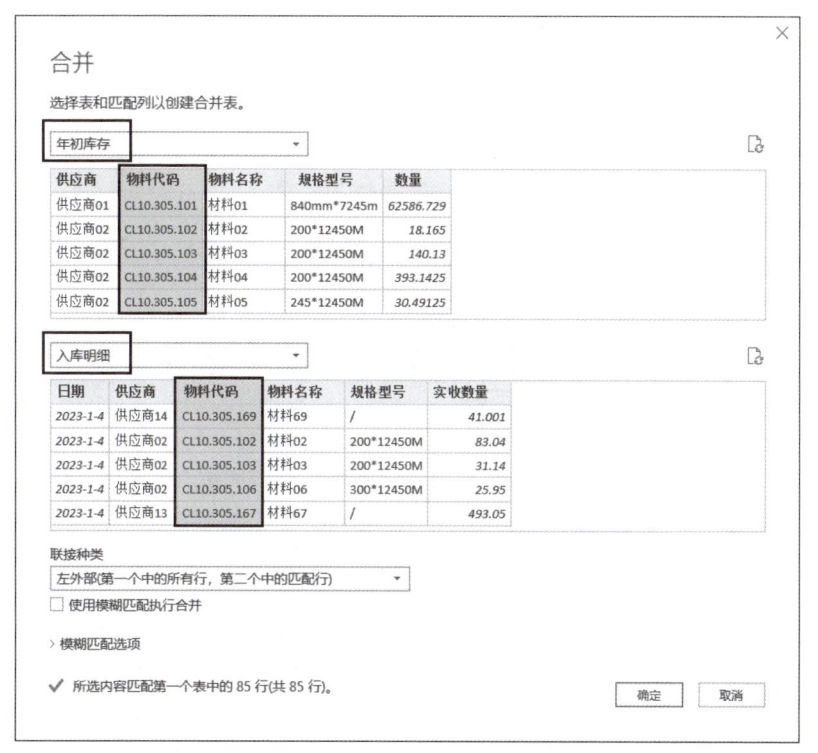

图3-70 以"物料代码"字段关联合并

**步骤4** 单击"确定"按钮,得到一个新列"入库明细",如图3-71所示。

图3-71 合并的新列"入库明细"

步骤 5　单击"入库明细"列标题右侧的展开按钮,打开筛选窗格,选中"聚合"单选按钮,再选择"∑实收数量的总和"复选框,取消其他所有选择,如图3-72所示。

图3-72　选择"聚合"单选按钮和"∑实收数量 的总和"复选框

步骤 6　单击"确定"按钮,得到每种原材料的入库合计数,如图3-73所示。

| | 物料名称 | 规格型号 | 1.2 数量 | 实收数量 的总和 |
|---|---|---|---|---|
| 1 | 材料01 | 840mm*7245m | 62586.729 | 94325.655 |
| 2 | 材料02 | 200*12450M | 18.165 | 809.64 |
| 3 | 材料03 | 200*12450M | 140.13 | 526.785 |
| 4 | 材料04 | 200*12450M | 393.1425 | 441.15 |
| 5 | 材料05 | 245*12450M | 30.49125 | 38.925 |
| 6 | 材料06 | 300*12450M | 55.7925 | 38.925 |
| 7 | 材料07 | 245*12450M | 205.29045 | 77.85 |
| 8 | 材料08 | 300*12450M | 31.14 | 46.71 |
| 9 | 材料09 | 245*12450M | 5.19 | 12.975 |
| 10 | 材料10 | 245*12450M | 14.2725 | 35.0325 |
| 11 | 材料11 | 0.085*12450M | 615.015 | 181.65 |
| 12 | 材料12 | 40*12450M | 2543.1 | 2055.24 |
| 13 | 材料13 | 80*12450M | 4416.69 | 5231.52 |
| 14 | 材料14 | 45*12450M | 957.555 | 415.2 |
| 15 | 材料15 | 245*12450M | 85.635 | 142.725 |

图3-73　得到的入库合计数列

步骤 7　选择当前得到的合并表"合并1",执行"合并查询"命令,打开"合并"对话框,上下两个表分别选择"合并1"和"出库明细",然后在上下两个表中单击关联字段"物料代码",如图3-74所示。

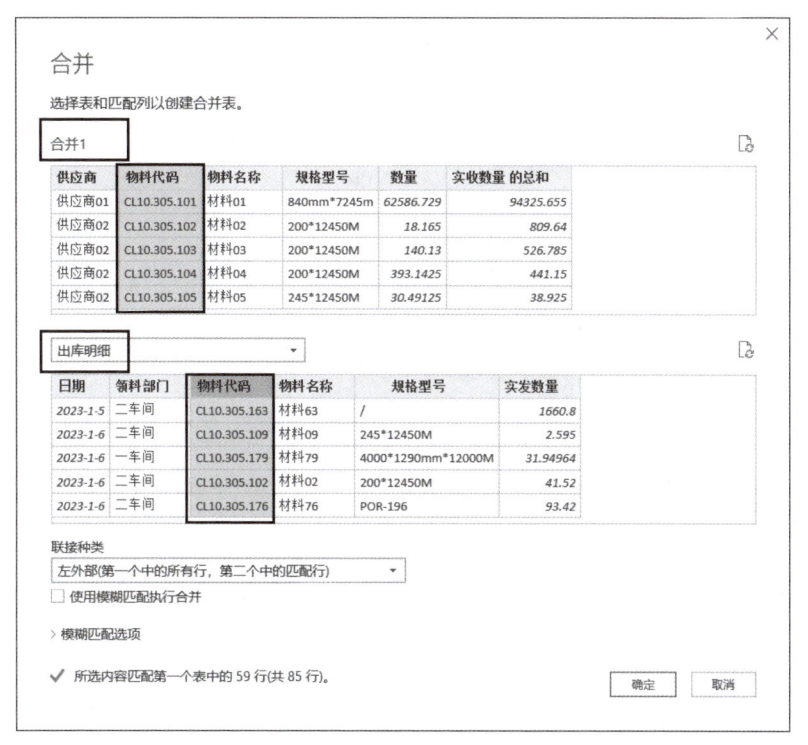

图3-74 以"物料代码"字段关联合并

**步骤 8** 单击"确定"按钮，得到一个新列"出库明细"，如图3-75所示。

图3-75 合并的新列"出库明细"

**步骤 9** 单击"出库明细"列标题右侧的展开按钮，打开筛选窗格，选中"聚合"单选按钮，再选择"∑实发数量的总和"复选框，取消其他所有选择，如图3-76所示。

**步骤⑩** 单击"确定"按钮，得到每种原材料的出库合计数，如图3-77所示。

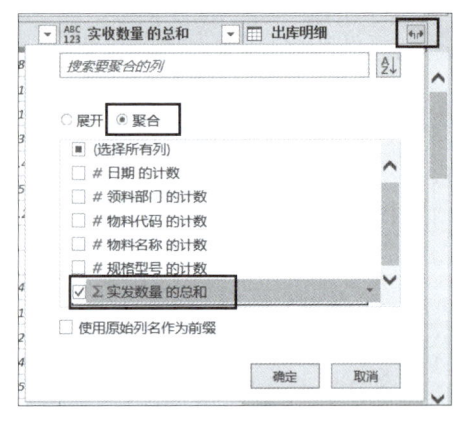

图3-76 选择"聚合"单选按钮和"Σ实发数量 的总和"复选框

图3-77 得到出库合计数列

**步骤⑪** 修改列标题名称，将"数量"修改为"期初库存"，将"实收数量 的总和"修改为"入库数量"，将"实发数量 的总和"修改为"出库数量"。再将这两列的数据类型设置为"小数"，并四舍五入为两位小数，如图3-78所示。

图3-78 设置表格属性

**步骤 12** 添加一个自定义列"当前库存",计算公式如下,即可得到图3-79所示的当前库存数据。

= List.Sum({[期初库存],[入库数量],-[出库数量]})

| | 1.2 期初库存 | 1.2 入库数量 | 1.2 出库数量 | 1.2 当前库存 |
|---|---|---|---|---|
| 1 | 62586.73 | 94325.66 | 23080.71 | 133831.68 |
| 2 | 18.17 | 809.64 | 407.42 | 420.39 |
| 3 | 140.13 | 526.78 | 166.08 | 500.83 |
| 4 | 393.14 | 441.15 | 242.63 | 591.66 |
| 5 | 30.49 | 38.92 | 17.52 | 51.89 |
| 6 | 55.79 | 38.92 | 42.82 | 51.89 |
| 7 | 205.29 | 77.85 | 121.96 | 161.18 |
| 8 | 31.14 | 46.71 | 25.95 | 51.9 |
| 9 | 5.19 | 12.98 | 7.78 | 10.39 |
| 10 | 14.27 | 35.03 | null | 49.3 |
| 11 | 615.02 | 181.65 | null | 796.67 |
| 12 | 2543.1 | 2055.24 | 2937.54 | 1660.8 |
| 13 | 4416.69 | 5231.52 | 2703.99 | 6944.22 |
| 14 | 957.56 | 415.2 | null | 1372.76 |
| 15 | 85.64 | 142.72 | 104.32 | 124.04 |

图3-79 添加自定义列,计算当前库存

注意,从计算逻辑上看,当前库存的计算公式就是"= 期初库存+入库数量-出库数量",但是由于有的原材料没有入库,或者没有出库,在表格中是以null值保存的,这时不能直接相加减,因为数字和null相加的结果是null。

因此,需要使用列表函数List.Sum来计算,而不能直接使用下面的公式:

= [期初库存]+[入库数量]-[出库数量]

**步骤 13** 将合并查询"查询1"重命名为"即时库存表",然后将查询上载为仅连接,并添加到数据模型,如图3-80所示,以备日后可以做库存数据统计分析。

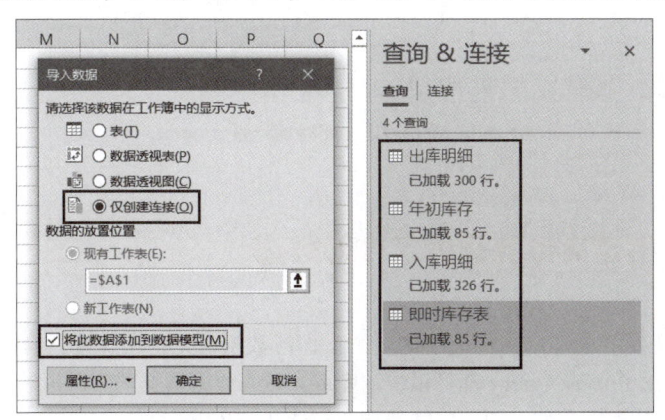

图3-80 上载查询结果为连接

**步骤 14** 右击"即时库存表",执行"加载到"命令,如图3-81所示,打开"导入数据"对话框,选择"表"单选按钮,指定数据放置位置,如图3-82所示。

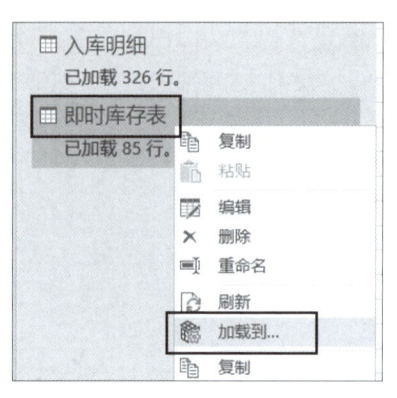

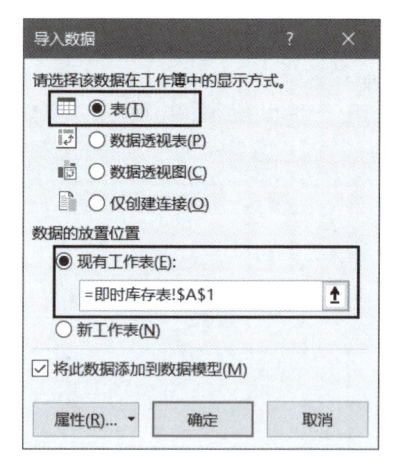

图3-81 执行"加载到"命令　　图3-82 选择"表"和"现有工作表"单选按钮

**步骤15** 单击"确定"按钮，得到可以随时刷新的即时库存表，如图3-83所示。

| 供应商 | 物料代码 | 物料名称 | 规格型号 | 期初库存 | 入库数量 | 出库数量 | 当前库存 |
|---|---|---|---|---|---|---|---|
| 供应商01 | CL10.305.101 | 材料01 | 840mm*7245m | 62586.73 | 94325.66 | 23080.71 | 133831.68 |
| 供应商02 | CL10.305.102 | 材料02 | 200*12450M | 18.17 | 809.64 | 407.42 | 420.39 |
| 供应商02 | CL10.305.103 | 材料03 | 200*12450M | 140.13 | 526.78 | 166.08 | 500.83 |
| 供应商02 | CL10.305.104 | 材料04 | 200*12450M | 393.14 | 441.15 | 242.63 | 591.66 |
| 供应商02 | CL10.305.105 | 材料05 | 245*12450M | 30.49 | 38.92 | 17.52 | 51.89 |
| 供应商02 | CL10.305.106 | 材料06 | 300*12450M | 55.79 | 38.92 | 42.82 | 51.89 |
| 供应商02 | CL10.305.107 | 材料07 | 245*12450M | 205.29 | 77.85 | 121.96 | 161.18 |
| 供应商02 | CL10.305.108 | 材料08 | 300*12450M | 31.14 | 46.71 | 25.95 | 51.9 |
| 供应商03 | CL10.305.109 | 材料09 | 245*12450M | 5.19 | 12.98 | 7.78 | 10.39 |
| 供应商03 | CL10.305.110 | 材料10 | 245*12450M | 14.27 | 35.03 | | 49.3 |
| 供应商04 | CL10.305.111 | 材料11 | 0.085*12450M | 615.02 | 181.65 | | 796.67 |
| 供应商04 | CL10.305.112 | 材料12 | 40*12450M | 2543.1 | 2055.24 | 2937.54 | 1660.8 |
| 供应商04 | CL10.305.113 | 材料13 | 80*12450M | 4416.69 | 5231.52 | 2703.99 | 6944.22 |
| 供应商04 | CL10.305.114 | 材料14 | 45*12450M | 957.56 | 415.2 | | 1372.76 |
| 供应商04 | CL10.305.115 | 材料15 | 245*12450M | 85.64 | 142.72 | 104.32 | 124.04 |
| 供应商04 | CL10.305.116 | 材料16 | 245*12450M | 20.76 | 25.95 | 20.76 | 25.95 |
| 供应商04 | CL10.305.117 | 材料17 | 245*12450M | 265.99 | 129.75 | 166.86 | 228.88 |
| 供应商04 | CL10.305.118 | 材料18 | 245*12450M | 254.85 | 181.65 | 158.3 | 278.2 |
| 供应商04 | CL10.305.119 | 材料19 | 120*12450M | 2602.79 | 908.25 | | 3511.04 |
| 供应商05 | CL10.305.120 | 材料20 | 3200mm*4500m | 47.15 | 82.51 | | 129.66 |

图3-83 即时库存表

## 3.3 汇总指定文件夹里的工作簿数据

我们经常需要汇总指定文件夹中的多个工作簿数据，无论工作簿只有一个工作表，还是有很多工作表，Power Query 都可以快速完成大量工作簿数据的合并汇总。本节将结合实际案例，介绍汇总指定文件夹中工作簿数据的技能和技巧。

### 3.3.1 每个工作簿为标准一维表的合并汇总

如果每个工作簿中只有一个工作表，并且这些工作表是标准的一维表，结构完全相同，那么使用一个简单的函数Excel.Wowkbook即可快速合并这些工作簿。

### 案例 3-8

图3-84所示为"案例3-8"文件夹，其中有一个子文件夹"耗电量日报表"，保存有2023年7月1日至10日各个产品、各个机台、各个工序的机器工时、正品产量和用电量，每个工作簿只有一个工作表，工作表数据如图3-85所示。

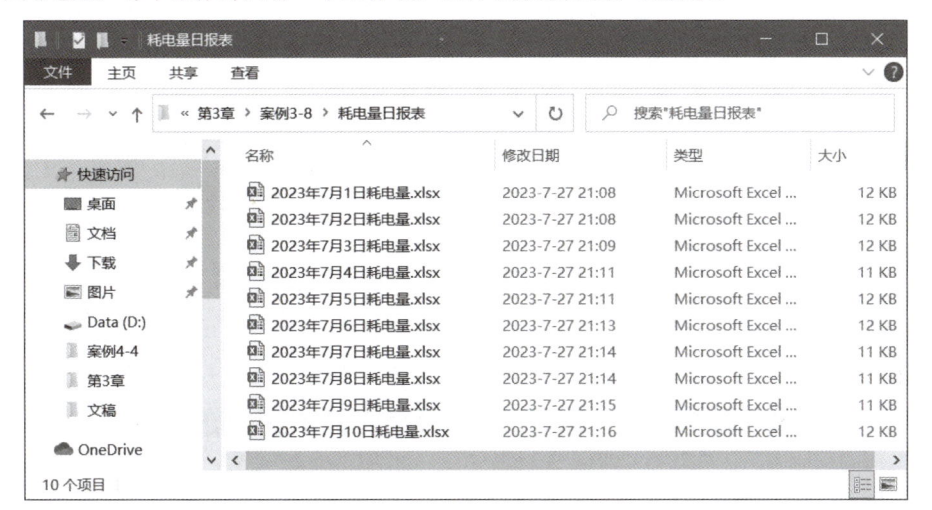

图3-84  文件夹中要汇总的工作簿

图3-85  每个工作簿的数据表

现在的任务是，要将文件夹中每天的用电日报表数据进行汇总，并且当新的工作簿添加到文件夹后，能够自动追加到汇总表中。

**步骤①** 新建一个工作簿，在"数据"选项卡中执行"获取数据"→"来自文件"→"从文件夹"命令，如图3-86所示。

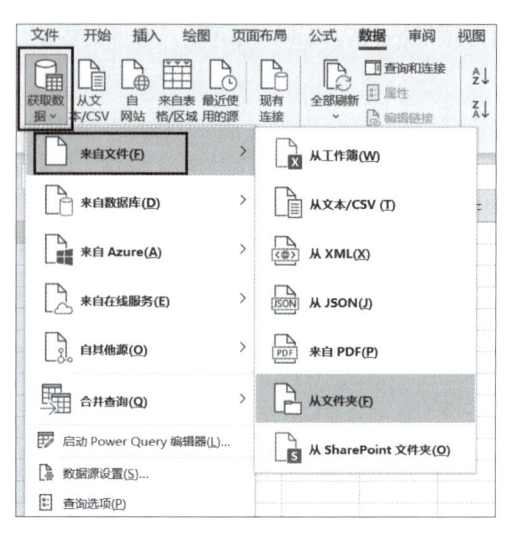

图3-86 执行"获取数据"→"来自文件"→"从文件夹"命令

**步骤2** 打开"浏览"对话框，选择要汇总导出数据的文件夹，如图3-87所示。

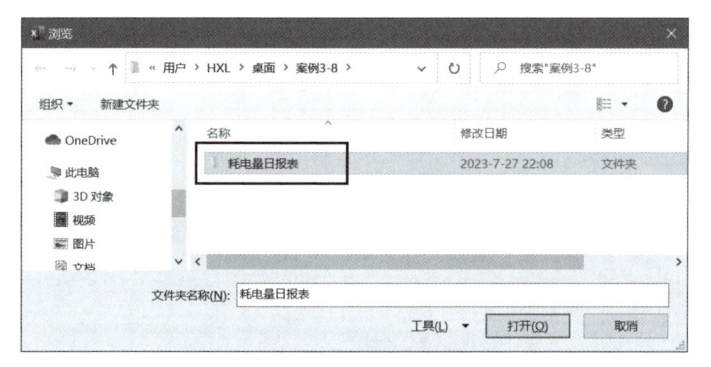

图3-87 选择文件夹

**步骤3** 单击"打开"按钮，打开一个浏览窗口，如图3-88所示。

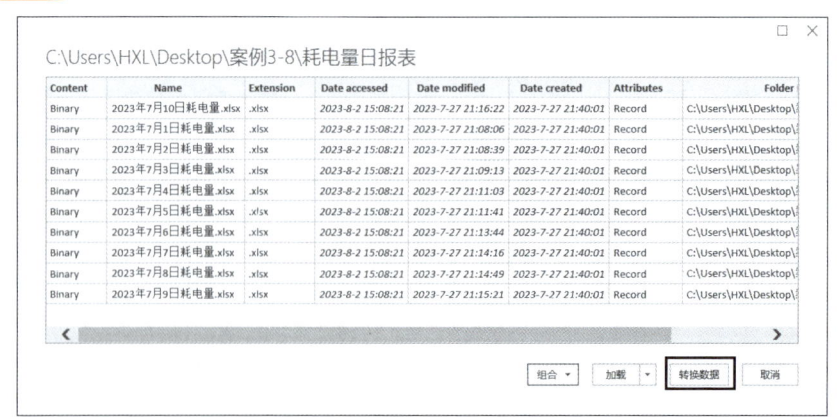

图3-88 浏览窗口

**步骤④** 在这个浏览窗口中，单击右下角的"转换数据"按钮，打开Power Query编辑器，如图3-89所示。

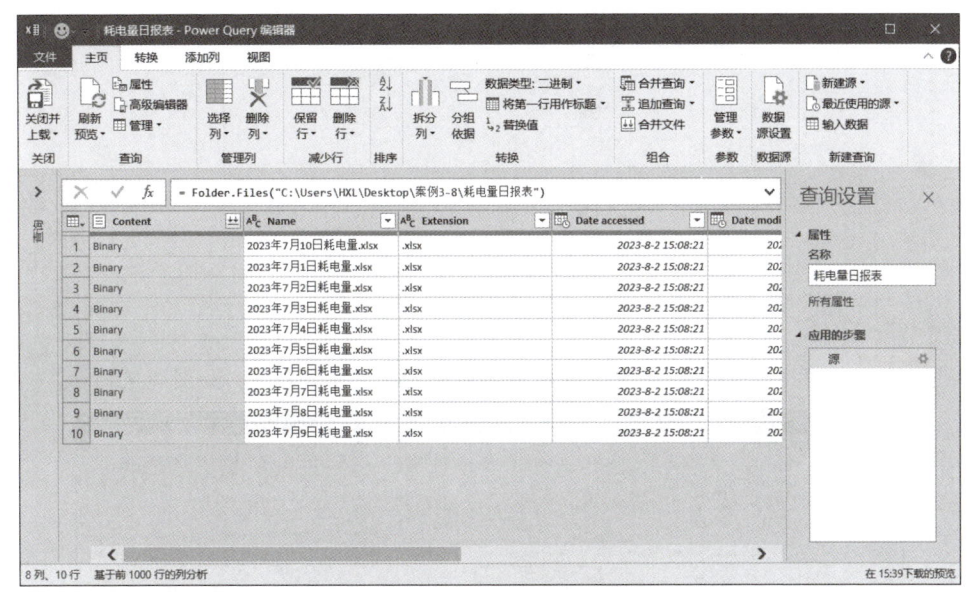

图3-89　Power Query编辑器

**步骤⑤** 保留前两列，删除后面的所有列，如图3-90所示。

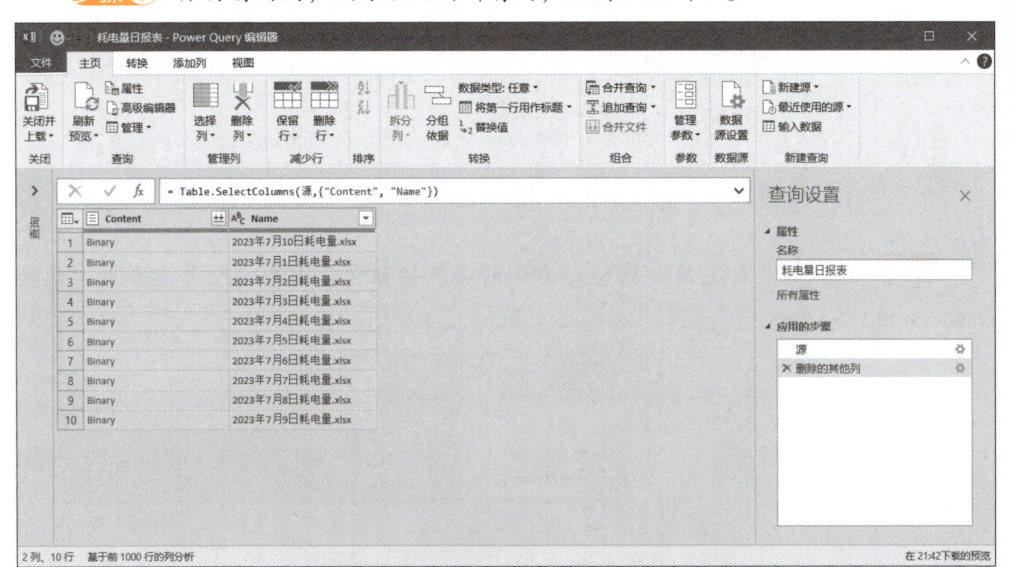

图3-90　保留前两列，删除后面的所有列

**步骤⑥** 在"添加列"选项卡中，单击"自定义列"命令按钮，添加一个新列"自定义"，计算公式如下，如图3-91所示。

```
= Excel.Workbook([Content])
```

图3-91 输入自定义列公式

**步骤7** 单击"确定"按钮，得到一个自定义列"自定义"，如图3-92所示。

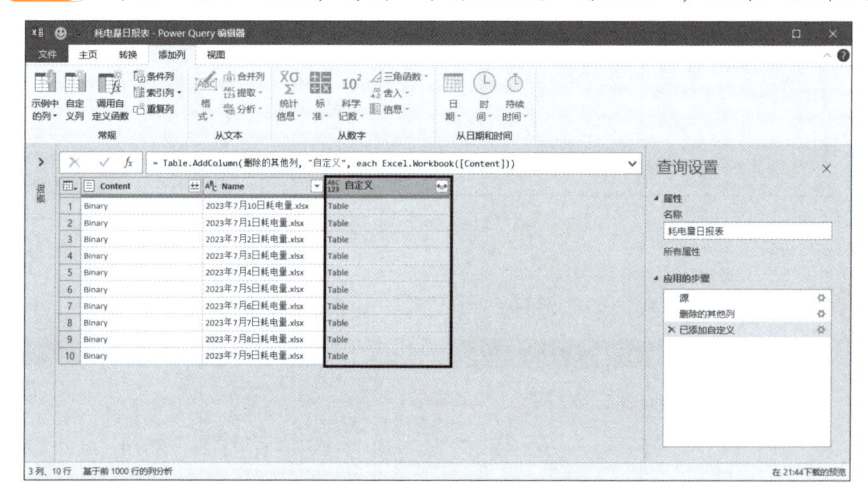

图3-92 添加的自定义列

**步骤8** 单击"自定义"列标题右侧的展开按钮，展开一个筛选窗口，选择Data，如图3-93所示。

图3-93 选择Data

**步骤9** 单击"确定"按钮，将"自定义"列转换为Data列，如图3-94所示。

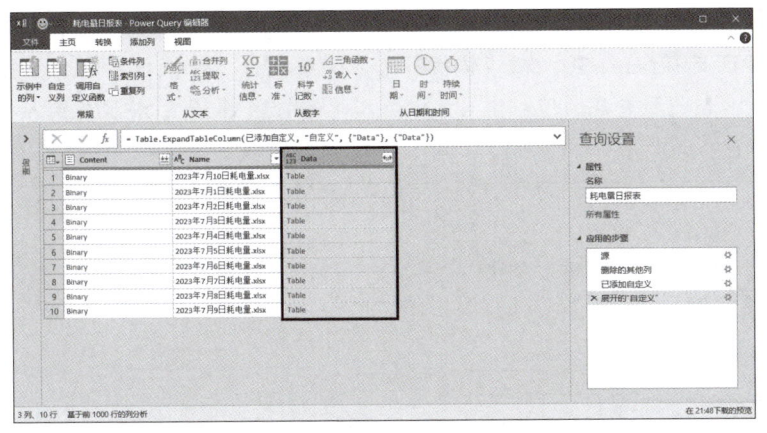

图3-94　将"自定义"列转换为Data列

**步骤⑩** 单击Data列标题右侧的展开按钮，展开一个筛选窗口，选择所有的Column，如图3-95所示。

图3-95　选择所有的Column

**步骤⑪** 单击"确定"按钮，即可得到图3-96所示的结果，这个结果就是指定文件夹中所有工作簿的汇总表。

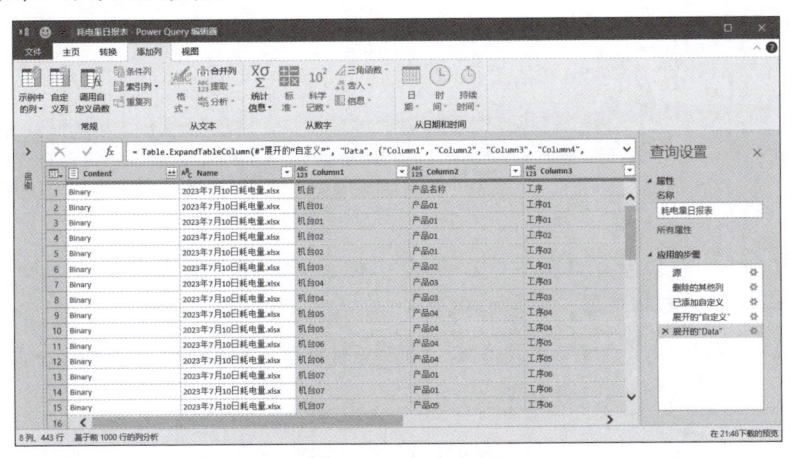

图3-96　展开Data列后的结果

**步骤12** 删除第一列Content。

**步骤13** 选择Name列，在"转换"选项卡中执行"替换值"命令，打开"替换值"对话框，在"要查找的值"输入框中输入"耗电量.xlsx"，替换为输入框留空，如图3-97所示。

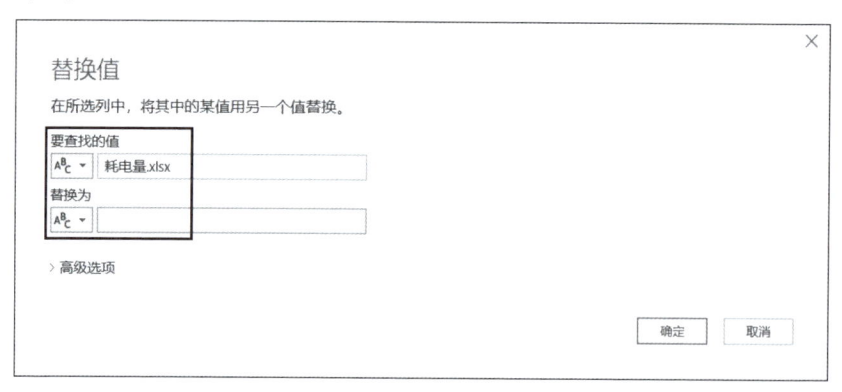

图3-97 设置替换值参数

**步骤14** 单击"确定"按钮，就从工作簿名称中得到了日期数据，如图3-98所示。

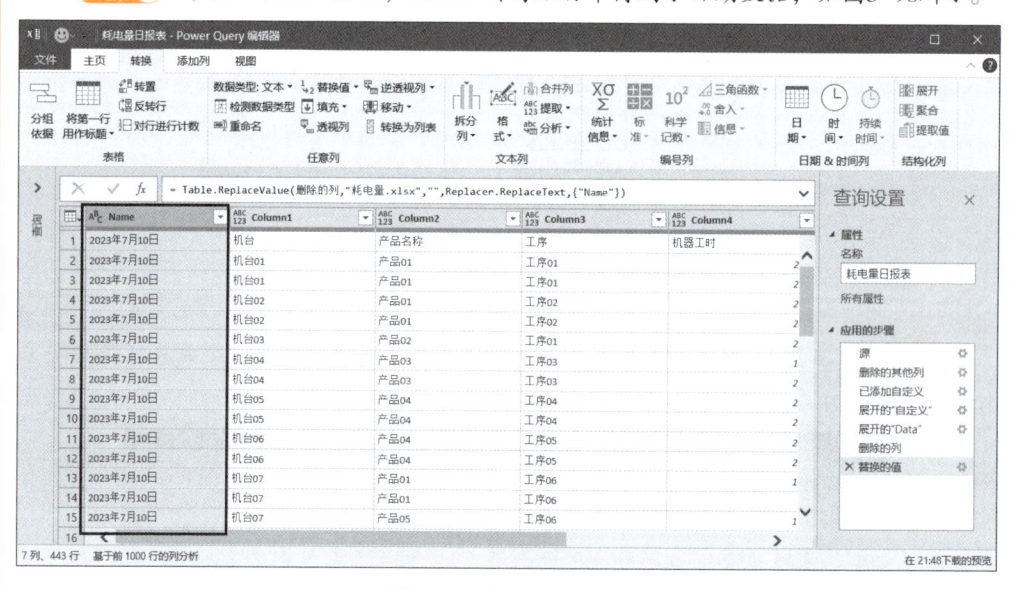

图3-98 提取日期数据

**步骤15** 在"主页"选项卡中，单击"将第一行用作标题"命令按钮，提升标题，得到一个汇总表的标题，如图3-99所示。

**步骤16** 从某列中（如"产品名称"列），将多余的标题筛选掉，如图3-100所示。

这样，就得到了图3-101所示的汇总表。

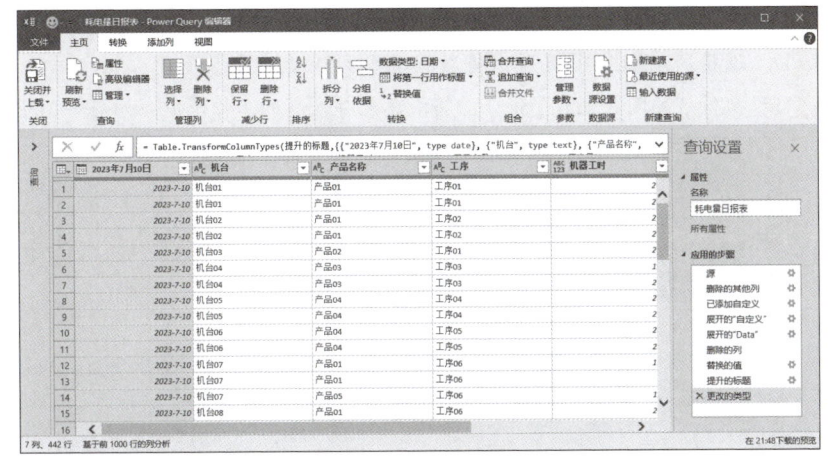

图3-99 提升标题

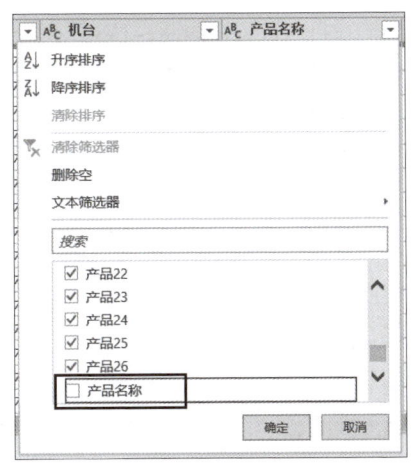

图3-100 筛选掉多余的标题

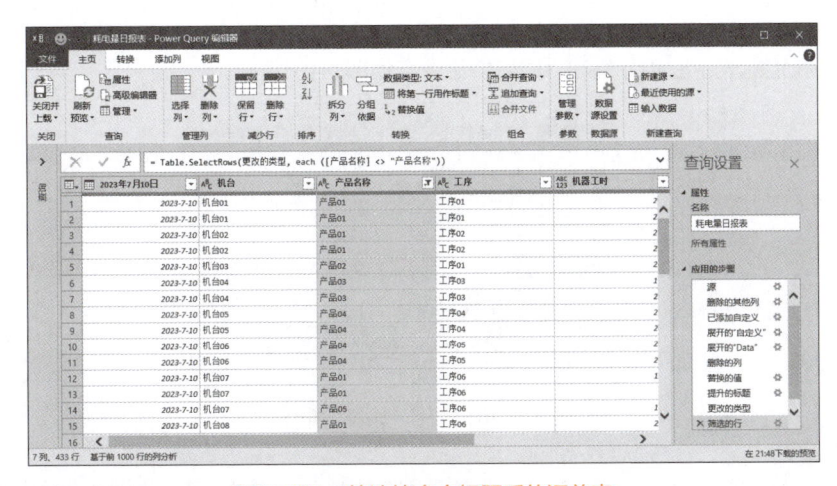

图3-101 筛选掉多余标题后的汇总表

步骤⑰ 将第一列默认的标题名称"2023年7月10日"改为"日期"。

步骤⑱ 选择所有数字项目列，将数据类型设置为"小数"。

步骤⑲ 执行"关闭并上载"命令，将汇总表导入新的工作簿中，如图3-102所示。

图3-102 汇总并导出指定文件夹中所有的工作簿数据

如果文件夹中又增加了11~13日的数据，如图3-103所示。

图3-103 增加了三个工作簿

只需在汇总表中右击并执行"刷新"命令，如图3-104所示。

图3-104 执行"刷新"命令

这样就将汇总表进行了更新，新工作簿数据自动追加到汇总表中，如图3-105所示。

图3-105  更新汇总表

### 3.3.2  多个工作簿为合并标题二维表的合并汇总

无论是一维表，还是二维表，多个工作簿汇总的方法是一样的，唯一的区别是前者不需要对表格结构进行处理，后者则需要根据实际情况进行相应处理。

下面介绍两个实际案例。

#### 案例 3-9

图3-106所示为文件夹"案例3-9"下子文件夹"资产日报表"里的工作簿，每个工作簿只有一个工作表，其数据如图3-107所示。

扫一扫，看视频

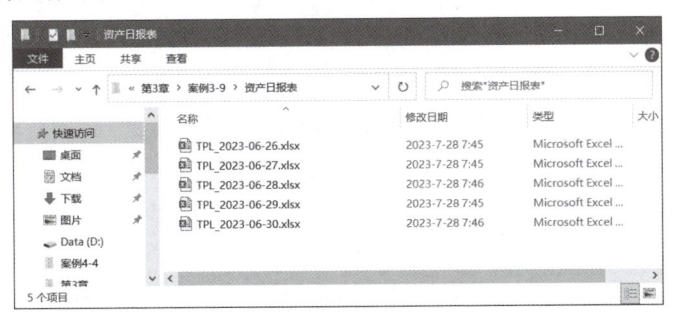

图3-106  子文件夹"资产日报表"里的工作簿

图3-107  工作簿数据

将这些工作簿汇总使用的方法与前面介绍的基本相同，使用Excel.Workbook函数添加自定义列，然后展开自定义列，并从工作簿名称中提取日期，就得到图3-108所示的结果。

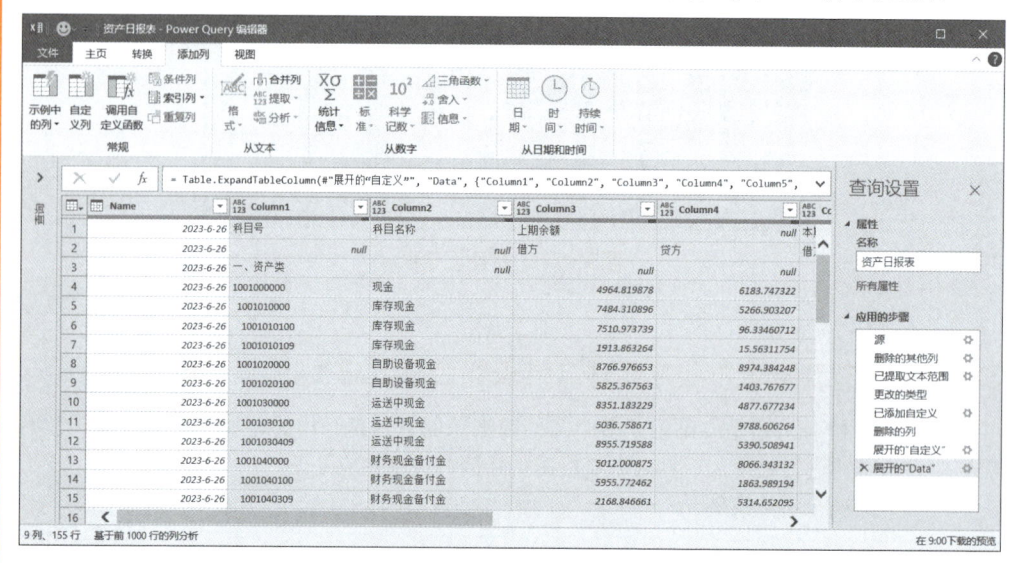

图3-108  工作簿汇总结果

本例中的表只有9列，我们可以手动将默认的列标题Column分别修改为日期、科目号、科目名称、上期借方余额、上期贷方余额、本期借方发生额、本期贷方发生额、本期借方余额、本期贷方余额，然后在某列中，将null值、其他标题和垃圾数据筛选掉，就得到工作簿的汇总表，如图3-109所示。

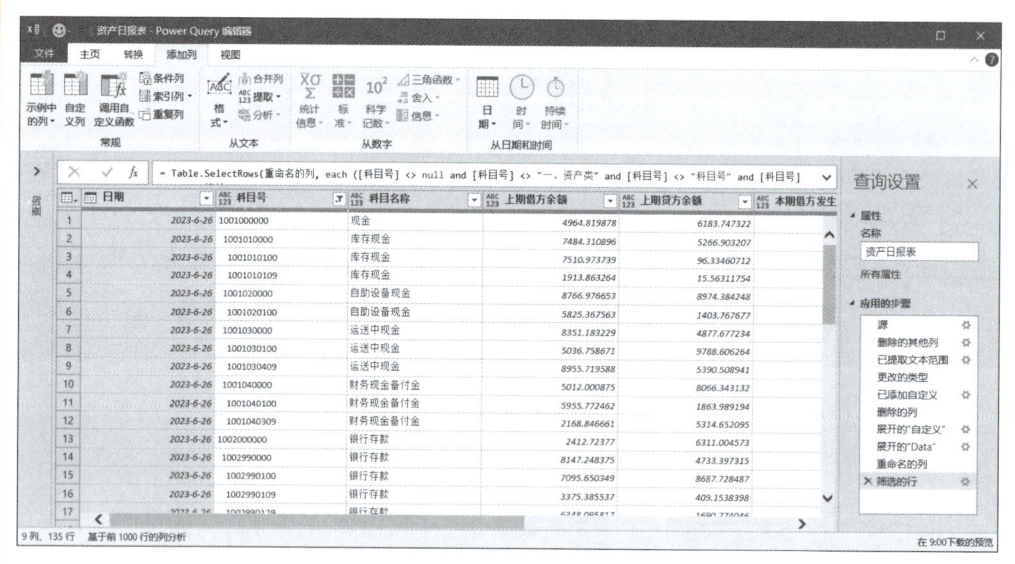

图3-109  修改列标题，筛选掉多余标题和垃圾数据

最后将金额列的数据类型设置为小数，然后将数据导入Excel工作表，如图3-110所示。

图3-110 汇总结果

## 案例 3-10

前面介绍的案例3-9中的合并比较简单,在实际数据处理中,更多的情况是对二维表的合并,还需要将表格转换成一维表,另外,在合并后,还需要进行逆透视操作。

图3-111所示为文件夹"案例3-10"下子文件夹"门店月报"里的6个工作簿,分别保存每个月的门店经营数据,如图3-112所示。

图3-111 文件夹"门店月报"里的6个工作簿

图3-112 工作簿数据

现在的任务是将这些工作簿数据进行汇总，并整理为由店铺名称、店铺分类、区域、商品类别、销售额、毛利6列数据组成的一维表。主要步骤如下所述。

**步骤1** 利用前面介绍的方法将这些工作簿进行汇总，并从工作簿名称中提取月份名称，初步汇总结果如图3-113所示。

图3-113 初步汇总结果

**步骤2** 在"转换"选项卡中单击"转置"命令按钮，将表格进行转置，如图3-114所示。

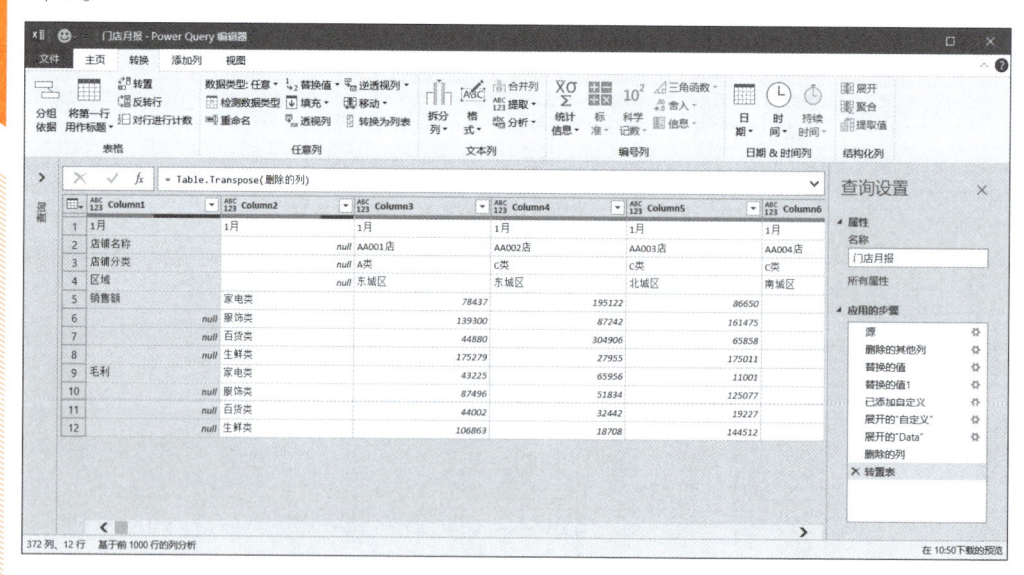

图3-114 转置表格

**步骤3** 选择第一列，向下填充数据，如图3-115所示。

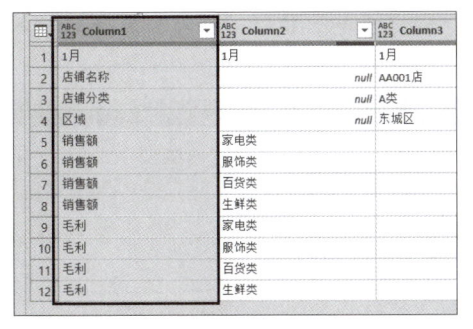

图3-115　填充第一列的null值单元格

**步骤 4**　选择第一列和第二列，在"转换"选项卡中单击"合并列"命令按钮，使用空格作为分隔符将两列合并为一列，如图3-116和图3-117所示。

图3-116　使用空格作为分隔符将两列合并为一列　　　　图3-117　合并列

**步骤 5**　在"转换"选项卡中单击"转置"命令按钮，将表格进行转置，如图3-118所示。

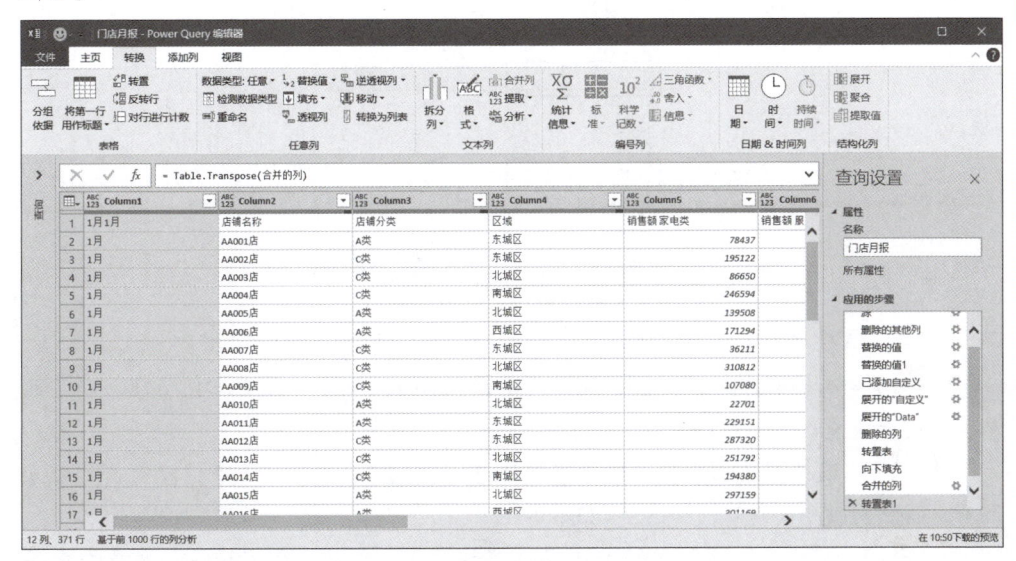

图3-118　转置表格

**步骤 6** 在"主页"选项卡中,执行"将第一行用作标题"命令,提升标题,如图3-119所示。

图3-119 提升标题

**步骤 7** 在某列中将null值和多余的标题筛选掉,如图3-120所示。

图3-120 筛选掉null和多余标题

**步骤 8** 选择前四列,右击并执行"逆透视其他列"命令,对"销售额"和"毛利"列进行逆透视,如图3-121所示。

**步骤 9** 选择"属性"列,执行"拆分列"→"按分隔符"命令,以空格作为分隔符,将该列拆分成两列,如图3-122所示。

**步骤 10** 选择销售额毛利列(这里是"属性.1"列),在"转换"选项卡中单击"透视列"命令按钮，对该列进行透视操作，如图3-123所示。将保存为一列的销售额和毛利转换成两列，如图3-124所示。

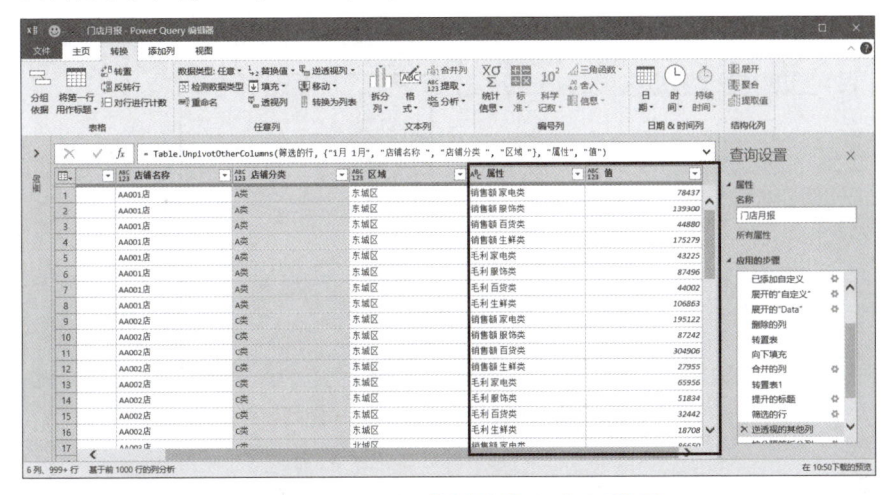

图3-121 逆透视"销售额"和"毛利"列

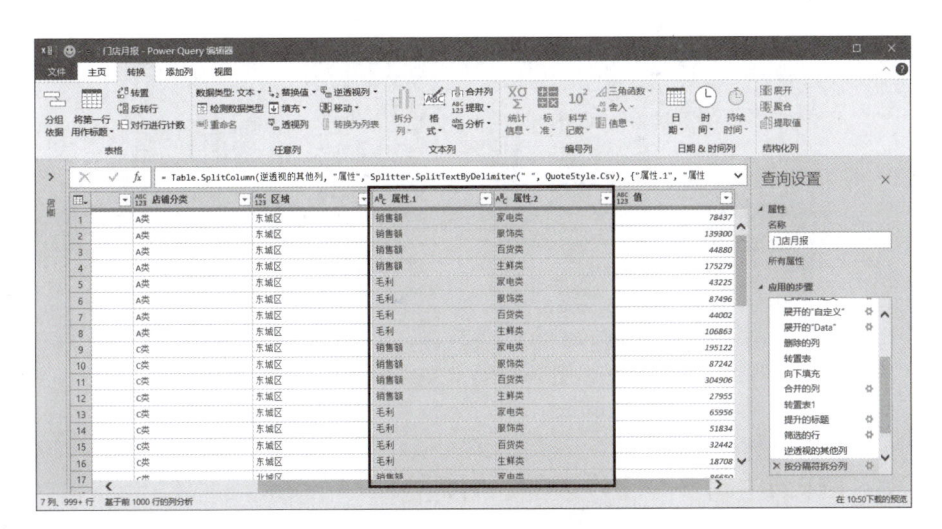

图3-122 拆分列

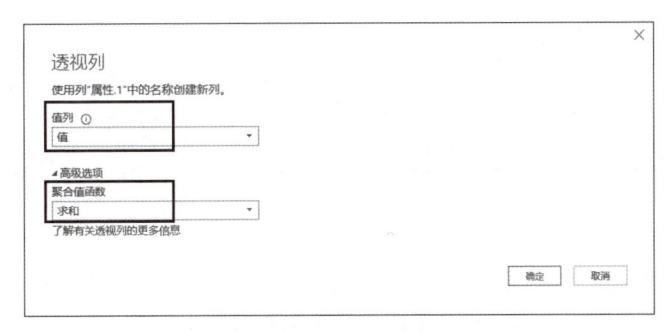

图3-123 设置透视列选项

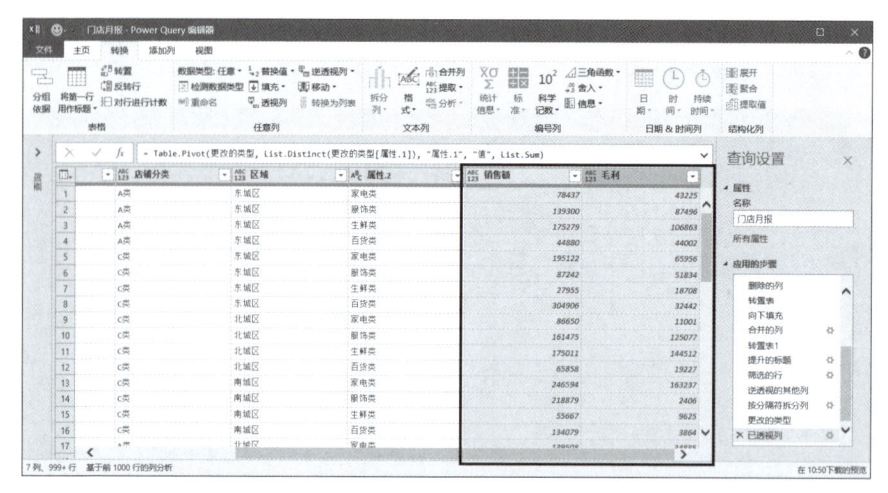

图3-124 将保存为一列的销售额和毛利转换成两列

**步骤11** 修改列标题，设置数据类型，将数据导入到Excel，就完成了工作簿汇总，如图3-125所示。

图3-125 汇总结果

## 3.3.3 工作簿中有多个工作表的合并汇总

当工作簿中有很多工作表要合并汇总时，我们必须做好工作簿名称和工作表名称的标准化，以便在合并汇总后，能够对数据的工作簿属性（如分公司、供应商、门店等）和工作表属性（如月份、产品等）进行识别。

无论工作簿是有一个工作表，还是有多个工作表，合并汇总的方法基本是一样的，先使用Excel.Workbook函数添加自定义列，然后一步一步展开并整理数据，最后得到所有工作簿所有工作表的合并表。下面举例说明。

### 案例 3-11

图3-126所示为文件夹"案例3-11"下子文件夹"发货明细"里的每月发货明细工作簿，每个工作簿有个数不等的工作表，保存每个客户的发货数据，模拟数据如图3-127所示。

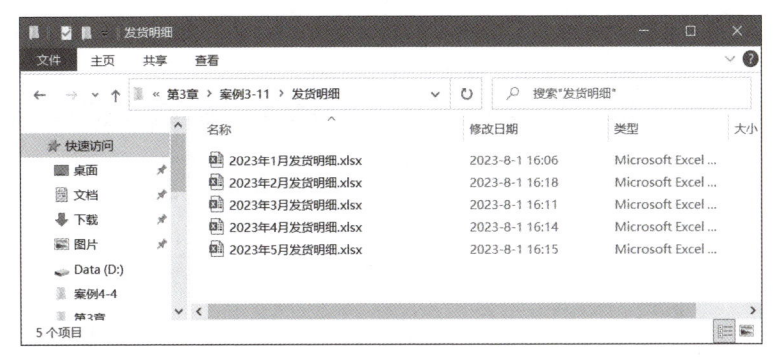

图3-126　子文件夹"发货明细"里的工作簿

图3-127　工作簿中的工作表

首先利用前面介绍的方法，将这些工作簿进行汇总。由于每个工作簿里已经有了"日期"列，因此不需要再从工作簿名称中提取月份名称了。

添加并展开自定义列，注意这里要同时选择Name和Data，如图3-128所示。这里的Name是每个工作表名称，也就是客户名称，Data是每个工作表里的数据。

图3-128　选择Name和Data

继续展开表，并提升标题，修改标题名称，然后筛选掉多余的标题，再设置各列的数据类型，就得到合并后的表，如图3-129所示。

图3-129　合并表

最后将数据导入Excel工作表，如图3-130所示。

图3-130　得到的合并表

# 第4章 使用Power Query采集与合并文本文件数据

如果数据源是文本文件，则无论这些文本文件是标准的 CSV 格式文件，还是其他分隔符分隔的文本文件，我们都可以使用 Power Query 快速从这些文本文件中采集数据，以及合并多个文本文件数据。本章将介绍采集与合并文本文件数据的技能和技巧。

## 4.1 从一个文本文件中采集数据

在 Power Query 出现之前，要获取文本文件数据，一般使用普通的导入数据方法（如现有连接工具、Microsoft Query工具等），但这些工具无法同时整理加工数据。而Power Query 不仅可以快速访问任意格式的文本文件，还可以对数据进行深度加工整理，生成一键刷新的数据分析底稿。

### 4.1.1 从标准CSV格式的文本文件中采集数据

最简单的文本文件是CSV格式的文本文件，可以用Excel直接打开，这种文本文件有的可以当作数据库来处理。我们也可以使用 Power Query 采集文本文件的数据，下面结合实际案例来介绍。

#### 案例 4-1

图4-1是一个CSV格式的文本文件"案例4-1.csv"，有17万余行数据。现在的任务是：制作一个数据分析底稿，该底稿只有需要关注的几个重要字段，能够快速分析每个客户、每个业务部、每个产品历年的销售情况。操作步骤如下：

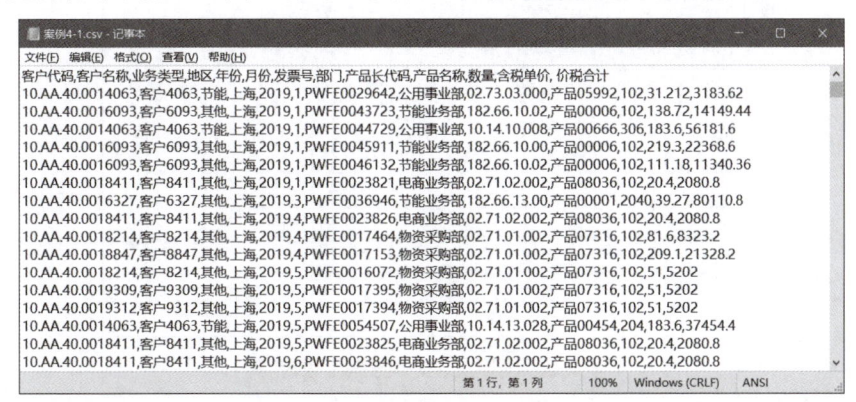

图4-1 历年销售数据

**步骤 1** 新建一个工作簿。

**步骤 2** 在"数据"选项卡中，单击"从文本/CSV"命令按钮，如图4-2所示，或者执行"获取数据"→"来自文件"→"从文本/CSV"命令，如图4-3所示。

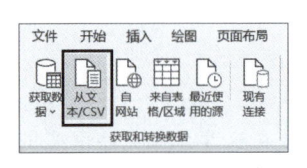

图4-2 "从文本/CSV"命令按钮

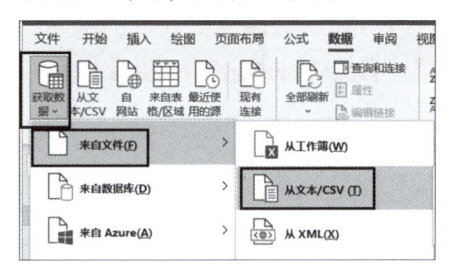

图4-3 "从文本/CSV"命令

**步骤 3** 打开"导入数据"对话框，从文件夹里选择要查询的文本文件，如图4-4所示。

图4-4 选择文本文件

**步骤 4** 单击"导入"按钮，打开一个文本文件格式和分隔符选择对话框，如图4-5所示，Power Query会自动为数据配置字体和分隔符，对文本文件数据进行转换。

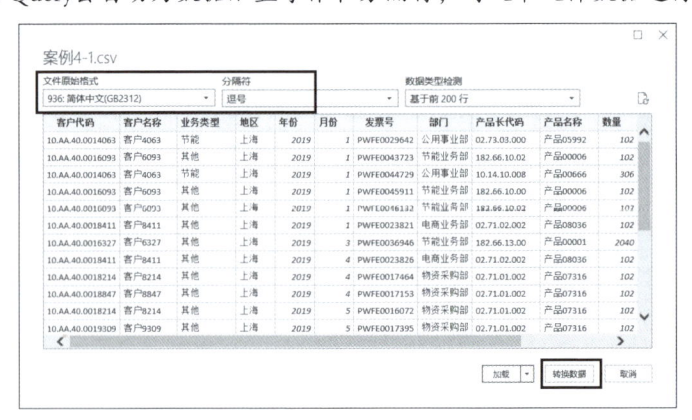

图4-5 设置文本文件数据参数转换

**步骤 5**  单击"转换数据"按钮,打开Power Query编辑器,如图4-6所示。

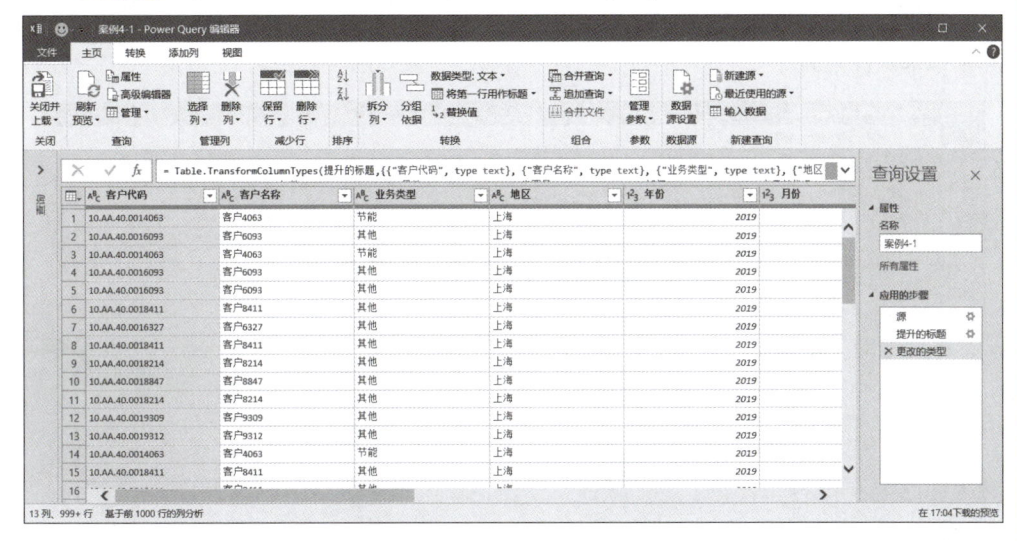

图4-6  Power Query编辑器

**步骤 6**  删除不需要的列,如图4-7所示。

图4-7  删除不需要的列

**步骤 7**  为了以后分析方便(例如,可以灵活分析每年、每季度、每个月等),我们需要将"年份"列和"月份"列合并为一个"日期"列,这个"日期"列的每个日期是某年某月的最后一天(如"2019-1-31""2019-2-28"等),可以通过添加一个自定义列来得到,自定义列的公式如下:

```
= Date.EndOfMonth(#date([年份],[月份],1))
```

然后删除原始的"年份"列和"月份"列,并调整列的位置,如图4-8所示。

**步骤 8** 将数据导出为数据透视表，如图4-9所示。

**步骤 9** 对数据透视表进行布局，就可得到需要的各种统计分析报表。图4-10所示为一个分析示例。

图4-8 添加自定义列"日期"

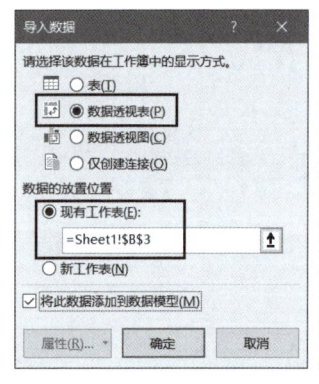

图4-9 将数据导出为数据透视表

图4-10 某业务部历年各月的销售数量和销售金额

## 4.1.2 从由任意分隔符分隔的文本文件中采集数据

Power Query 可以采集任何格式的文本文件数据，如前面介绍的由逗号分隔的CSV文件，以及由其他分隔符（如空格、垂直线、分号、冒号等）分隔的文本文件，还可以在 Power Query 中使用拆分列工具进行处理，主要步骤和方法与前面介绍的基本相同。下面结合实际案例，介绍利用 Power Query 采集由任意分隔符分隔的文本文件数据的方法和技能技巧。

### 案例 4-2

图4-11是以顿号（、）分隔的文本文件"案例4-2.txt"，保存员工的基本

信息。下面将这个文本文件数据进行加工整理，以便制作员工属性分析报表。注意这里的年龄和工龄已经是旧数据了，需要根据出生日期和入职时间重新计算。

图4-11 员工基本信息

**步骤 1** 单击"从文本/CSV"命令按钮，打开"导入数据"对话框，从文件夹里选择要查询的文本文件，单击"导入"按钮，打开图4-12所示的浏览对话框。

图4-12 浏览对话框

**步骤 2** 单击"转换数据"按钮，打开Power Query编辑器，如图4-13所示。

**步骤 3** 在"转换"选项卡中，执行"拆分列"→"按分隔符"命令，打开"按分隔符拆分列"对话框，分隔符选择"--自定义--"，并输入顿号（、），拆分位置选中"每次出现分隔符时"单选按钮，如图4-14所示。

**步骤 4** 单击"确定"按钮，就得到各列数据，如图4-15所示。

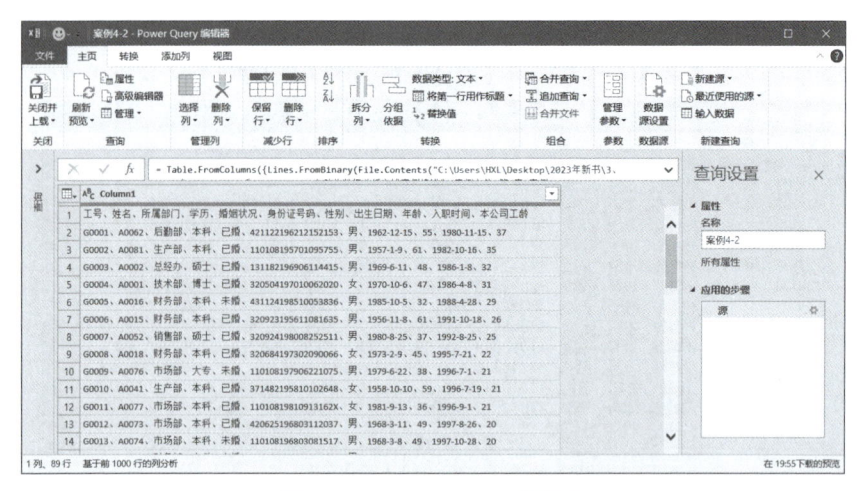

图4-13　Power Query编辑器

图4-14　设置拆分选项

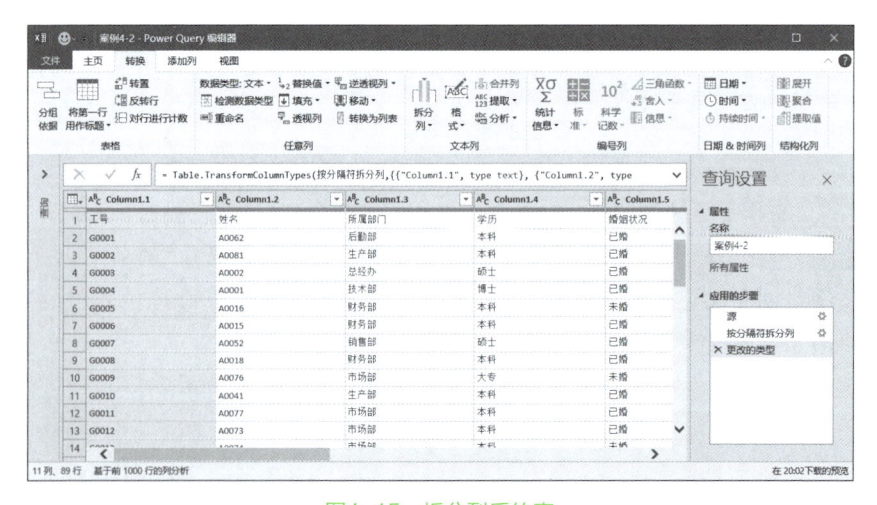

图4-15　拆分列后的表

**步骤 5** 在"主页"选项卡中,单击"将第一行用作标题"命令按钮,提升标题,如图4-16所示。

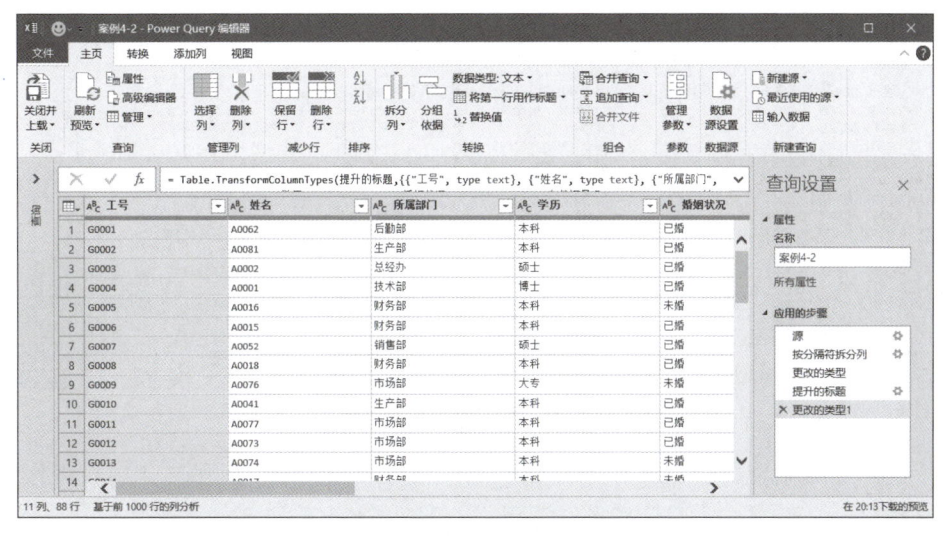

图4-16 提升标题

**步骤 6** 将"出生日期"列和"入职时间"列的数据类型设置为"日期",删除原来的"年龄"列和"本公司工龄"列,重新添加两个自定义列"年龄"和"工龄",自定义列公式分别如下,就得到了新的年龄和工龄,如图4-17所示。

自定义"年龄"列:

= Duration.Days((DateTime.Date(DateTime.LocalNow())-[出生日期])/365)

自定义"工龄"列:

= Duration.Days((DateTime.Date(DateTime.LocalNow())-[入职时间])/365)

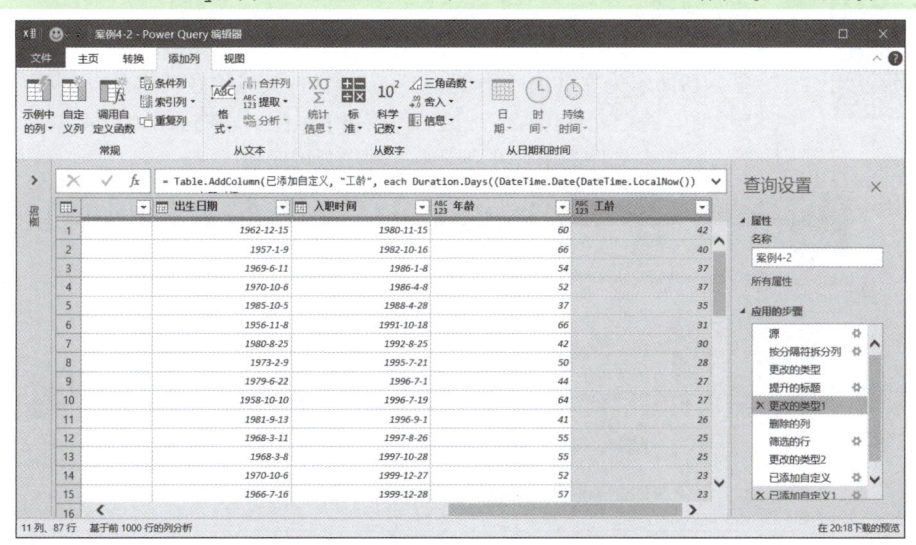

图4-17 添加自定义列"年龄"和"工龄"

**步骤 7** 设置各列的数据类型，调整列顺序，再将数据导入Excel工作表，就得到了能够随时刷新的员工信息表，如图4-18所示。

图4-18 更新的员工信息表

## 4.2 从多个文本文件中采集合并数据

如果要合并汇总的是多个文本文件，这些文本文件的结构有一样的，也有不一样的，我们同样也可以使用Power Query快速进行合并汇总。

### 4.2.1 结构完全一样的多个文本文件数据的合并汇总

这里所说的结构，是指列结构，也就是指列数和列顺序。下面先介绍如何对结构完全一样的多个文本文件数据进行合并汇总。

**案例 4-3**

图4-19所示为文件夹"案例4-3"下子文件夹"地区销售月报"保存的4个CSV文件，每个文件保存该地区的门店销售数据，示例数据如图4-20所示。下面把这些文本文件数据合并到一起，制作分析底稿。

图4-19 子文件夹"地区销售月报"下的CSV文件

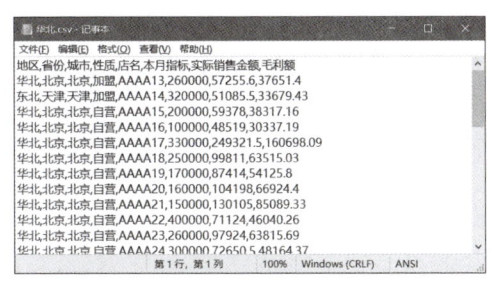

图4-20　CSV文件数据

步骤 ① 新建一个工作簿，在"数据"选项卡中执行"获取数据"→"来自文件"→"从文件夹"命令，选择"地区销售月报"文件夹，打开一个对话框，如图4-21所示。

图4-21　浏览窗口

步骤 ② 单击对话框底部的"组合"下拉按钮，选择"合并并转换数据"选项，如图4-22所示。

步骤 ③ 打开"合并文件"对话框，会显示第一个文件的转换结果，如图4-23所示。

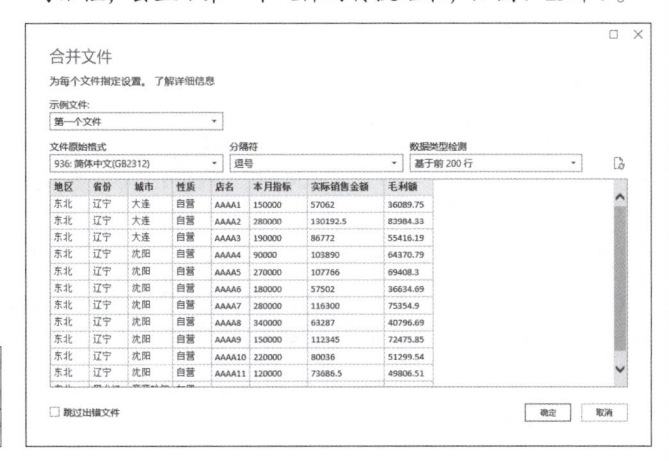

图4-22　选择"组合"→"合并并转换数据"选项

图4-23　显示第一个文件的转换结果

在对话框顶部的"示例文件"下拉列表框中，可以选择每个文本文件，观察它们的转换结果，如图4-24所示。如果没有自动转换为表，就从分隔符下拉列表框中选择或设置分隔符，如图4-25所示。这样可以对用不同分隔符分隔的文本文件进行转换和汇总。

图4-24　查看文件转换结果

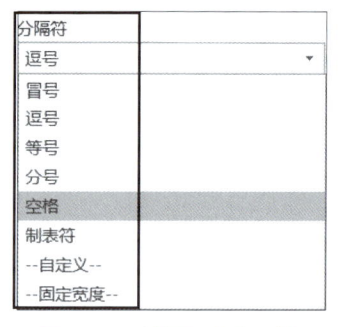

图4-25　选择相应分隔符

**步骤4** 检查完每个文件后，单击"确定"按钮，打开Power Query编辑器，如图4-26所示，此时已经将文件夹里的几个CSV文件进行了合并。

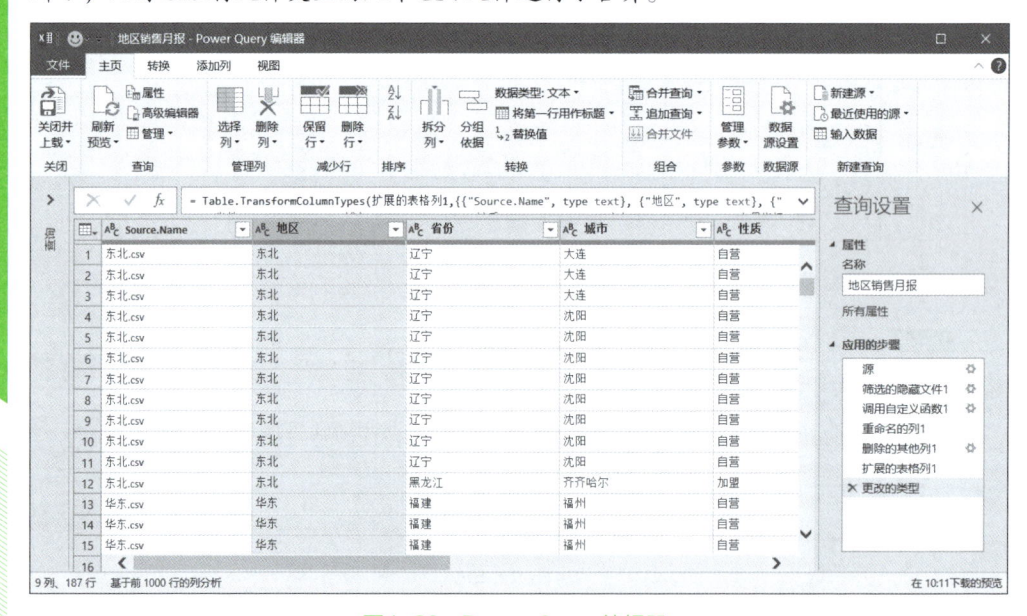

图4-26　Power Query编辑器

**步骤5** 由于表里已经有了"地区"列数据，因此把第一列删除（第一列是文件名称，很多情况下这列文件名称里含有重要信息，可以提取出这样的信息），再将数据导入Excel工作表，如图4-27所示。

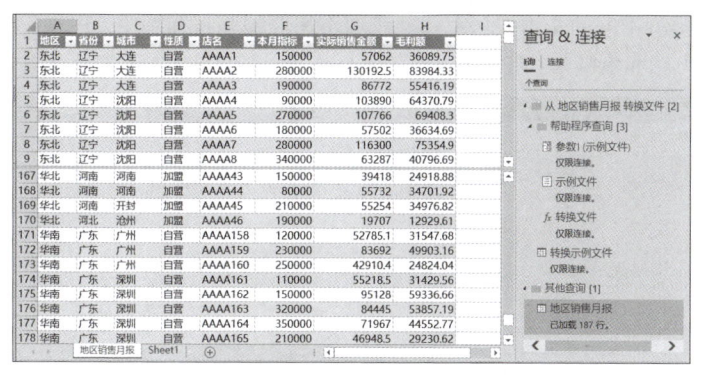

图4-27 完成的合并表

## 4.2.2 结构不一样的多个文本文件数据的合并汇总

如果要将结构不一样的多个文本文件数据合并汇总，就需要了解和掌握相应的方法和技巧。下面结合实际案例进行介绍。

### 案例 4-4

图4-28所示为文件夹"案例4-4"下的子文件夹"客户数据"里的两个文本文件"客户数据1.txt"和"客户数据2.txt"，它们的数据结构分别如图4-29和图4-30所示。这些数据都是由逗号分隔，但是列的顺序不同。现在的任务是要将这两个文件数据合并在一起，制作分析底稿。

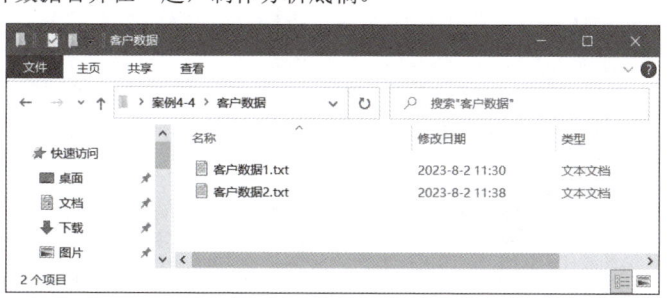

图4-28 子文件夹"客户数据"里的两个文本文件

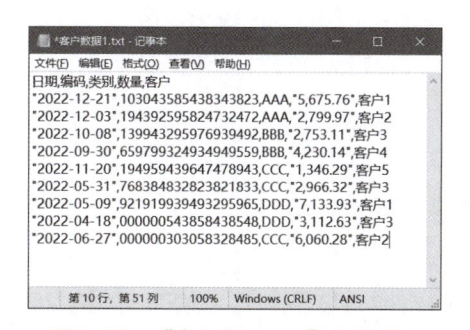

图4-29 "客户数据1.txt"文件数据 　　　　图4-30 "客户数据2.txt"文件数据

对于这种结构不同的文本文件汇总，我们不需要调整每列顺序，Power Query会自动进行匹配合并，方法和步骤与"案例4-3"完全一样，合并结果如图4-31所示。

图4-31 合并结果

删除第一列，再将数据导入Excel工作表，如图4-32所示。

图4-32 合并表

## 4.3 特殊结构文本文件数据的采集

有些情况下，文本文件数据并不规范，而且有很多垃圾数据行，如果要直接在文本文件里进行整理非常麻烦，可以使用Power Query快速整理加工，得到一个规范的表格。

## 4.3.1　不规范文本文件的数据采集与整理：简单情况

**案例 4-5**

如图4-33所示，文本文件"销售订单表.txt"中的数据有一些不规范的问题。例如，每个合同金额数字前面都有空格，并且有双引号；某些列之间由空格分隔，某些列之间则是由Tab分隔。现在要对数据进行整理加工，并导入Excel工作表。下面是主要步骤。

图4-33　文本文件数据

**步骤 1** 在"数据"选项卡中，单击"从文本/CSV"命令按钮，打开"导入数据"对话框，从文件夹里选择要查询的文本文件，单击"导入"按钮，打开一个文本文件格式和分隔符选择对话框，如图4-34所示。Power Query会自动为数据配置字体和分隔符，对文本文件数据进行转换。

图4-34　文本文件格式和分隔符选择对话框

**步骤 2** 单击"转换数据"按钮,打开Power Query编辑器,如图4-35所示。

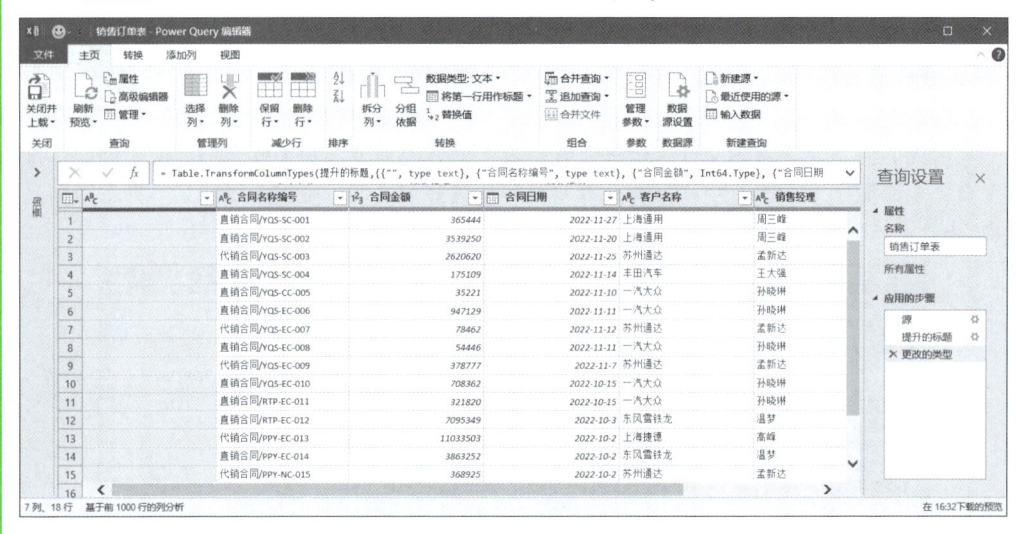

图4-35 Power Query编辑器

**步骤 3** 第一列是空格列,予以删除,对第二列按照分隔符(斜杠)拆分,并修改列标题名称,得到图4-36所示的表。

图4-36 整理好的表格

**步骤 4** 将数据导入Excel工作表,如图4-37所示。

图4-37　导入的文本文件数据

## 4.3.2　不规范文本文件的数据采集与整理：复杂情况

前面介绍的例子通过几步简单的操作就可以整理好文本文件数据。下面介绍一个比较复杂的例子，不仅要整理数据，还要按位置分列。

### 案例 4-6

图4-38所示的文本文件"对账单.txt"中，有大量的垃圾数据，下面需要将这个表整理为规范的表格。

图4-38　银行对账单

**步骤①** 在"数据"选项卡中，单击"从文本/CSV"命令按钮，打开"导入数据"对话框，从文件夹里选择要查询的文本文件，单击"导入"按钮，打开一个浏览对话框，如图4-39所示。

**步骤②** 单击"转换数据"按钮，打开Power Query编辑器，如图4-40所示。

**步骤③** 筛选掉垃圾数据行，如图4-41所示，就得到图4-42所示的表。

图4-39　浏览对话框

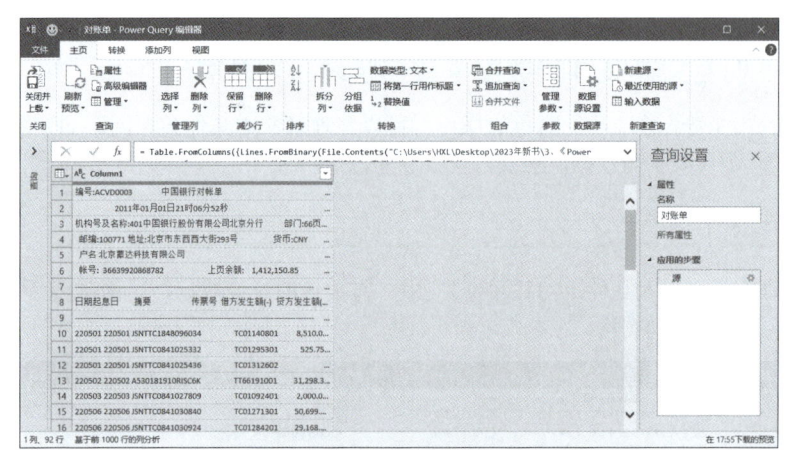

图4-40　Power Query编辑器

图4-41　筛选掉垃圾数据行

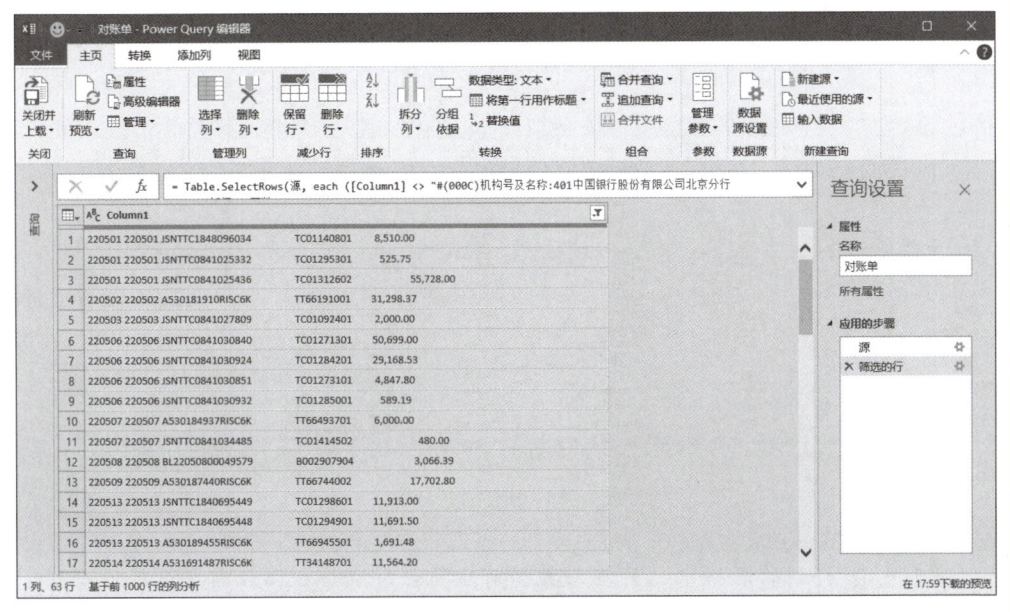

图4-42 筛选掉垃圾数据行后的数据表

**步骤 4** 在"转换"选项卡中，执行"拆分列"→"按位置"命令，打开"按位置拆分列"对话框，输入各列位置索引号，如图4-43所示。

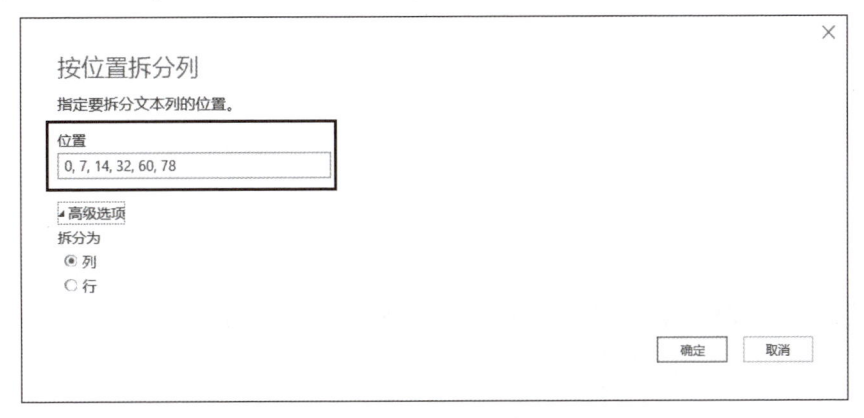

图4-43 输入拆分列位置索引号

注意，这个文件数据有以下特征：
- 日期和起息日这两个日期长度是6位数字，它们之间有一个空格分隔。
- 起息日与摘要之间有一个空格分隔。
- 摘要长度是16位，与传票号之间有17个空格。
- 传票号长度是10位，传票号与借方发生额之间有8～10个空格，传票号与贷方发生额之间有20个以上空格。

根据这个规律，各列之间的位置索引号可以分别设置为0、7、14、32、60、78。

**步骤 5** 单击"确定"按钮，得到图4-44所示的表。

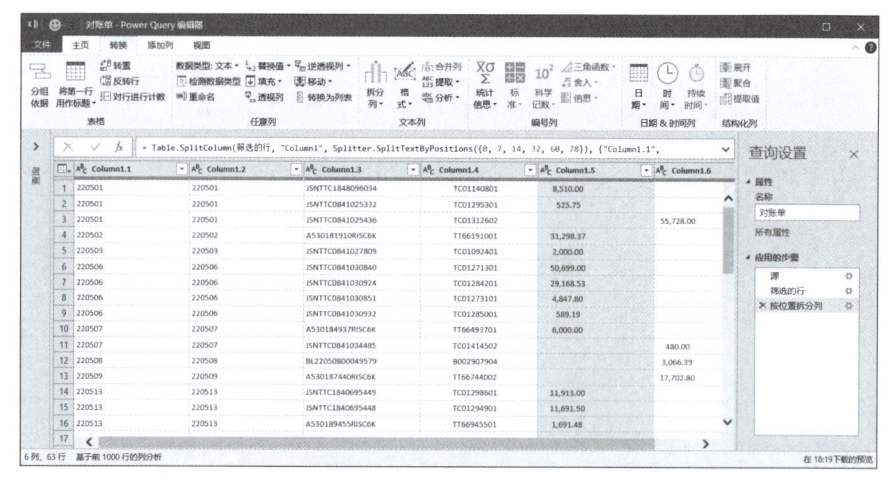

图4-44　按位置拆分列

**步骤6** 得到的表格中，某些列数据前后还会有空格，因此需要选择所有列，在"转换"选项卡中执行"格式"→"修正"命令，如图4-45所示。将所有列数据前后的空格清除，如图4-46所示。

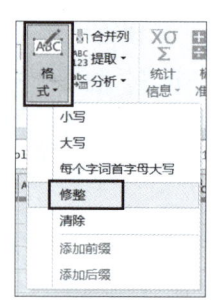

图4-45　执行"格式"→"修正"命令

图4-46　清除所有列数据前后的空格

步骤 7　分别选择前两列日期，在"转换"选项卡中执行"格式"→"添加前缀"命令，如图4-47所示。打开"前缀"对话框，输入值20，如图4-48所示，这样，就得到一个完整的8位数字日期，如图4-49所示。

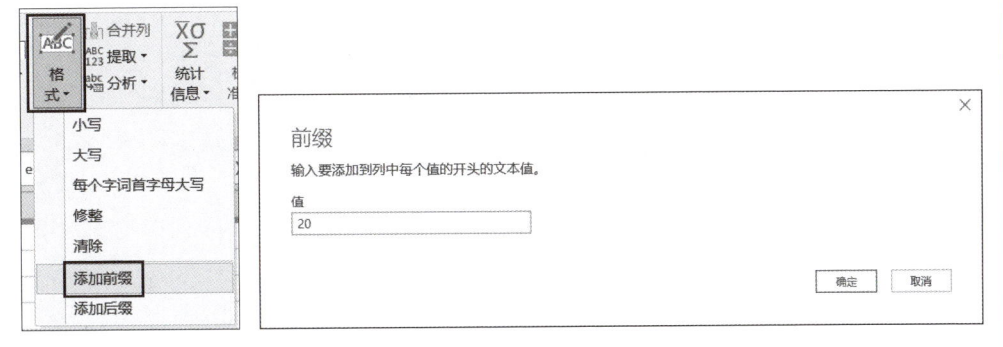

图4-47　执行"格式"→"添加前缀"命令

图4-48　输入值20

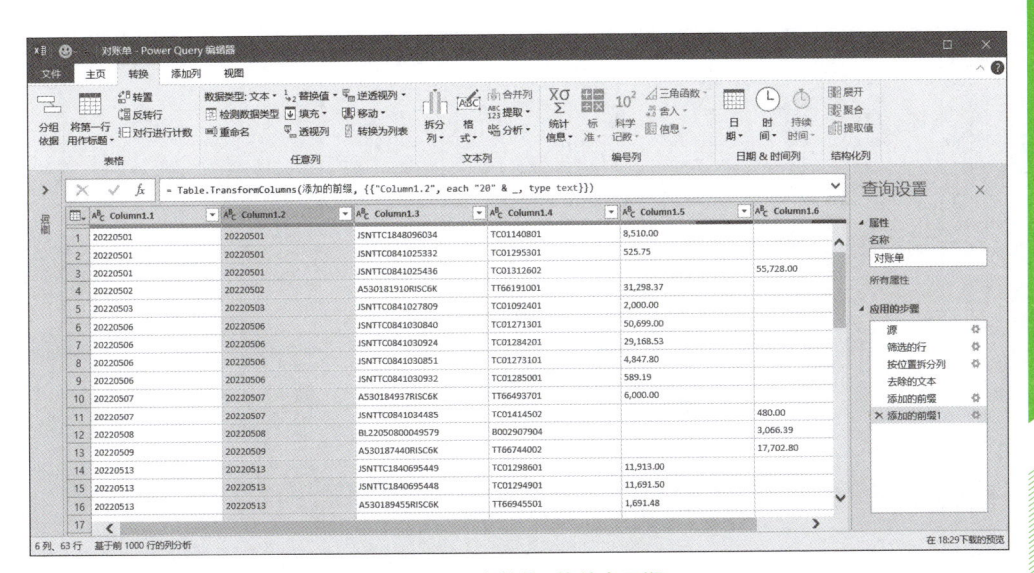

图4-49　完整的8位数字日期

步骤 8　再选择前两列日期，将数据类型设置为"日期"，就得到了真正的日期。另外，将两列金额的数据类型设置为小数，如图4-50所示。

步骤 9　重命名各列标题，如图4-51所示。

步骤 10　将数据导入Excel工作表，如图4-52所示。

图4-50 设置数据类型

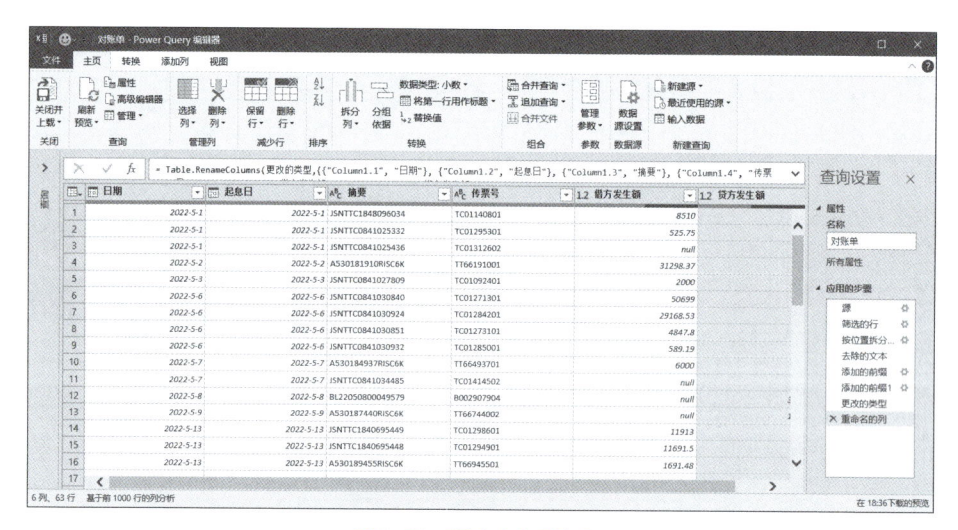

图4-51 重命名各列标题

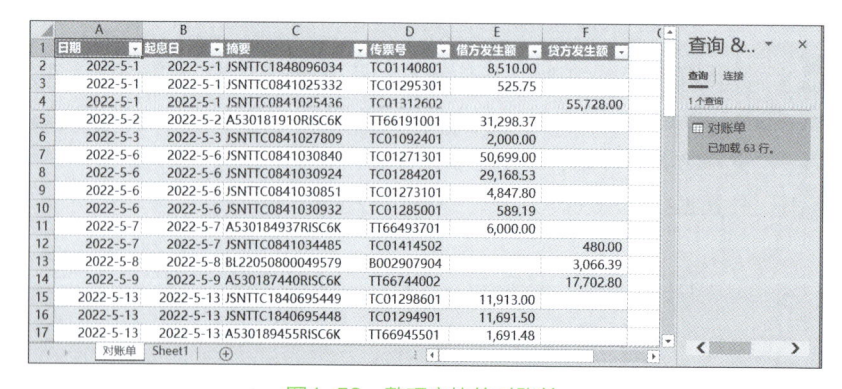

图4-52 整理完毕的对账单

### 4.3.3　从多个不规范文本文件中提取指定行数据

对于某些更不规范的文本文件，不仅有需要提取的数据，还有很多说明文字，但这些文本文件的数据结构和格式都是相同的，此时，如果我们需要从这些文本文件中提取数据，则使用Power Query是最方便的。

#### 案例 4-7

如图4-53所示，文件夹"案例4-7"下的子文件夹"CE文件"中有6个文本文件，其数据如图4-54所示，每个文本文件的数据结构完全相同。

下面要提取每个文本文件里的System Efficiency、Receiver Efficiency、Coupling Efficiency 和Maximum Efficiency 4个数据，要求的汇总表结构如图4-55所示。

图4-53　子文件夹"CE文件"中的6个文本文件

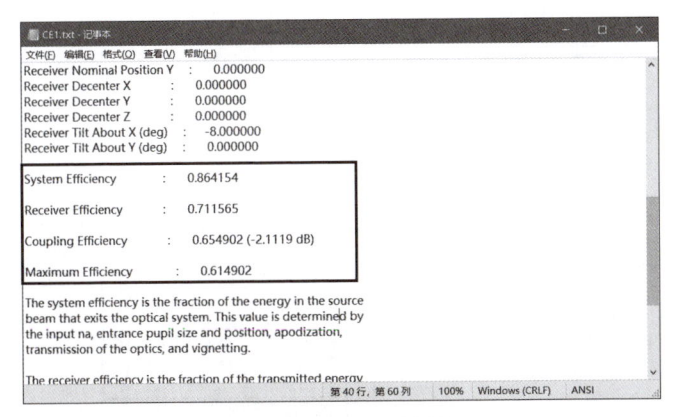

图4-54　各文件里的数据

图4-55　要求的汇总表结构

下面是主要步骤。

**步骤 1** 按照"案例4-3"介绍的方法,对"CE文件"夹中的文本文件进行汇总,结果如图4-56所示。

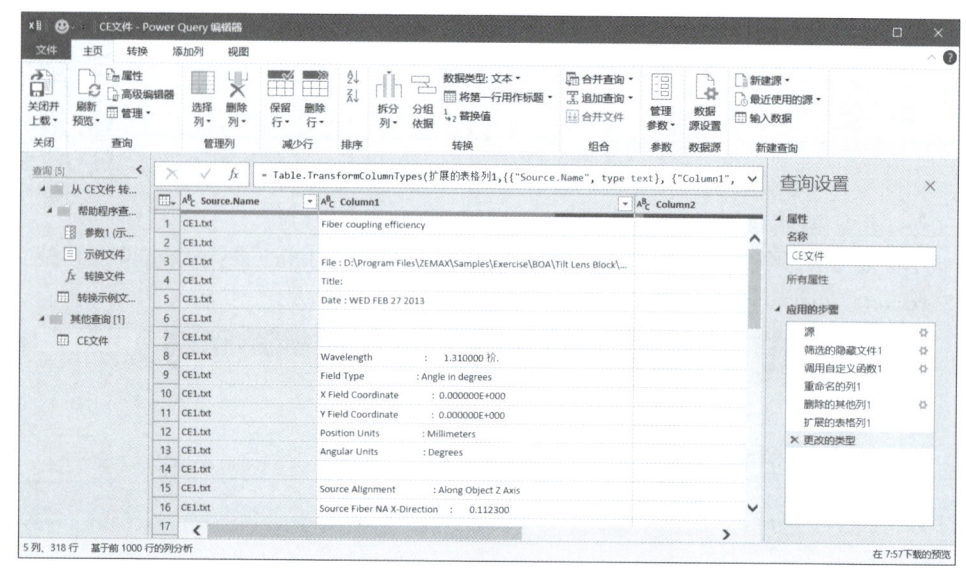

图4-56 6个文本文件数据的合并表

**步骤 2** 从第二列中选择要提取的4个数据,如图4-57所示。这里可以使用关键词Efficiency快速搜索筛选,就得到图4-58所示的结果。

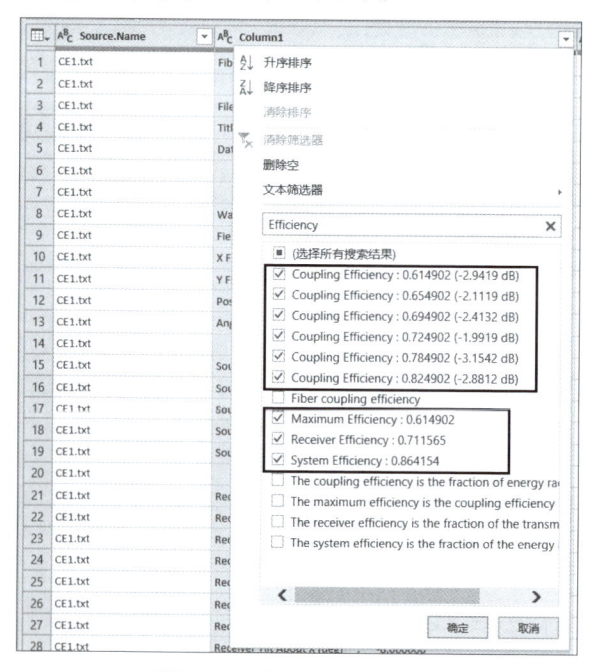

图4-57 选择要提取的数据

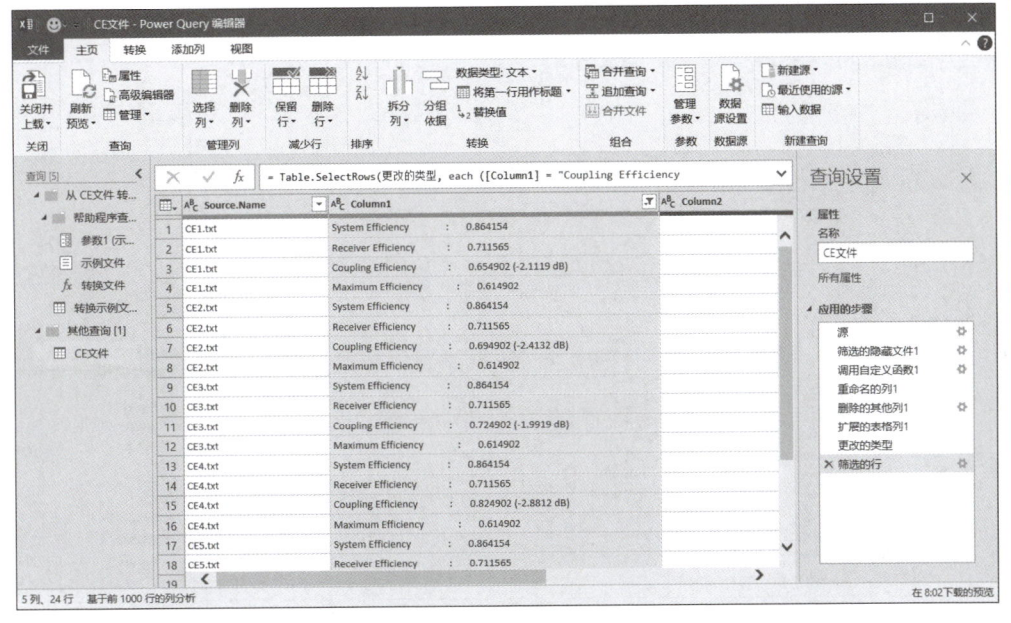

图4-58 筛选结果

**步骤 3** 删除不必要的列，并从第一列中提取CE名称，如图4-59所示。

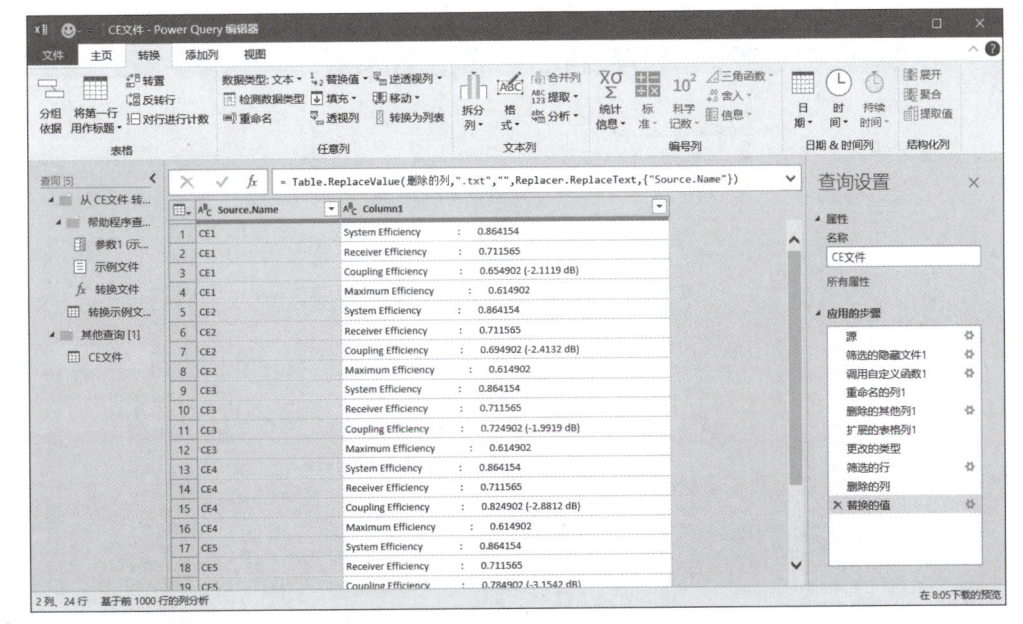

图4-59 从第一列中提取CE名称

**步骤 4** 选择第二列，按分隔符来拆分列，结果如图4-60所示。

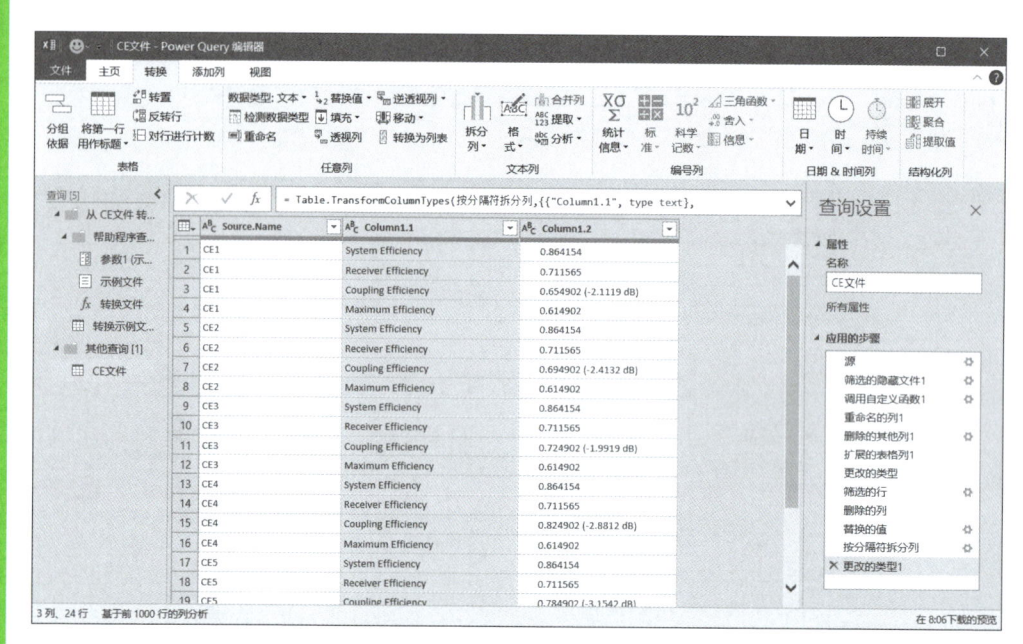

图4-60　按分隔符拆分列

**步骤5** 选择所有列，在"转换"选项卡中执行"格式"→"修正"命令，将所有列数据前后的空格清除，如图4-61所示。

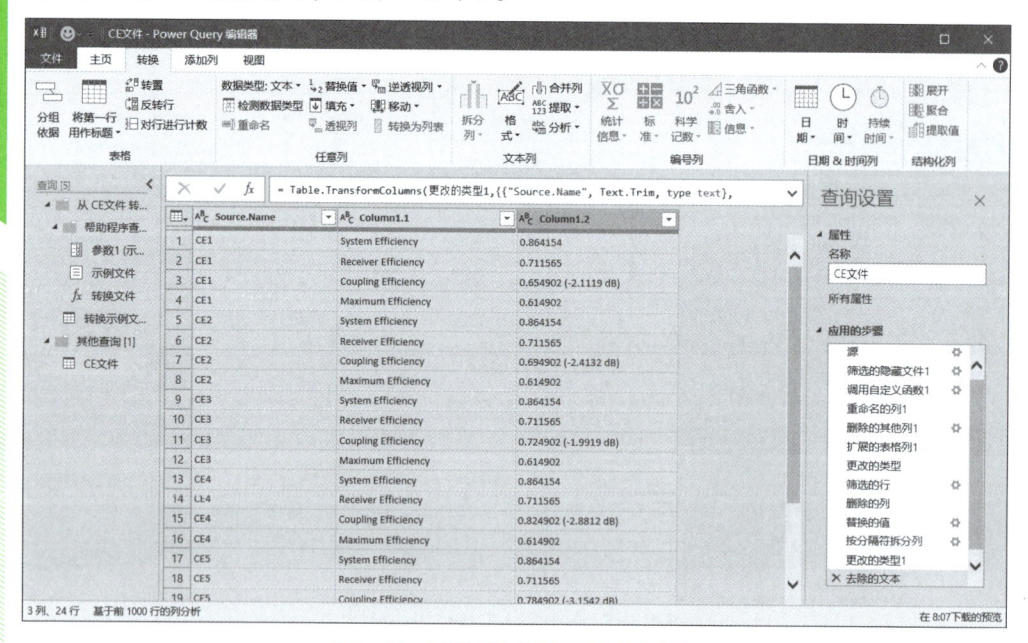

图4-61　清除所有列数据前后的空格

**步骤6** 选择第二列，在"转换"选项卡中执行"透视列"命令，打开"透视列"对话框，值列选择第三列"Column1.2"，聚合值函数选择"不要聚合"，如图4-62所示。

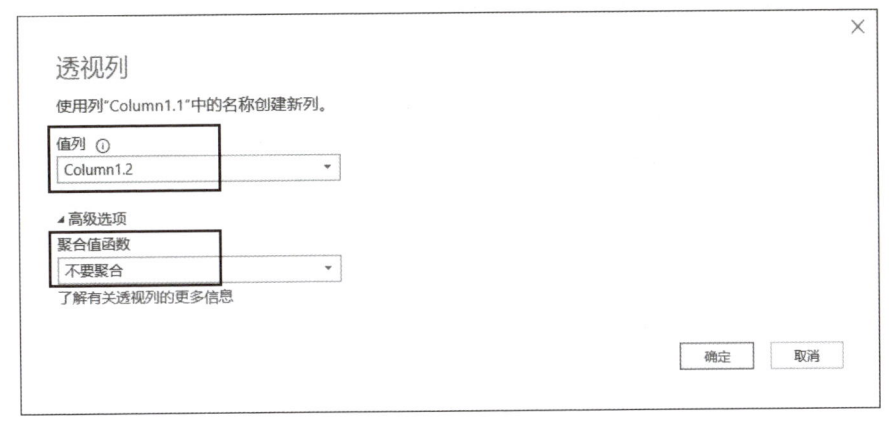

图4-62　准备透视指定的列

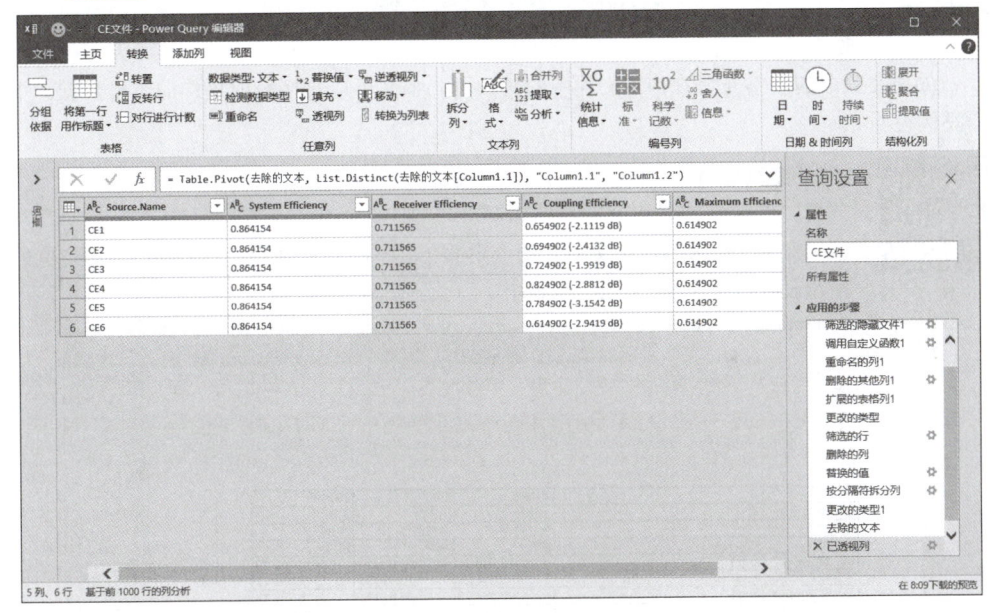

**步骤 7**　单击"确定"按钮，得到图4-63所示的表。

图4-63　透视列后的表

**步骤 8**　将第一列标题重命名为CE，再将数据导入Excel工作表，就得到图4-64所示的汇总结果。

| | A | B | C | D | E |
|---|---|---|---|---|---|
| 1 | CE | System Efficiency | Receiver Efficiency | Coupling Efficiency | Maximum Efficiency |
| 2 | CE1 | 0.864154 | 0.711565 | 0.654902 (-2.1119 dB) | 0.614902 |
| 3 | CE2 | 0.864154 | 0.711565 | 0.694902 (-2.4132 dB) | 0.614902 |
| 4 | CE3 | 0.864154 | 0.711565 | 0.724902 (-1.9919 dB) | 0.614902 |
| 5 | CE4 | 0.864154 | 0.711565 | 0.824902 (-2.8812 dB) | 0.614902 |
| 6 | CE5 | 0.864154 | 0.711565 | 0.784902 (-3.1542 dB) | 0.614902 |
| 7 | CE6 | 0.864154 | 0.711565 | 0.614902 (-2.9419 dB) | 0.614902 |

图4-64　汇总结果

# 第 5 章
# 使用Power Query采集与合并PDF文件数据

如果要分析一家上市公司的财报数据，就需要从其官方网站下载 PDF 格式文件到 Excel 中，很多用户通常都是手工复制粘贴，这样不仅费时费力，还要花大量时间整理表格。而 Power Query 则可以快速获取 PDF 文件数据，并且同时进行整理加工，制作分析底稿。

## 5.1 从PDF文件获取指定页的表格数据

如果要获取的表格正好在PDF文件中的某一页，那么可以直接获取这样的表格数据。下面举例说明。

**案例 5-1**

图5-1所示为PDF文件"历年财报.pdf"，共有两页，现在要求将第2页的损益表数据提取到Excel工作表中。

| 上市前/上市后 | | 2018年 上市后 | 2017年 上市后 | 2016年 上市后 |
|---|---|---|---|---|
| 报表类型 | | 合并报表 | 合并报表 | 合并报表 |
| 公司类型 | | 通用 | 通用 | 通用 |
| 一、营业总收入(万元) | | 102,956.20 | 113,028.79 | 114,963.28 |
| 营业收入(万元) | | 102,956.20 | 113,028.79 | 114,963.28 |
| 二、营业总成本(万元) | | 100,934.76 | 96,014.20 | 113,785.12 |
| 营业成本(万元) | | 72,921.21 | 71,316.01 | 89,964.16 |
| 研发费用(万元) | | 2,471.61 | 0.00 | 0.00 |
| 营业税金及附加(万元) | | 635.34 | 946.63 | 621.72 |
| 销售费用(万元) | | 1,812.81 | 1,947.83 | 1,931.29 |
| 管理费用(万元) | | 18,233.65 | 16,761.97 | 12,439.59 |
| 财务费用(万元) | | 2,666.25 | 1,140.92 | 789.60 |
| 其中:利息费用(万元) | | 2,227.75 | 0.00 | 0.00 |
| 其中:利息收入(万元) | | 321.49 | 0.00 | 0.00 |
| 资产减值损失(万元) | | 2,193.92 | 3,900.84 | 8,038.74 |
| 三、其他经营收益 | | 0.00 | 0.00 | 0.00 |
| 加:公允价值变动收益(万元) | | 6.23 | 0.00 | 0.00 |
| 加:投资收益(万元) | | 868.96 | 607.21 | 181.63 |
| 其中:对联营企业和合营企业的投资收益(万元) | | 875.88 | 28.06 | -295.85 |
| 资产处置收益(万元) | | 1,186.33 | 0.00 | 0.00 |
| 其他收益(万元) | | 16,921.61 | 0.00 | 0.00 |

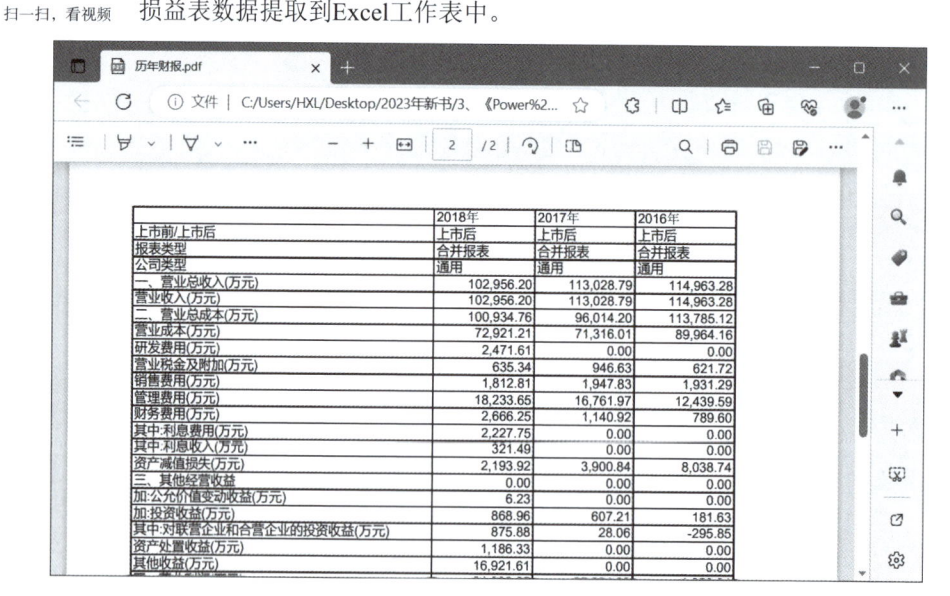

图5-1 PDF文件

**步骤①** 在"数据"选项卡中，执行"获取数据"→"来自文件"→"来自PDF"命令，如图5-2所示。

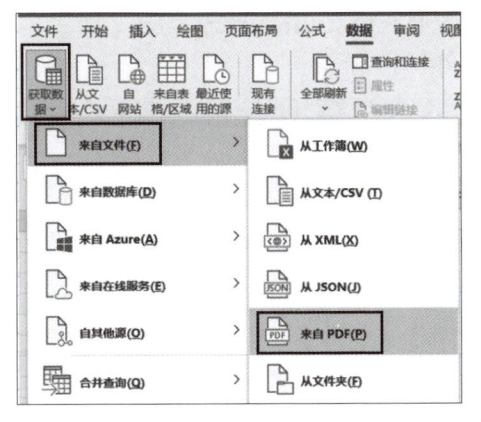

图5-2 执行"获取数据"→"来自文件"→"来自PDF"命令

**步骤 2** 打开"导入数据"对话框，从文件夹中选择该PDF文件，如图5-3所示。

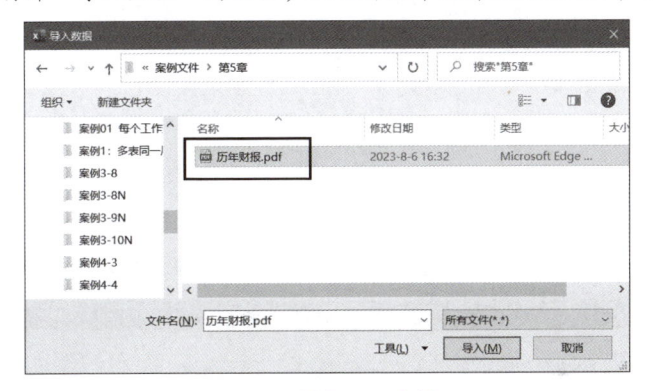

图5-3 选择PDF文件

**步骤 3** 单击"导入"按钮，打开"导航器"对话框，如图5-4所示。在导航器左侧列出了PDF文件中的所有表格及其所在页。

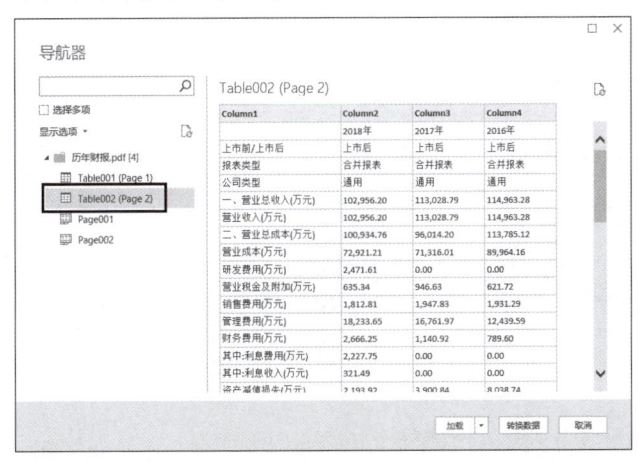

图5-4 "导航器"对话框

**步骤④** 选择要导入数据的表Table002(Page2)，单击"转换数据"按钮，打开Power Query编辑器，如图5-5所示。

图5-5　Power Query编辑器

**步骤⑤** 整理加工这个表格，如提升标题、筛选掉无关数据、设置数据类型、重命名标题、重命名查询名称等，得到一个整理好的表，如图5-6所示。

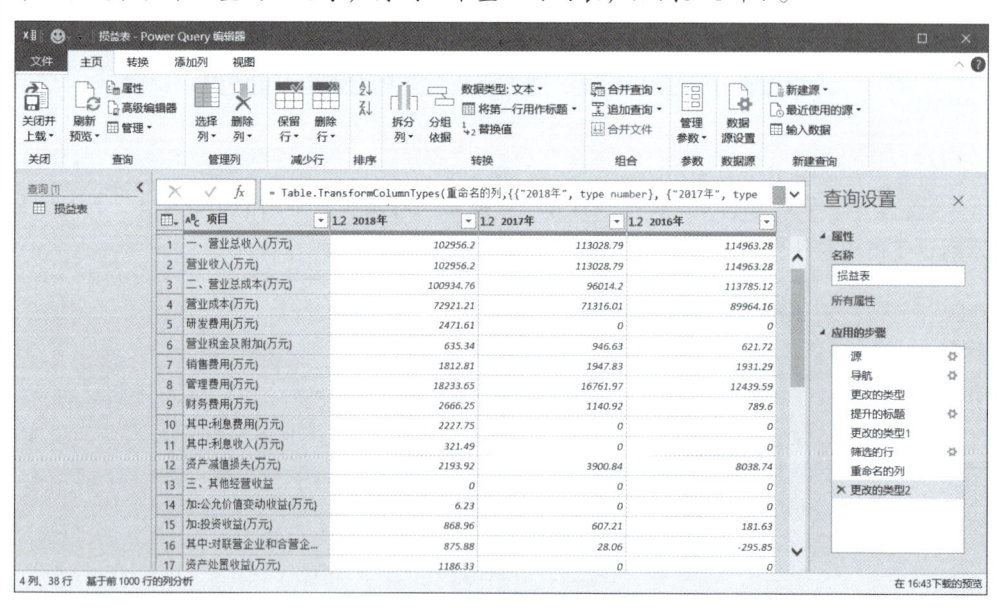

图5-6　整理好的表

**步骤⑥** 将数据导入Excel工作表，如图5-7所示。

图5-7 导入的PDF表格数据

## 5.2 从PDF文件获取跨页的表格数据

如果PDF文件中的表格被分成几部分保存在连续的几页中，也可以使用Power Query快速提取合并这几页的表格。下面举例说明。

### 案例 5-2

图5-8～图5-11是PDF文件"半年度报告.PDF"的合并资产负债表数据，分4页分别保存在第46页、第47页、第48页和第49页，现在要求提取这4页的资产负债表数据，进行整理加工，并将数据导入Excel工作表中。

图5-8 第46页部分表格

| | | |
|---|---|---|
| 固定资产 | 204,065,993.23 | 208,695,560.35 |
| 在建工程 | 3,848,677.79 | 9,097,030.31 |
| 工程物资 | | |
| 固定资产清理 | | |
| 生产性生物资产 | | |
| 油气资产 | | |
| 无形资产 | 22,396,525.42 | 22,968,660.11 |
| 开发支出 | | |
| 商誉 | | |
| 长期待摊费用 | 3,268,904.12 | 2,255,101.97 |
| 递延所得税资产 | 7,097,646.53 | 6,760,664.93 |
| 其他非流动资产 | | |
| 非流动资产合计 | 240,677,747.09 | 249,777,017.67 |
| 资产总计 | 718,267,159.57 | 700,607,554.28 |
| 流动负债： | | |
| 短期借款 | 40,000,000.00 | |
| 向中央银行借款 | | |
| 吸收存款及同业存放 | | |
| 拆入资金 | | |
| 以公允价值计量且其变动计入当期损益的金融负债 | | |
| 衍生金融负债 | | |
| 应付票据 | 10,950,000.00 | 4,700,000.00 |

图5-9　第47页部分表格

| | | |
|---|---|---|
| 代理买卖证券款 | | |
| 代理承销证券款 | | |
| 划分为持有待售的负债 | | |
| 一年内到期的非流动负债 | 41,976,282.47 | 42,524,535.17 |
| 其他流动负债 | | |
| 流动负债合计 | 173,885,317.03 | 158,126,788.06 |
| 非流动负债： | | |
| 长期借款 | | |
| 应付债券 | | |
| 其中：优先股 | | |
| 永续债 | | |
| 长期应付款 | | |
| 长期应付职工薪酬 | | |
| 专项应付款 | | |
| 预计负债 | | |
| 递延收益 | 40,263,347.82 | 41,110,856.70 |
| 递延所得税负债 | | |
| 其他非流动负债 | | |
| 非流动负债合计 | 40,263,347.82 | 41,110,856.70 |
| 负债合计 | 214,148,664.85 | 199,237,644.78 |
| 所有者权益： | | |
| 股本 | 186,000,000.00 | 186,000,000.00 |
| 其他权益工具 | | |

图5-10　第48页部分表格

| | | |
|---|---|---|
| 其中：优先股 | | |
| 永续债 | | |
| 资本公积 | 171,163,616.03 | 168,255,765.97 |
| 减：库存股 | | |
| 其他综合收益 | | |
| 专项储备 | | |
| 盈余公积 | 23,767,687.61 | 23,767,687.61 |
| 一般风险准备 | | |
| 未分配利润 | 110,159,891.73 | 108,568,387.93 |
| 归属于母公司所有者权益合计 | 491,091,195.37 | 486,591,841.51 |
| 少数股东权益 | 13,027,299.35 | 14,778,067.99 |
| 所有者权益合计 | 504,118,494.72 | 501,369,909.50 |
| 负债和所有者权益总计 | 718,267,159.57 | 700,607,554.28 |

图5-11　第49页部分表格

**步骤①** 在"数据"选项卡中,执行"获取数据"→"来自文件"→"来自PDF"命令,选择PDF文件,打开"导航器"对话框,选择"选择多项"复选框,然后再选择这4页的表格Table049(Page 46)、Table050(Page 47)、Table051(Page 48)、Table052(Page 49),如图5-12所示。

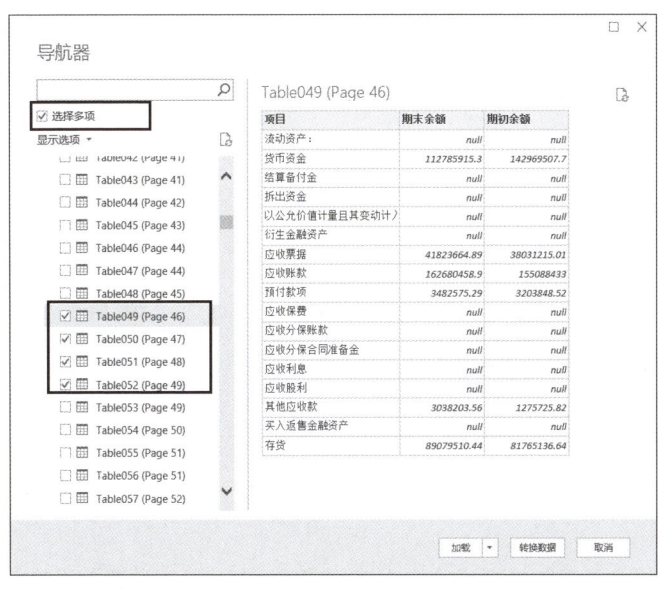

图5-12 选择要采集合并的4个表

**步骤②** 单击"转换数据"按钮,打开Power Query编辑器浏览表格,如图5-13所示。

图5-13 在Power Query编辑器中浏览4个表格

**步骤③** 修改各列标题名称分别为"项目""期末余额""期初余额",如图5-14所示。

图5-14 修改每个表的列标题

**步骤 4** 在"主页"选项卡中,执行"追加查询"→"将查询追加为新查询"命令,打开"追加"对话框,选中"三个或更多表"单选按钮,再将要合并的4个表添加到右侧的列表中,如图5-15所示。

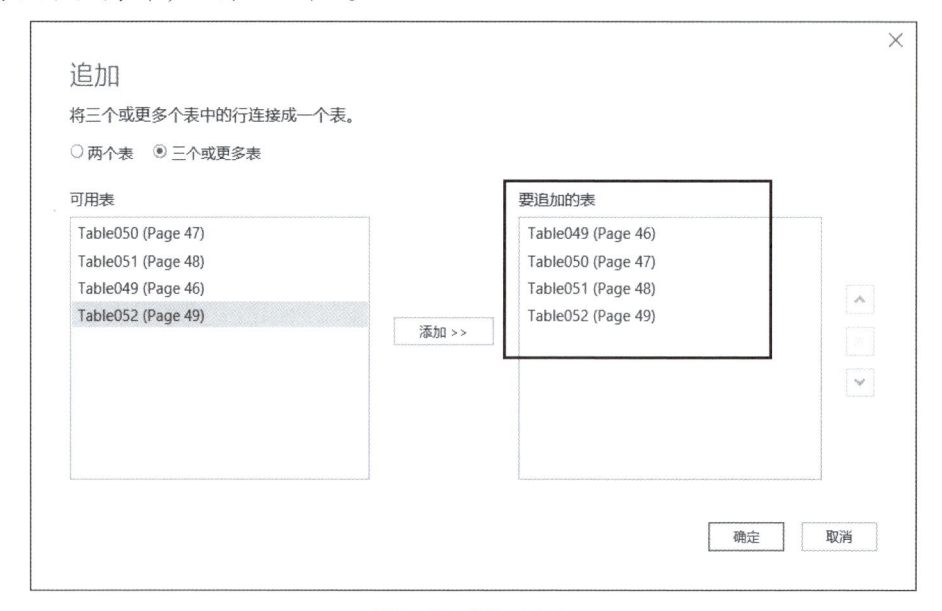

图5-15 添加4个表

**步骤 5** 单击"确定"按钮,即可得到合并后的表,如图5-16所示。

图5-16 合并后的表

**步骤6** 由于采集数据的目的是要分析数据，那些没有数据（期末余额和期初余额都为null或者都是空单元格）的行没必要保留，因此添加一个自定义列，公式如下，如图5-17所示。

```
= ([期末余额]=null and [期初余额]=null) or ([期末余额]="" and [期初余额]="")
```

图5-17 设置自定义列

**步骤7** 单击"确定"按钮，就得到一个自定义列，其值为逻辑值TRUE或者FALSE，如图5-18所示。TRUE表示期末余额和期初余额都为null，或者期末余额和期初余额都为空单元格，FALSE表示期末余额和期初余额两个不都是null，或者期末余额和期初余额两个不都是空值。

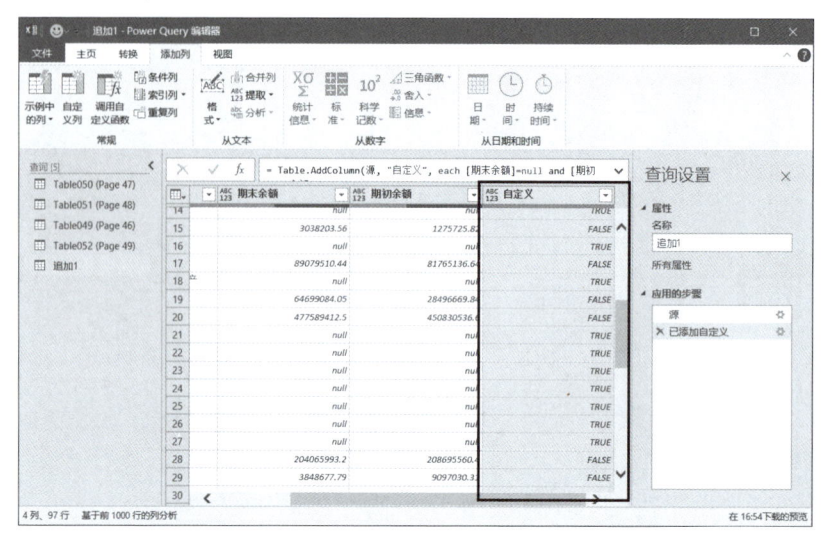

图5-18 添加的自定义列

**步骤 8** 在"自定义"列中,筛选掉值为TRUE的行,保留值为FALSE的行,如图5-19所示。注意,如果表格的底部有其他无关的说明文字,也一并筛选掉。

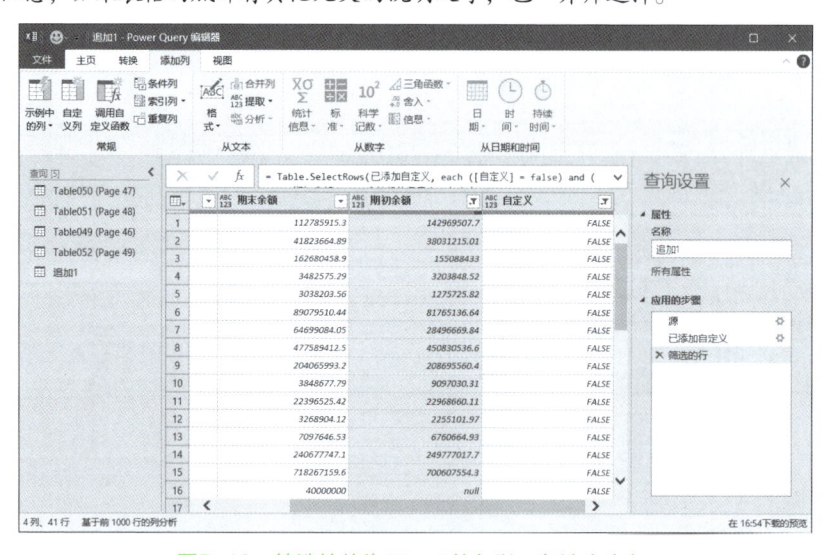

图5-19 筛选掉值为TRUE的行以及备注文字行

**步骤 9** 删除"自定义"列,设置另两列金额的数据类型为小数,再将默认的查询名称"追加1"修改为"合并资产负债表"。

**步骤 10** 执行"文件"→"关闭并上载至"命令,打开"导入数据"对话框,选中"仅创建连接"单选按钮,如图5-20所示,单击"确定"按钮,就得到了5个查询连接,如图5-21所示。

这里必须选择"仅创建连接"单选按钮，否则会导出5个查询表（原始的4个表和合并表）。

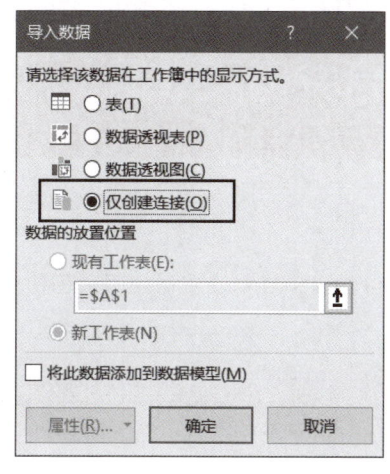

图5-20 选中"仅创建连接"单选按钮

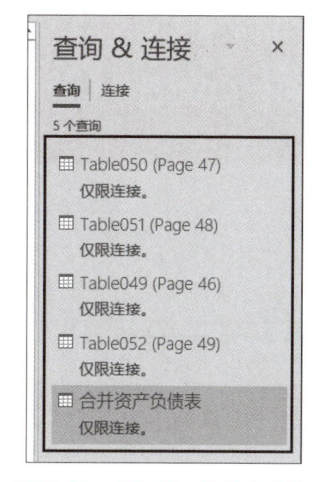

图5-21 得到的5个查询连接

**步骤11** 右击"合并资产负债表"，执行"加载到"命令，重新打开"导入数据"对话框，选中"表"和"新工作表"单选按钮，如图5-22所示。

**步骤12** 单击"确定"按钮，将查询"合并资产负债表"数据单独导入Excel工作表，如图5-23所示。

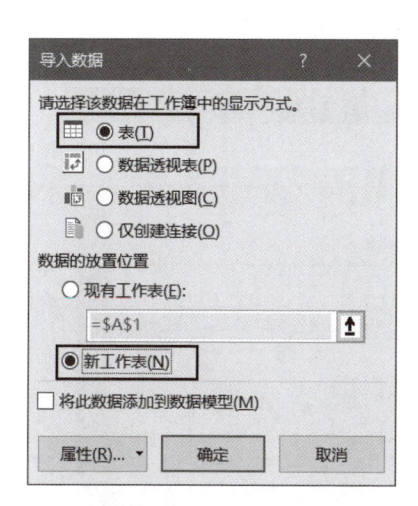

图5-22 选中"表"和"新工作表"单选按钮

图5-23 从PDF文件导出的合并资产负债表数据

| 项目 | 期末余额 | 期初余额 |
|---|---|---|
| 货币资金 | 112,785,915.33 | 142,969,507.74 |
| 应收票据 | 41,823,664.89 | 38,031,215.01 |
| 应收账款 | 162,680,458.92 | 155,088,433.04 |
| 预付款项 | 3,482,575.29 | 3,203,848.52 |
| 其他应收款 | 3,038,203.56 | 1,275,725.82 |
| 存货 | 89,079,510.44 | 81,765,136.64 |
| 其他流动资产 | 64,699,084.05 | 28,496,669.84 |
| 流动资产合计 | 477,589,412.48 | 450,830,536.61 |
| 固定资产 | 204,065,993.23 | 208,695,560.35 |
| 在建工程 | 3,848,677.79 | 9,097,030.31 |
| 无形资产 | 22,396,525.42 | 22,968,660.11 |
| 其他应付款 | 335,884.00 | 248,194.46 |
| 一年内到期的非流动负债 | 41,976,282.47 | 42,524,535.17 |
| 流动负债合计 | 173,885,317.03 | 158,126,788.08 |
| 递延收益 | 40,263,347.82 | 41,110,856.70 |
| 非流动负债合计 | 40,263,347.82 | 41,110,856.70 |
| 负债合计 | 214,148,664.85 | 199,237,644.78 |
| 股本 | 186,000,000.00 | 186,000,000.00 |
| 资本公积 | 171,163,616.03 | 168,255,765.97 |
| 盈余公积 | 23,767,687.61 | 23,767,687.61 |
| 未分配利润 | 110,159,891.73 | 108,568,387.93 |
| 归属于母公司所有者权益合计 | 491,091,195.37 | 486,591,841.51 |
| 少数股东权益 | 13,027,299.35 | 14,778,067.99 |
| 所有者权益合计 | 504,118,494.72 | 501,369,909.50 |
| 负债和所有者权益总计 | 718,267,159.57 | 700,607,554.28 |

# 第 6 章
# 使用Power Query采集与合并网页数据

当需要从网页获取表格数据进行分析时，Power Query 可以在获取网页数据的同时，对数据进行整理加工，制作分析底稿。

## 6.1 获取网页上的指定表格

某个网页上可能只有一个表格，也可能有多个表格，我们可以使用Power Query快速采集该网页指定的表格。下面举例说明。

### 6.1.1 网页只有一个完整表格

如果在当前网页上只有一个表格，而且这个表格是完整显示的，那么可以直接采集该表格数据，并同时进行整理加工。

◆ 案例 6-1

图6-1是东方财富网某个网页上的数据，现在要将该表格数据导入Excel工作表，并同时进行整理加工。

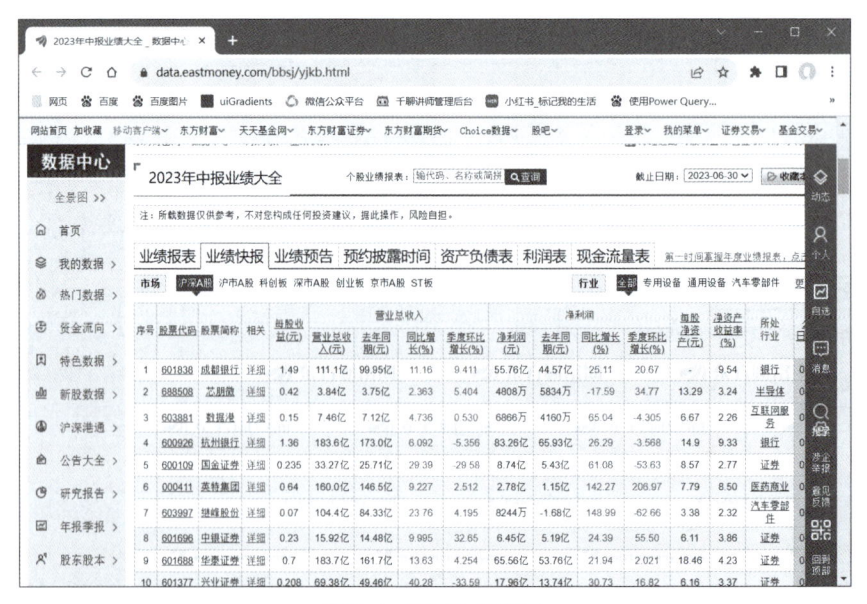

图6-1 网页表格数据

**步骤 1** 在"数据"选项卡中，单击"自网站"命令按钮，如图6-2所示，或者执行"获取数据"→"自其他源"→"自网站"命令，如图6-3所示。

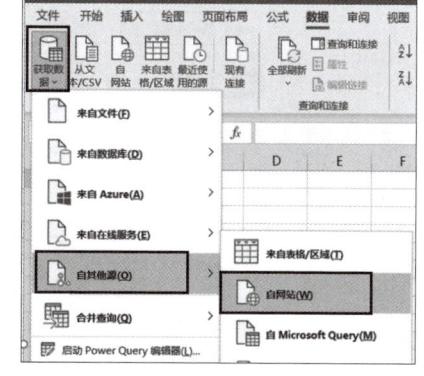

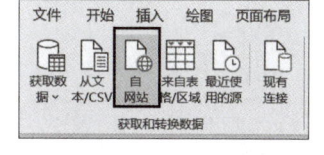

图6-2 "自网站"命令按钮

图6-3 执行"获取数据"→"自其他源"→"自网站"命令

**步骤 2** 打开"从Web"对话框，输入要采集数据的网址，如图6-4所示。

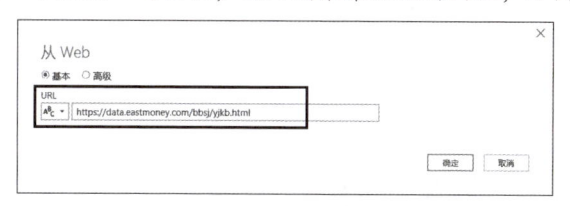

图6-4 输入网址

**步骤 3** 单击"确定"按钮，打开导航器，在左侧选择表Table 0，就可以看到要导入的表格数据，如图6-5所示。

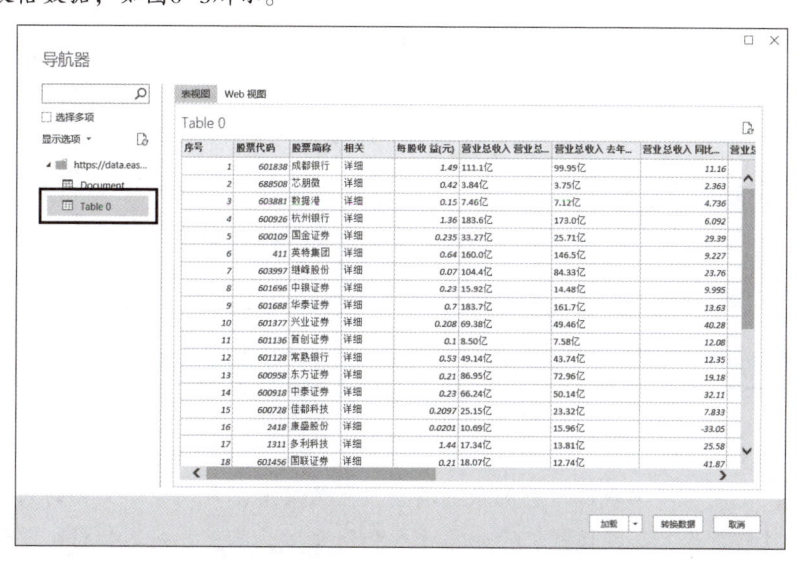

图6-5 导航器

如果要查看网页页面，就在导航器上单击"Web视图"选项，如图6-6所示。

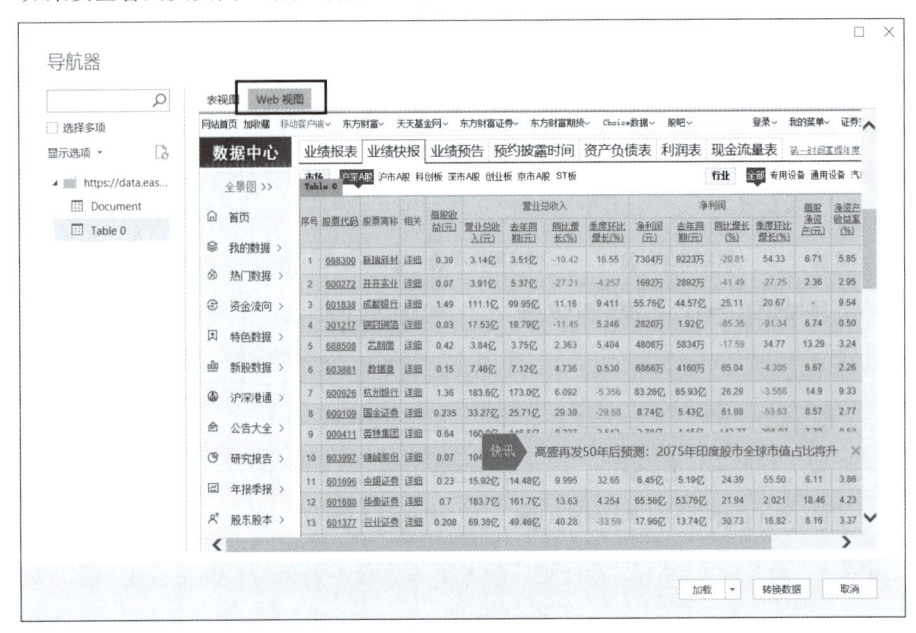

图6-6　Web视图

**步骤④**　单击"转换数据"按钮，打开Power Query编辑器，如图6-7所示。

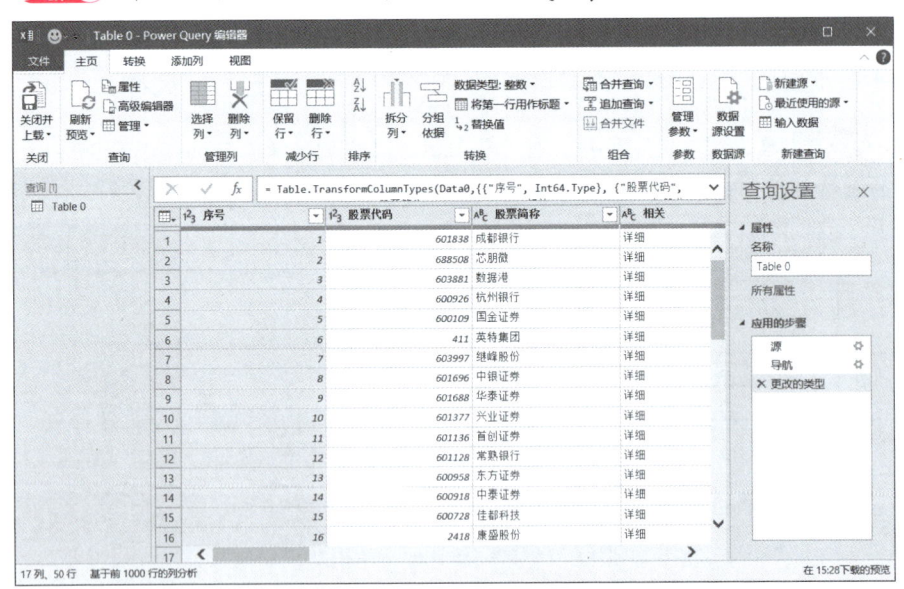

图6-7　Power Query编辑器

**步骤⑤**　将"股票代码"列的数据类型设置为文本，再删除不需要的列，保留股票代码、股票简称、每股收益、营业总收入和同比增长率、净利润和同比增长率、净资产收益率，如图6-8所示。

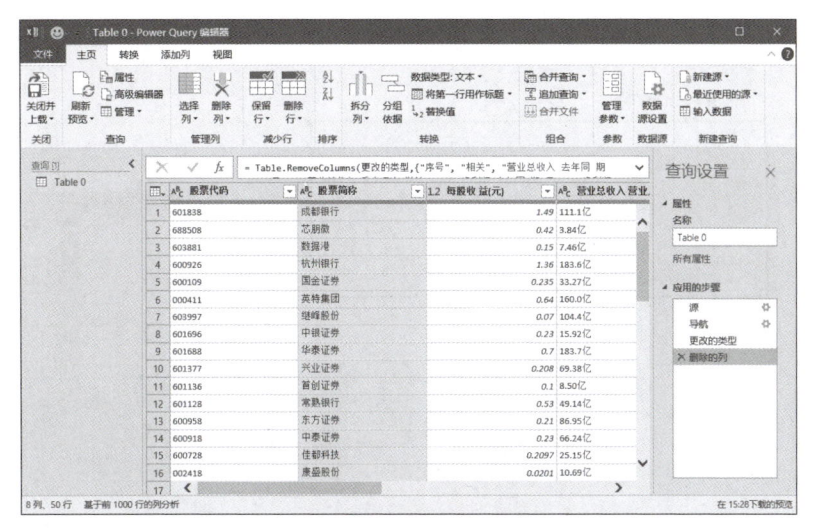

图6-8 删除不需要的列

**步骤6** 为各列标题重命名,以便于后面处理数据,如图6-9所示。

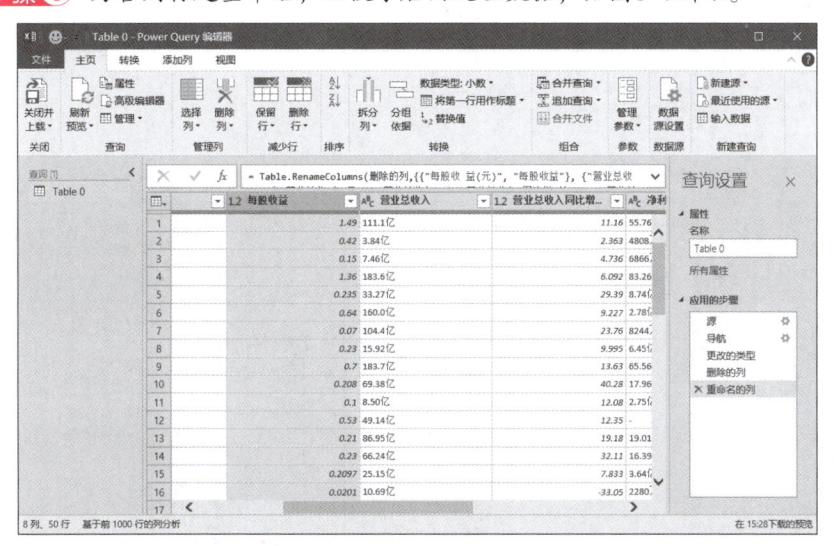

图6-9 重命名各列

**步骤7** "营业总收入"列的数据不是数字,是带单位的文本,我们需要对其进行处理,这里统一处理为万元,因此添加一个自定义列"自定义",公式如下,如图6-10所示。

```
if Text.End([营业总收入],1)="亿" then
Number.FromText(Text.Replace([营业总收入],"亿",""))*1000
else if Text.End([营业总收入],1)="万" then
Number.FromText(Text.Replace([营业总收入],"万",""))
else [营业总收入]
```

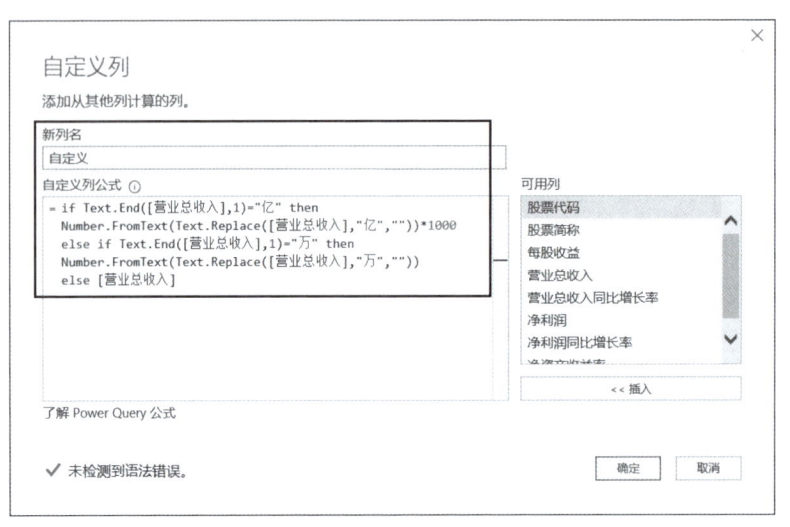

图6-10 设置"自定义"列

**步骤 8** 单击"确定"按钮,即可得到图6-11所示的结果。

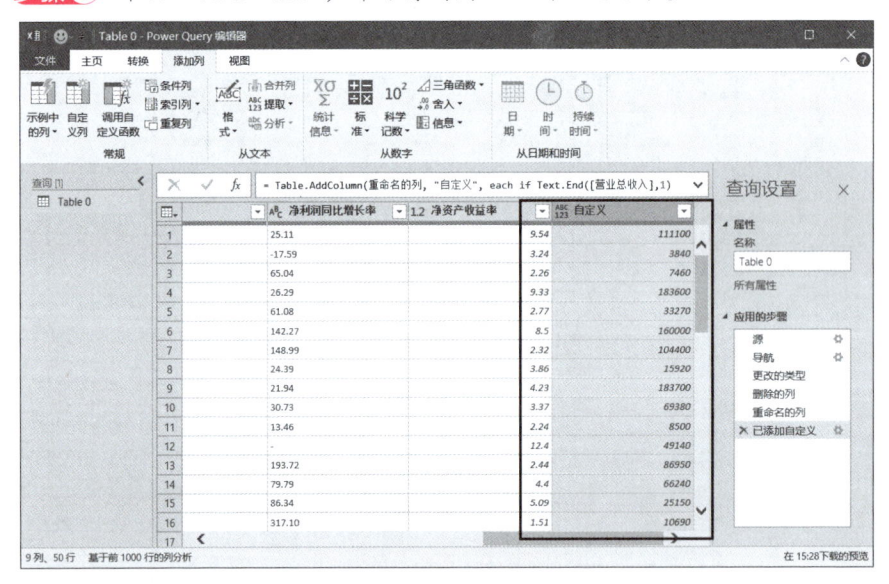

图6-11 添加"自定义"列

**步骤 9** 采用相同的方法,再添加一个自定义列"自定义.1",处理净利润数据,公式如下,结果如图6-12所示。

```
= if Text.End([净利润],1)="亿" then
Number.FromText(Text.Replace([净利润],"亿",""))*1000
else if Text.End([净利润],1)="万" then
Number.FromText(Text.Replace([净利润],"万",""))
else [净利润]
```

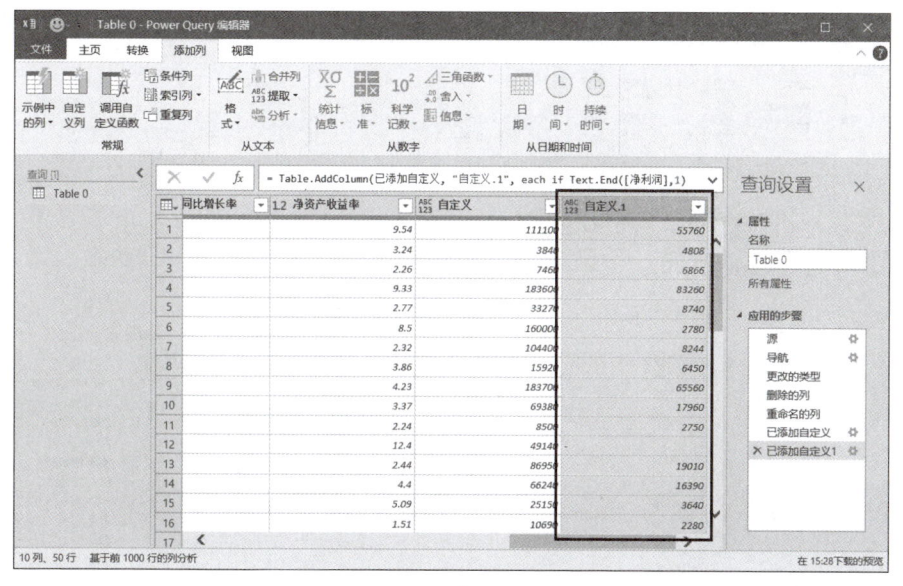

图6-12 添加"自定义.1"列

**步骤⑩** 删除原有的"营业总收入"和"净利润"列,再将两个自定义列的标题修改为"营业总收入"和"净利润",调整列的顺序,然后选择所有数字列,设置数据类型为小数,如图6-13所示。

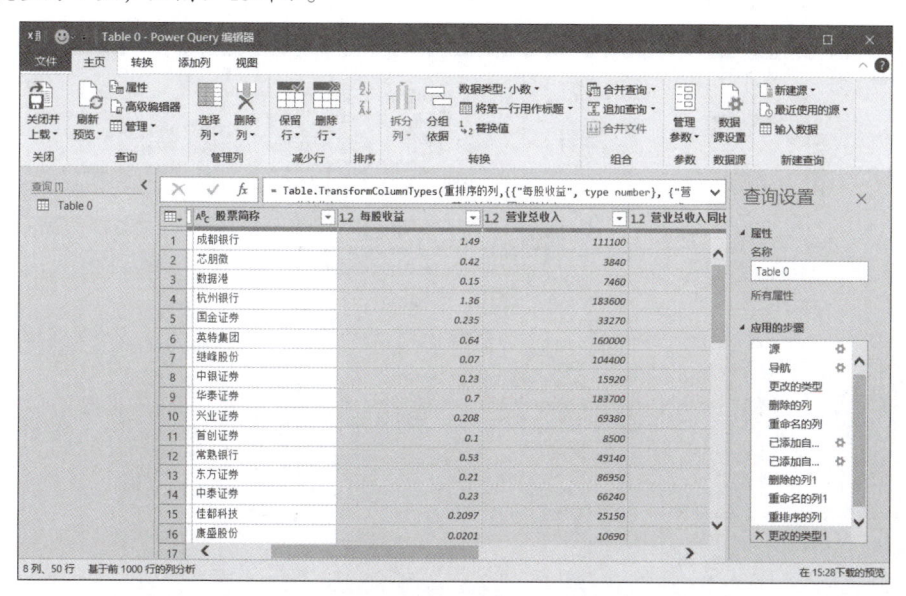

图6-13 整理各列数据

**步骤⑪** 增长率和净资产收益率是以百分比为单位的数字。例如,"11.16"就是增长11.16%,因此分别选择这两列,在"转换"选项卡中执行"标准"→"除"命令,将它们除以100,变成小数,然后将这三列的数据类型设置为百分比,如图6-14所示。

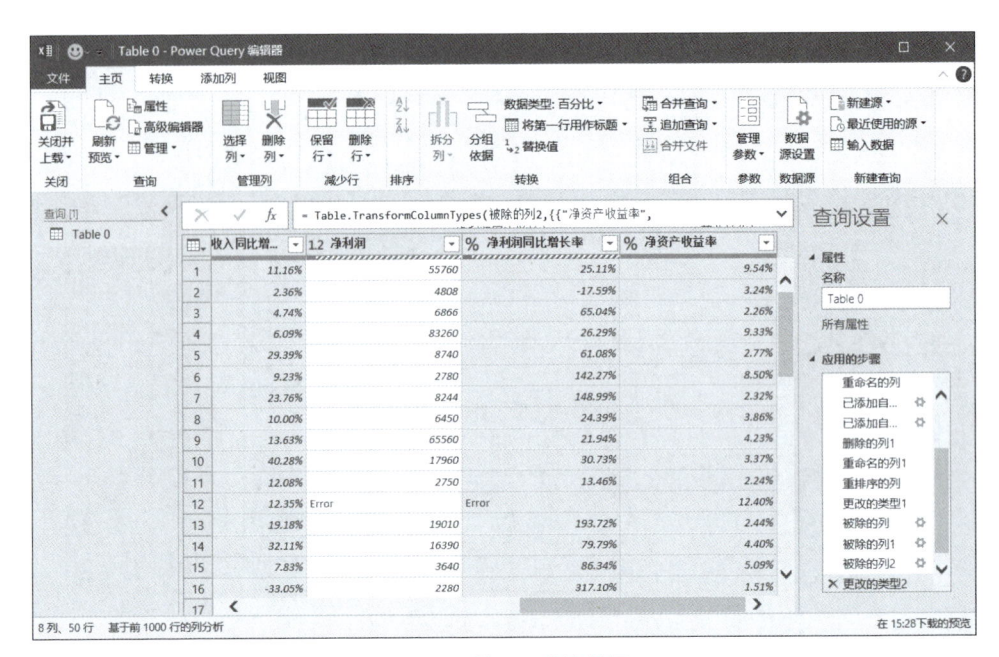

图6-14 整理百分比数据

**步骤12** 如果要按照每股收益进行降序排序，就选择该列，在"主页"选项卡中，单击降序排序按钮即可，如图6-15所示。

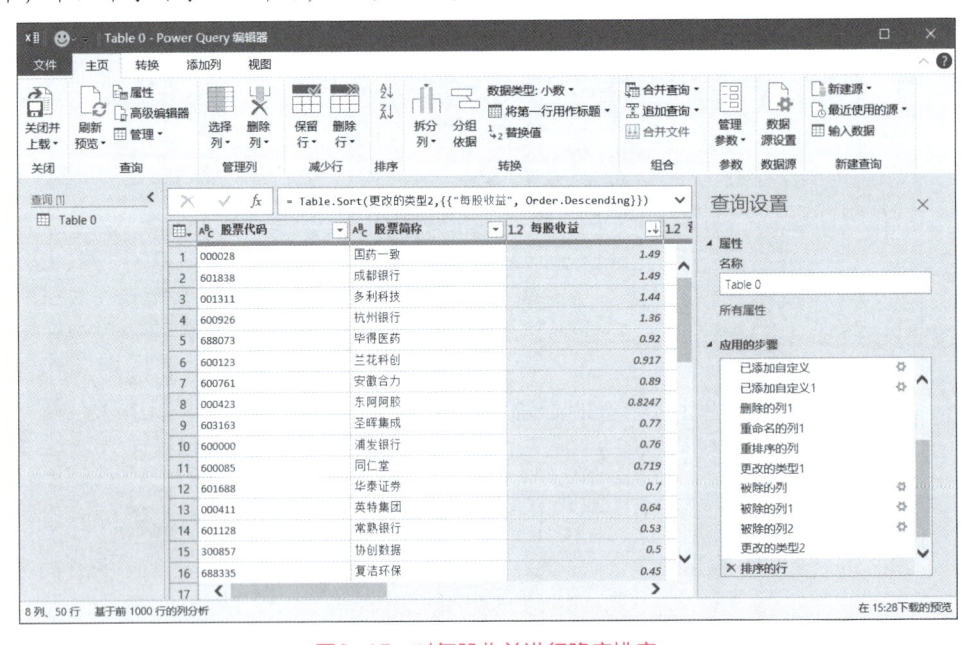

图6-15 对每股收益进行降序排序

**步骤13** 将默认的查询名称Table 0修改为"业绩快报"，再将数据导入Excel工作表，如图6-16所示。

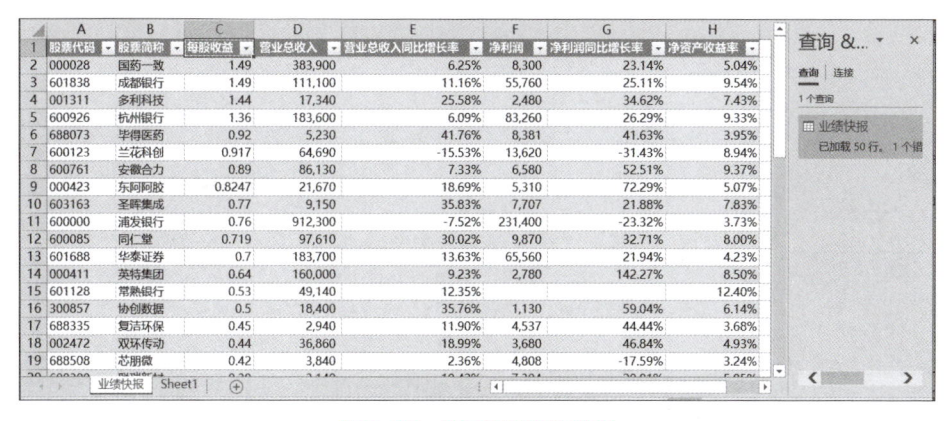

图6-16 从网页采集的数据

## 6.1.2 一个网页上有多个表格

如果一个网页上有多个表格，会在导航器上列示这些表格，表格名称为Table 0、Table 1、Table 2等，我们需要选择要导出的表格，再进入Power Query编辑器进行处理。

### 案例 6-2

图6-17是东方财富网某个网页上的数据，该网页有多个表，现在要将某个表格数据导入Excel工作表。

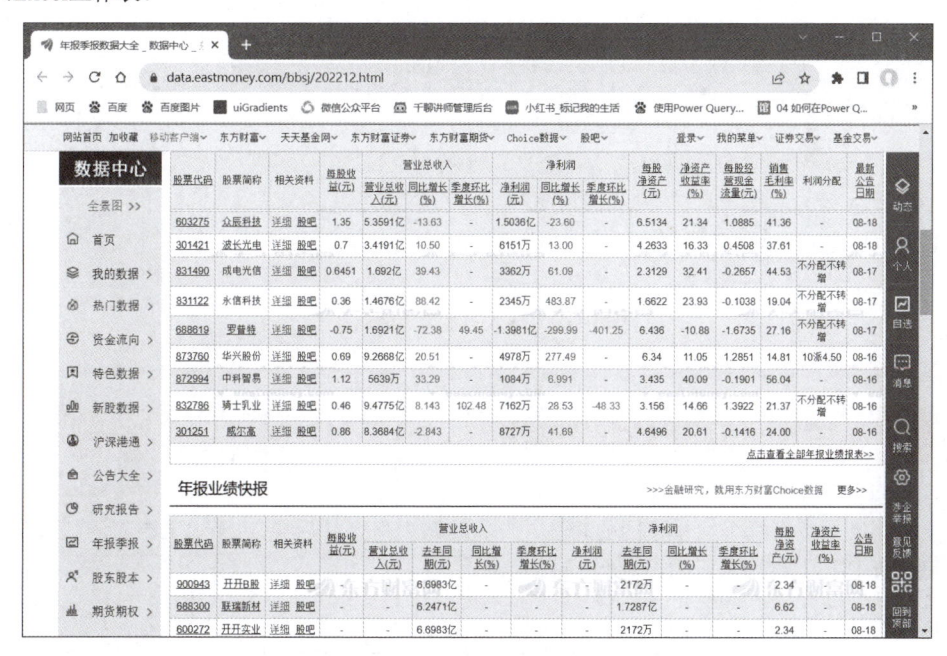

图6-17 网页表格数据

采用前面介绍的方法，打开导航器，如图6-18所示，在左侧会列示网页上的几个表。

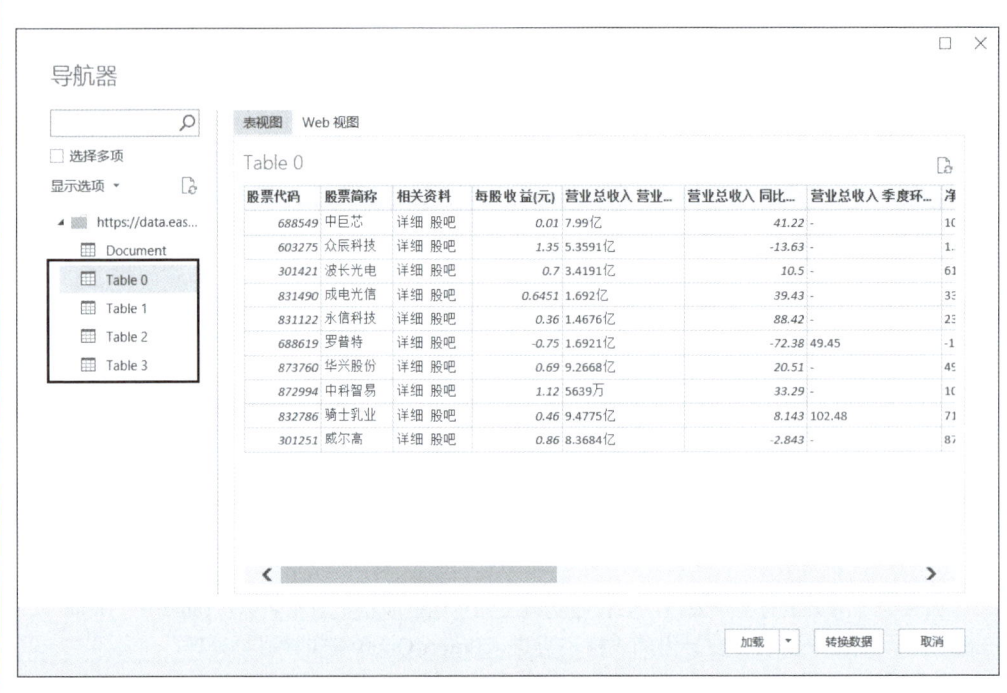

图6-18 网页上的表格

选择某个表，先进行浏览，然后单击"转换数据"按钮，打开Power Query编辑器，对数据进行必要的整理加工，最后将数据导入Excel工作表，图6-19就是一个示例效果。

图6-19 导入的某个表格数据

## 6.2 合并导出网页上的表数据

如果网页上有几个结构相同的表格，要将这些表格合并后导入Excel工作表，则可以使用追加查询工具来实现。下面举例说明。

### 案例 6-3

图6-20是东方财富网某个网页上的数据（网址http://quote.eastmoney.com/center/hsbk.html），现在要将网页上的6个表格数据合并后导入Excel工作表。

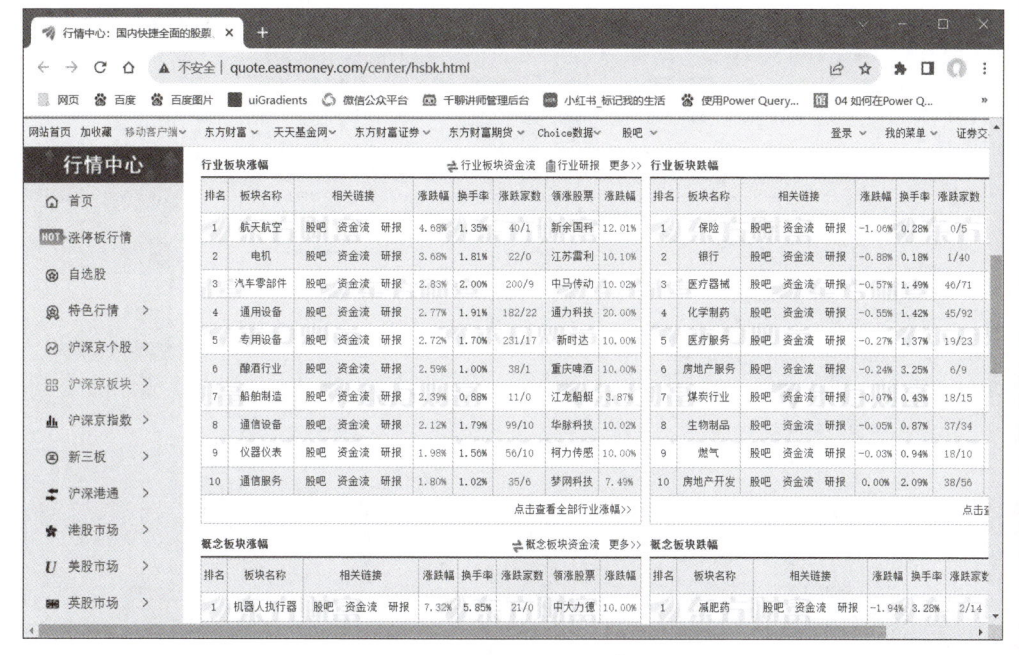

图6-20 网页上的表格数据

采用前面介绍的方法，打开导航器，选择"选择多项"复选框，再选择要合并导出的几个表，如图6-21所示。

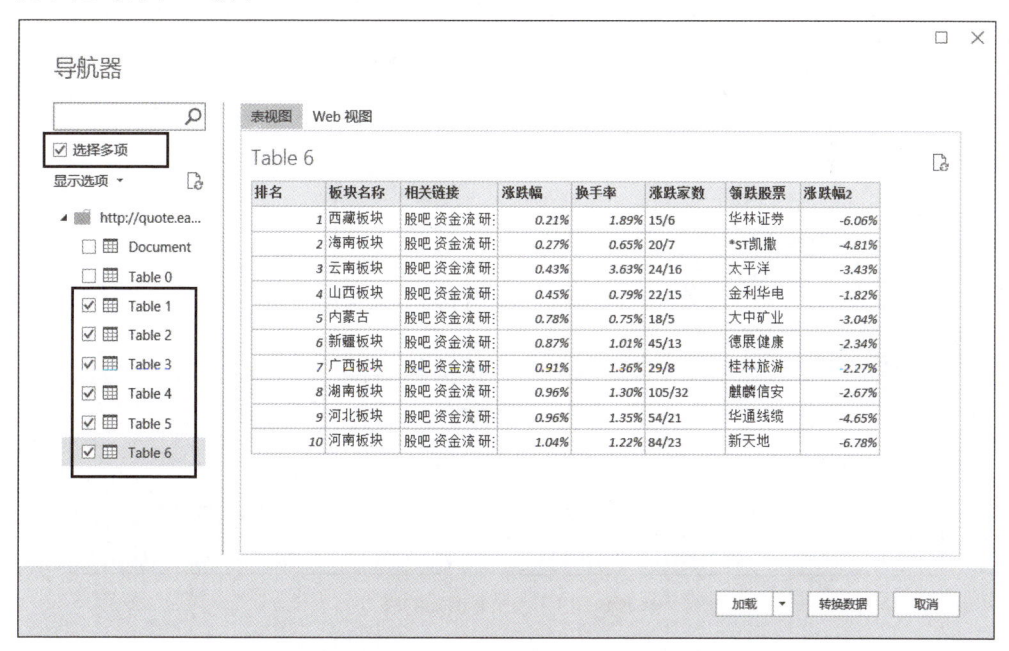

图6-21 选择要合并导出的表

单击"转换数据"按钮，打开Power Query编辑器，如图6-22所示。

193

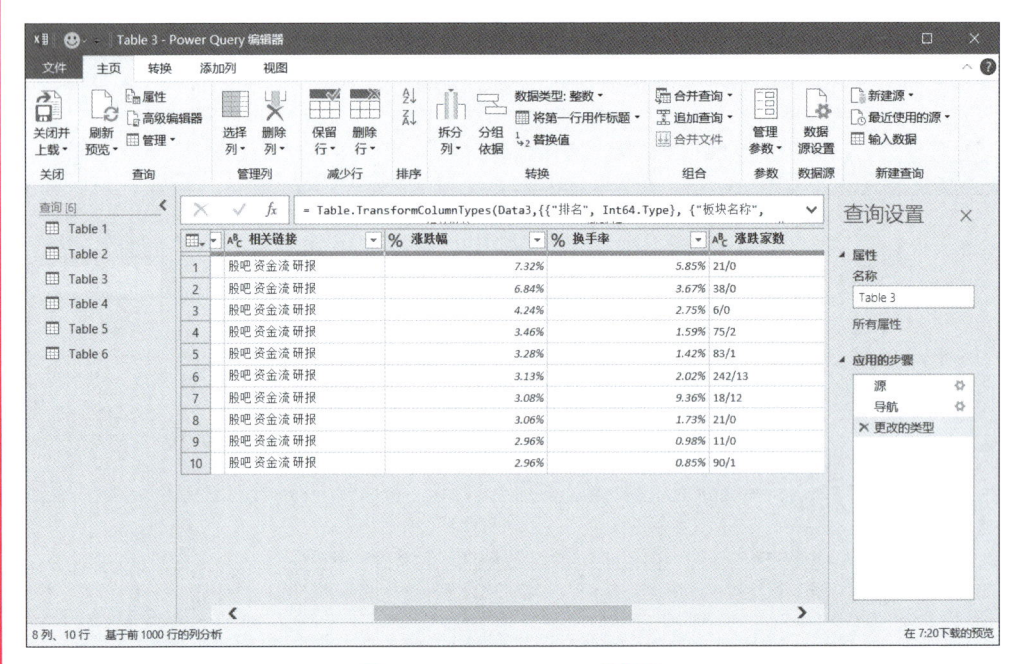

图6-22 Power Query编辑器

执行"追加查询"→"将查询追加为新查询"命令，打开"追加"对话框，先选择"三个或更多表"单选按钮，再将要合并的6个表添加到右侧列表中，如图6-23所示。

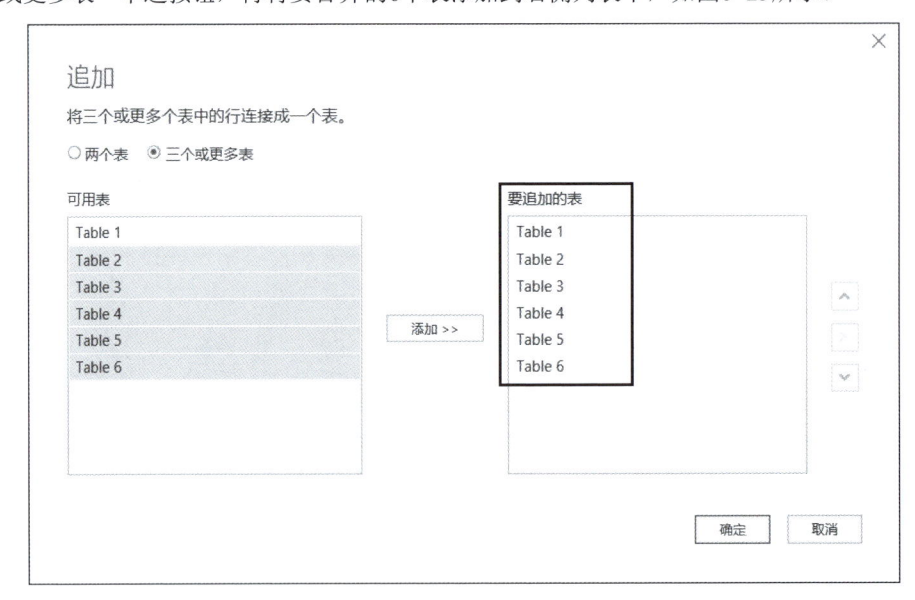

图6-23 添加要追加的表

单击"确定"按钮，即可将选择的6个表合并成一个新表，如图6-24所示。

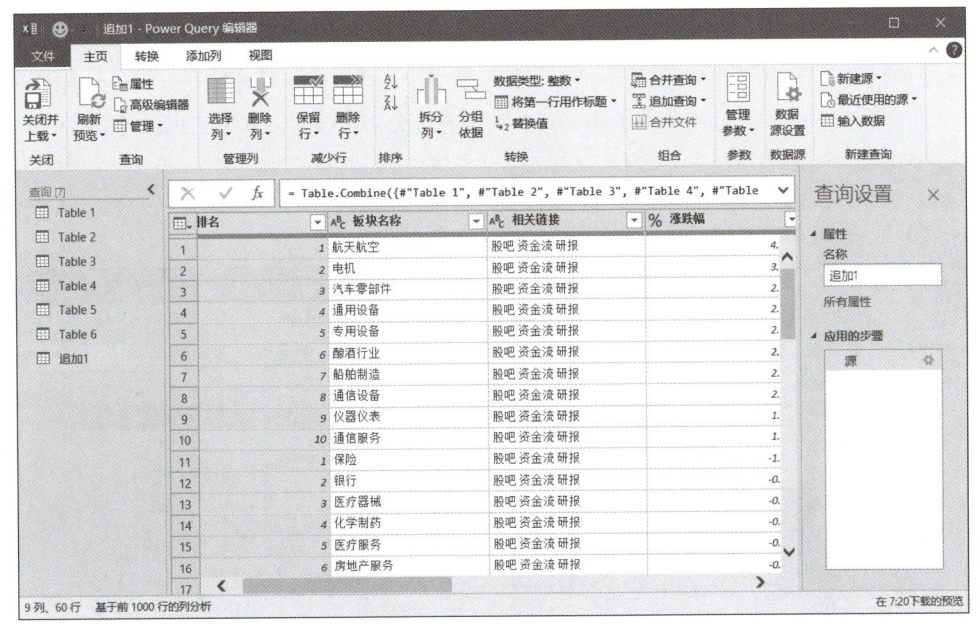

图6-24　得到的合并表

删除一些不需要的列，最后将数据导入Excel工作表，如图6-25所示。这里注意要先上载为仅连接，然后单独导出合并表。

图6-25　导出的合并表

## 6.3　批量采集多个网页数据

由于受显示行数的限制，很多网页上的数据是分页显示的，而Power Query默认情况下只能导出指定网页的数据，如果一页一页地提取数据，则非常麻烦。下面介绍一次性提取所有网页数据的方法。

## 案例 6-4

图6-26和图6-27是新浪网的上市公司业绩报表，分多页显示，其中第1页的网址是：
http://vip.stock.finance.sina.com.cn/q/go.php/vFinanceAnalyze/kind/mainindex/index.phtml?s_i=&s_a=&s_c=&reportdate=2023&quarter=2&p=1
现在的任务是：将所有页面的数据导入到Excel工作表。

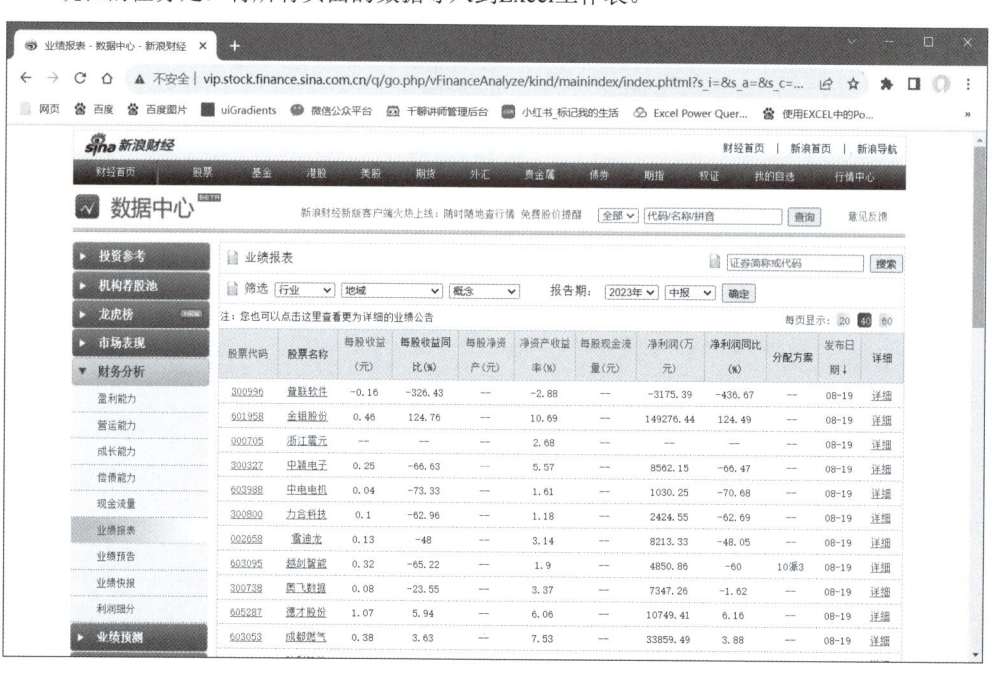

图6-26　新浪网的上市公司业绩报表

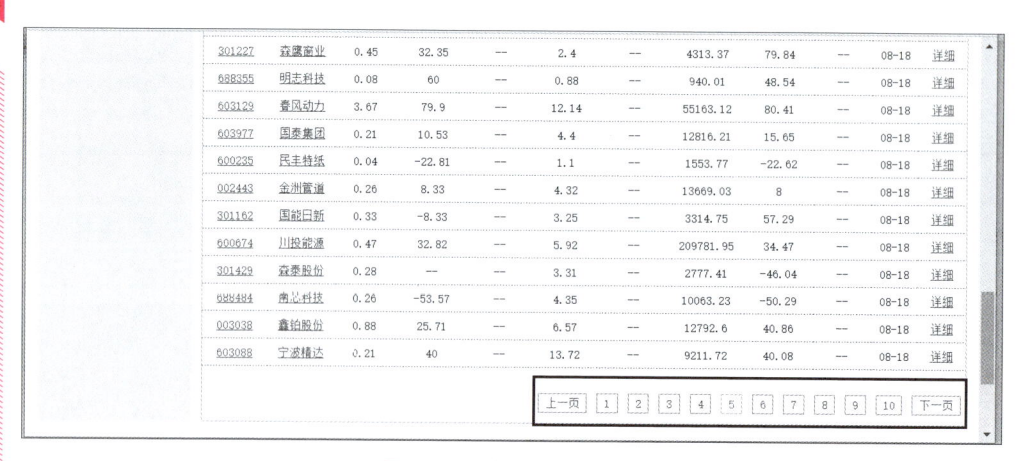

图6-27　数据分多页显示

**步骤①**　先以第1页的网址查询数据，进入Power Query编辑器，如图6-28所示。

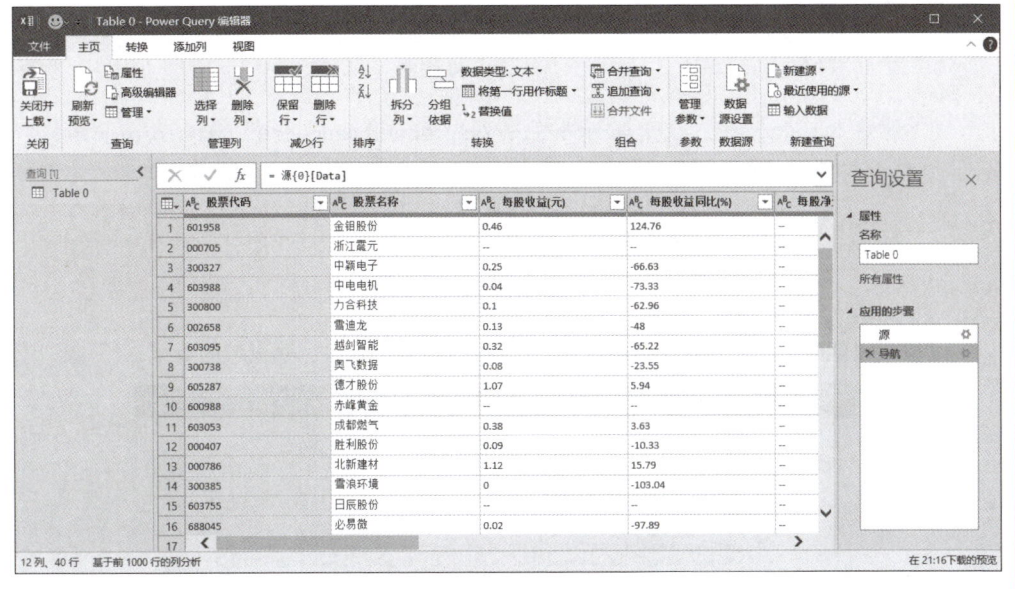

图6-28 基本查询Table 0

**步骤2** 在"视图"选项卡中,单击"高级编辑器"命令按钮,如图6-29所示。打开"高级编辑器"对话框,如图6-30所示。

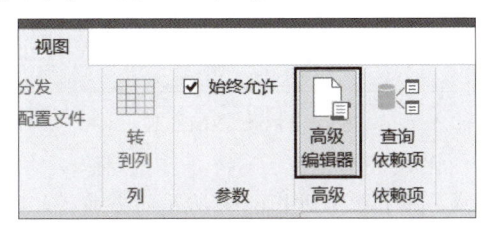

图6-29 "高级编辑器"命令按钮

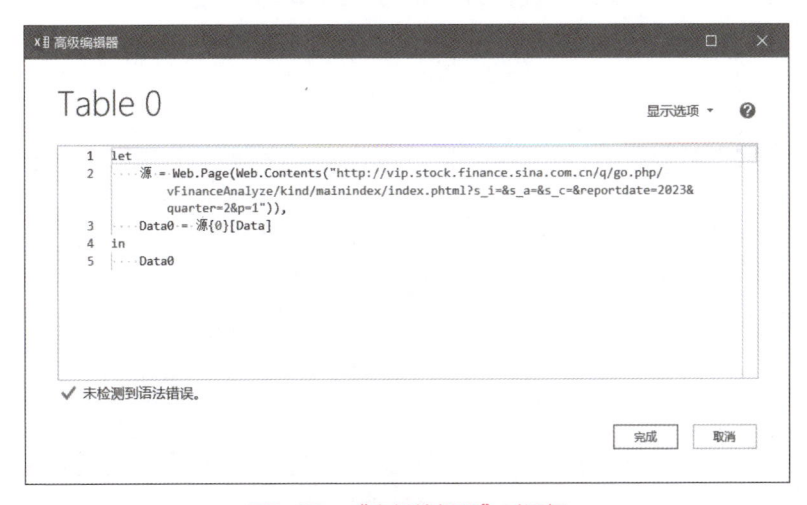

图6-30 "高级编辑器"对话框

**步骤 3** 在"高级编辑器"对话框中,将M公式修改如下,如图6-31所示。

```
(n as number)=>
let
    源 = Web.Page(Web.Contents("http://vip.stock.finance.sina.com.cn/q/go.php/
        vFinanceAnalyze/kind/mainindex/index.phtml?s_i=&s_a=&s_c=&
        reportdate=2023&quarter=2&p=" & Text.From(n))),
    Data0 = 源{0}[Data]
in
    Data0
```

这段代码创建了一个自定义函数,用于提取任意指定页面(第n页)的数据。

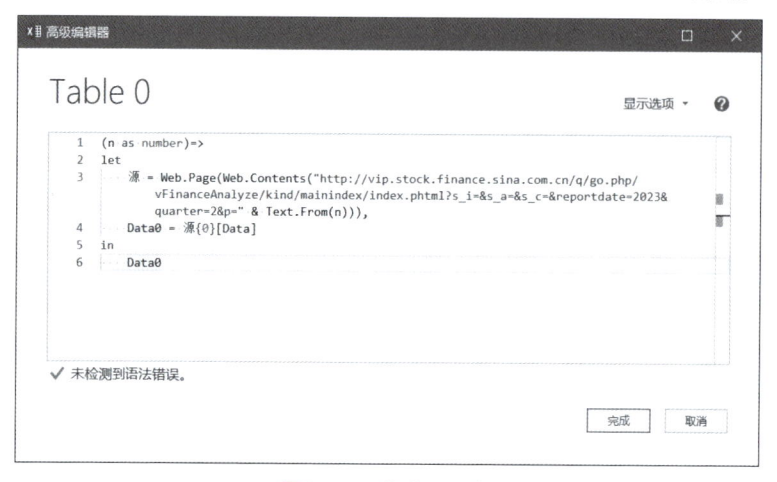

图6-31 修改M公式

**步骤 4** 单击"完成"按钮,打开图6-32所示的界面,此时,输入参数n,即可得到该页的数据。在这一步中不需要做任何操作。

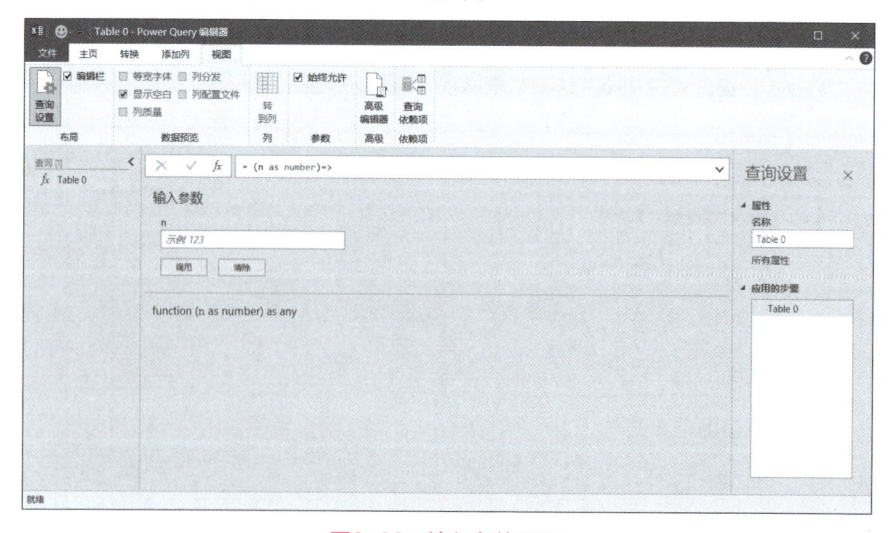

图6-32 输入参数界面

**步骤5** 在左侧查询中，右击并执行"新建查询"→"其他源"→"空查询"命令，如图6-33所示。

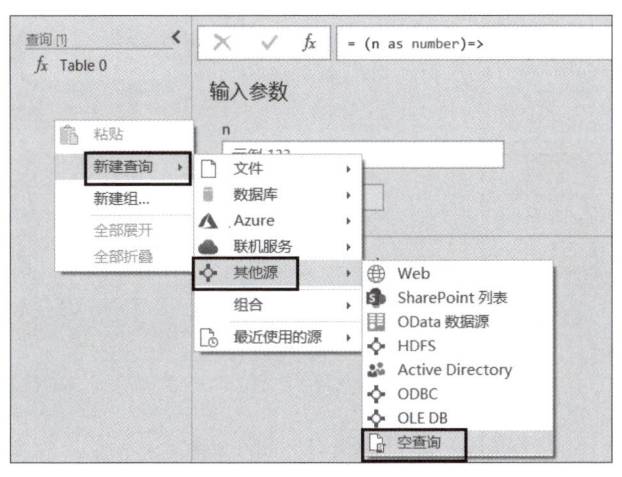

图6-33 执行"新建查询"→"其他源"→"空查询"命令

**步骤6** 新建一个查询"查询1"，然后在公式编辑栏中输入公式"= {1..100}"，即可生成一个1~100的列表，如图6-34所示。这里假设所有数据的分页不超过100页。根据实际情况，我们可以设置一个合适的最大数字。

**步骤7** 单击"到表"命令按钮，如图6-35所示，打开"到表"对话框，如图6-36所示。

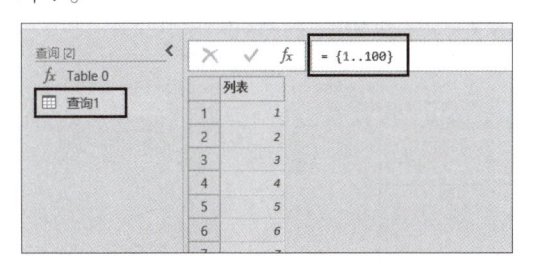

图6-34 输入公式"= {1..100}"

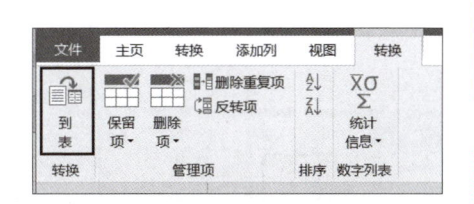

图6-35 "到表"命令按钮

图6-36 "到表"对话框

**步骤 8** 保持默认设置，单击"确定"按钮，得到图6-37所示的表列数据。

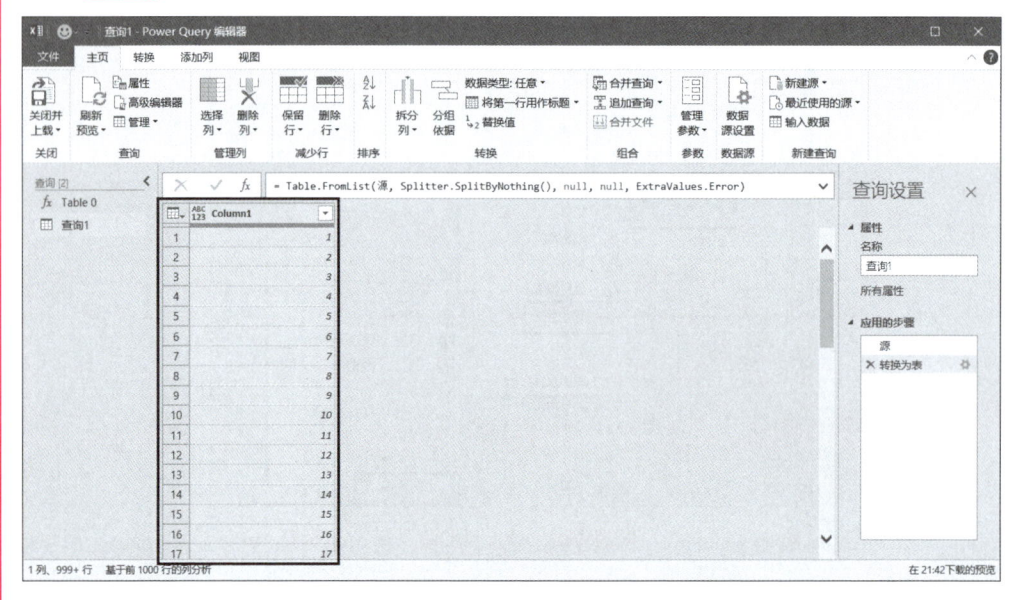

图6-37　得到表列数据

**步骤 9** 在"添加列"选项卡中，单击"调用自定义函数"命令按钮，如图6-38所示。

**步骤 10** 打开"调用自定义函数"对话框，新列名默认，在"功能查询"下拉列表中选择"Table 0"，那么n值就会自动出现字段"Column1"，如图6-39所示。

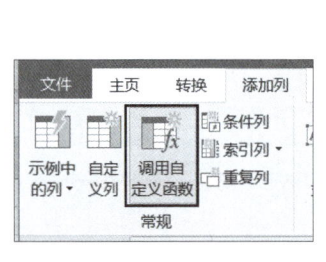

图6-38　单击"调用自定义　　　　图6-39　调用自定义函数
　　　　函数"命令按钮

**步骤 11** 单击"确定"按钮，Power Query就开始从指定的这些网页获取数据，这个过程比较慢，请耐心等待。查询结束后，得到图6-40所示的结果。

这个过程，实际上就是将第一列给定的数字1～100，分别指定给自定义函数，来查询每页数据。

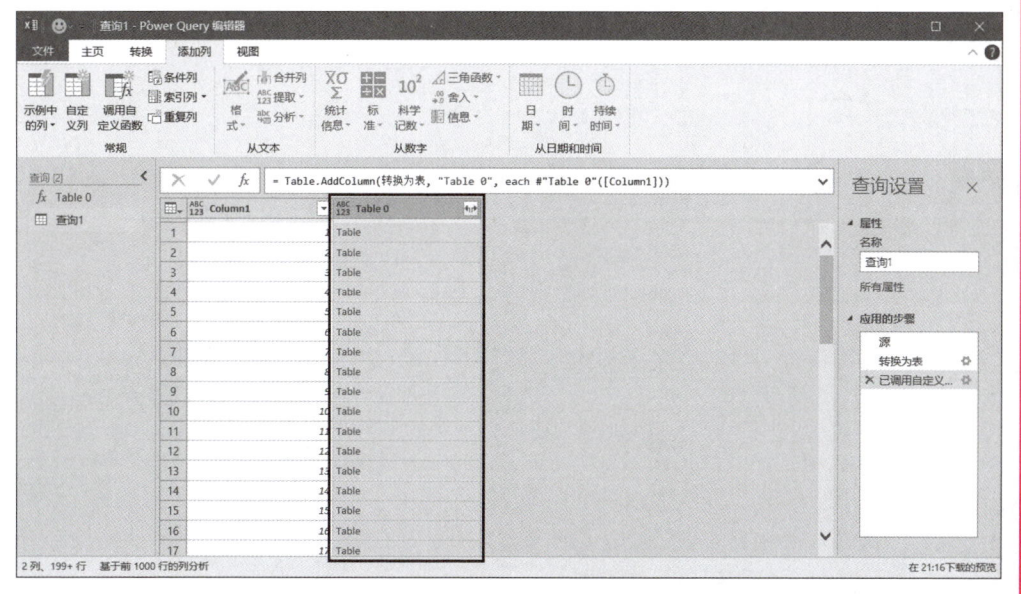

图6-40 添加了新列"Table 0"

**步骤12** 单击"Table 0"列标题的展开按钮,打开筛选对话框,取消选中不需要的列(包括null值行,因为指定了最大100行,可能会包含一些无效数据),保留需要导出的列,如图6-41所示。

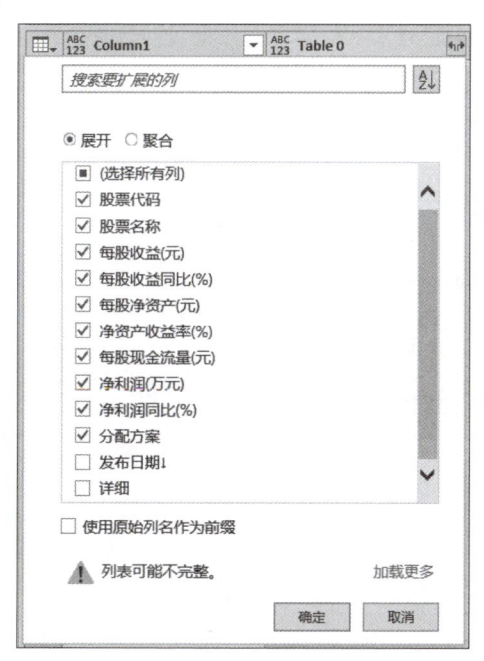

图6-41 取消选中不需要的列

**步骤13** 单击"确定"按钮,得到图6-42所示的所有页数据表。

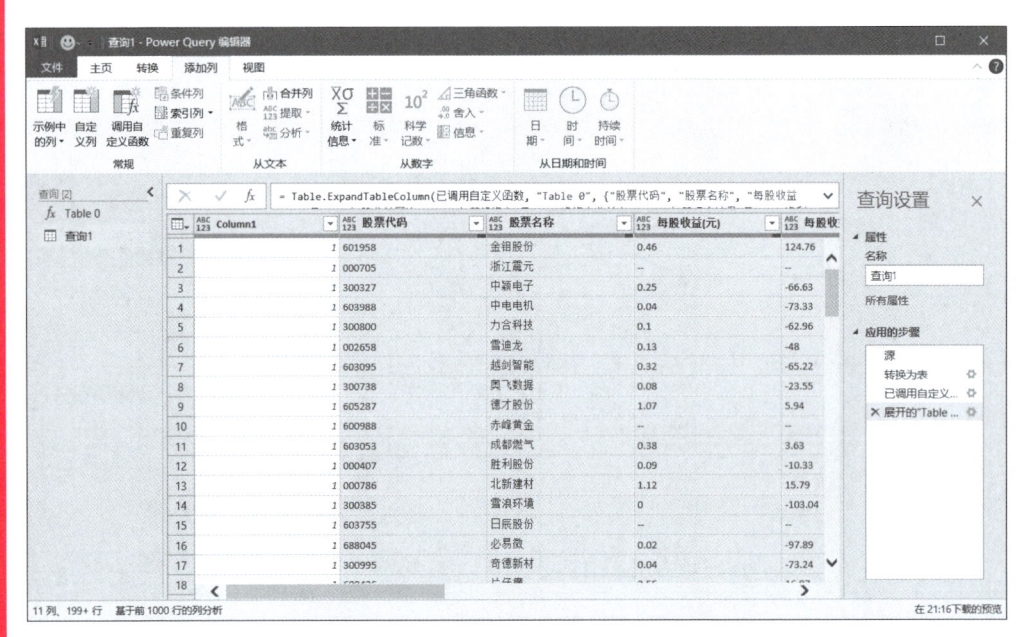

图6-42 展开每页的数据

**步骤14** 删除第一列，然后将数据导入Excel工作表，结果如图6-43所示。注意，由于数据量比较大，这个过程比较慢。

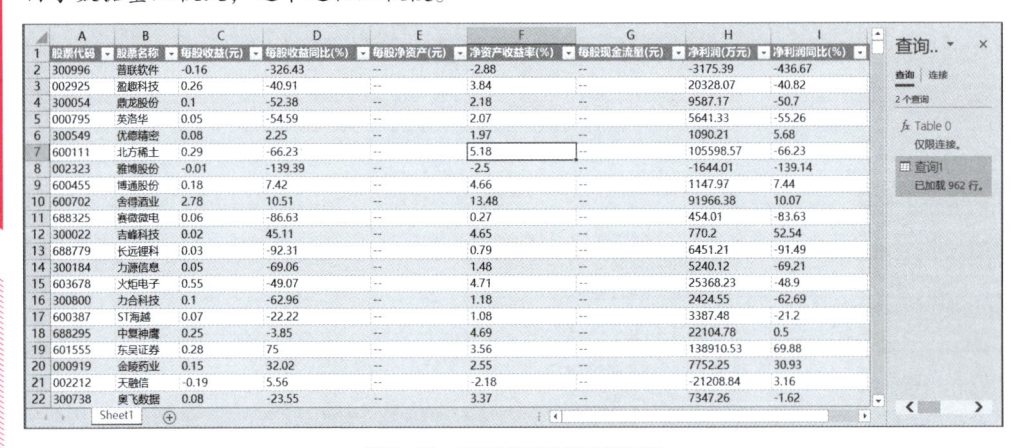

图6-43 导出各个网页的数据

# 第 7 章
# Power Pivot超级透视表基本创建方法

Power Pivot 称为超级透视表，所谓超级，是指它除了具备普通数据透视表的功能外，还具有更加强大的数据分析功能。例如，使用 DAX 函数创建数据分析模型，使用关系快速创建基于多个关联工作表的数据分析模型等。

要使用 Power Pivot，首先需要在功能区显示 Power Pivot 选项卡，方法是在"开发工具"选项卡中，单击"COM 加载项"命令按钮，如图 7-1 所示。打开"COM 加载项"对话框，选择 Microsoft Power Pivot for Excel 复选框，如图 7-2 所示，就会在功能区显示出 Power Pivot 选项卡，如图 7-3 所示。

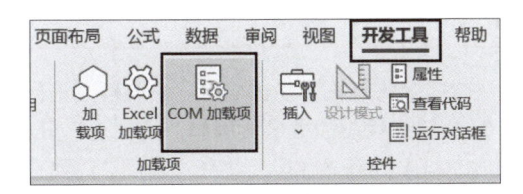

图7-1 单击"COM加载项"命令按钮

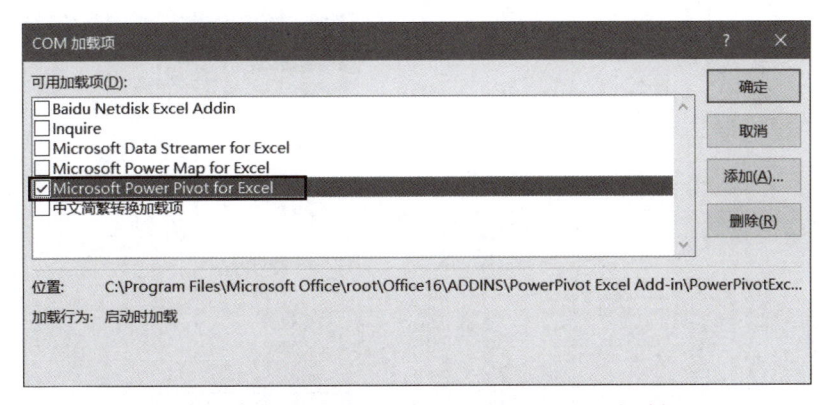

图7-2 选择Microsoft Power Pivot for Excel复选框

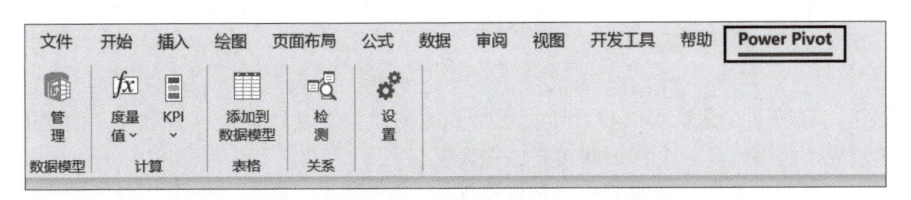

图7-3 功能区出现Power Pivot选项卡

创建 Power Pivot（超级透视表）很简单，例如，可以使用常规方法创建超级透视表，也可以使用 Power Query 建立的数据模型创建，还可以使用 Power Pivot 直接采集数据并创建。下面结合实际案例分别进行介绍。

## 7.1 使用常规方法创建超级透视表

用常规方法创建的数据透视表，与超级透视表是不同的，后者功能更强大，运算速度更快。其实，我们也可以使用创建数据透视表的常规方法，来创建超级透视表。

### 7.1.1 用Excel工作表数据创建超级透视表

创建常规数据透视表的方法非常简单，单击数据区域中的任一单元格，然后在"插入"选项卡中单击"数据透视表"命令按钮，就可创建一个数据透视表。

很多人可能不了解，我们在创建常规数据透视表时，也可以将这个数据透视表变为超级透视表。下面举例说明。

#### 案例 7-1

图7-4是门店销售月报，现在要用这个表格数据创建一个超级透视表，以便统计每个城市门店性质的数量（例如，"大连"只有"自营"，那么只有1种性质；"哈尔滨"既有"加盟"又有"自营"，则有2种性质）。

在"插入"选项卡中，单击"数据透视表"命令按钮，打开"创建数据透视表"对话框，选择"新工作表"单选按钮和"将此数据添加到数据模型"复选框，如图7-5所示。

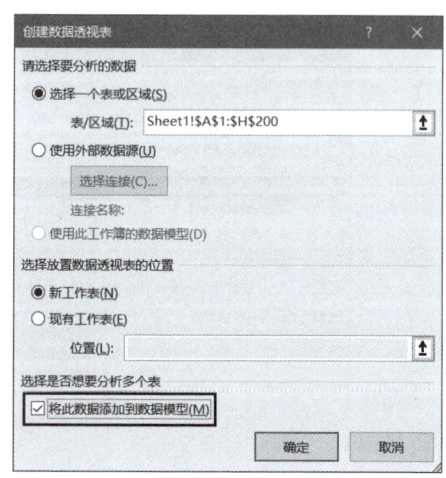

图7-4　门店销售月报　　　　图7-5　"创建数据透视表"对话框

这里，要特别注意选择"将此数据添加到数据模型"复选框，只有这样，创建的才是超级透视表，否则就是一个常规的数据透视表了。

单击"确定"按钮，就得到一个超级透视表，如图7-6所示。

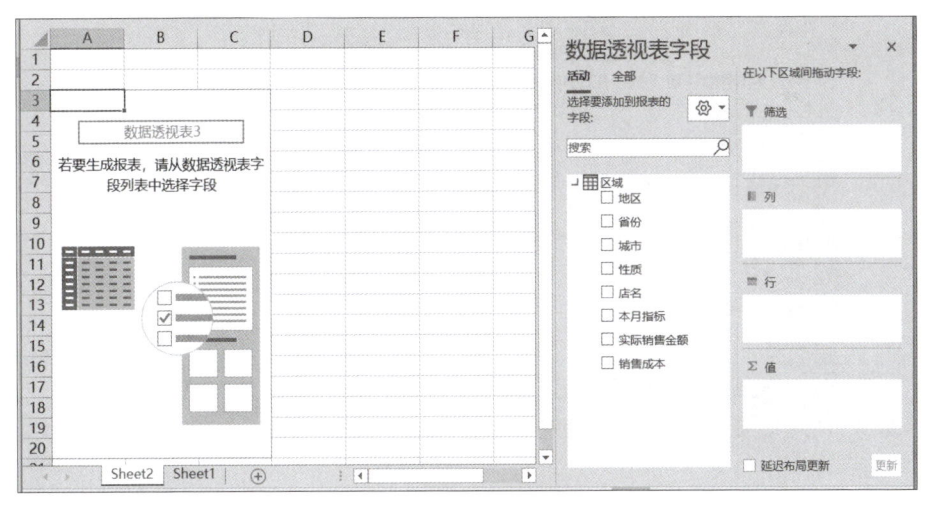

图7-6　创建的超级透视表

从外观上看，这个超级透视表与普通的数据透视表没什么区别，但由于同时也创建了数据模型，因此可以在Power Pivot for Excel界面（简称"数据模型管理界面"），如图7-7所示，对数据表进行各种处理。例如，使用DAX函数、添加计算列等，以及在数据透视表中使用一些特有的统计分析功能。

图7-7　Power Pivot for Excel界面

创建了超级透视表，我们就可以布局字段，制作各种统计分析报表了。例如，我们可以统计不重复的项目数，而这种统计在普通数据透视表中是无法实现的。

例如，图7-8就是各个城市的门店性质不重复计数与普通计数的报表。例如，安徽只有1种性质的门店，门店数是4；北京有2种性质的门店，门店数是12。

要设置不重复计数，可以右击并执行"值汇总依据"→"非重复计数"命令，如图7-9所示。

图7-8 各个城市的门店性质不重复计数与普通计数的报表

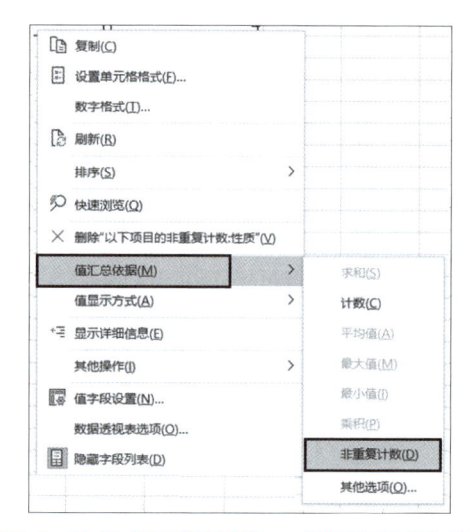

图7-9 执行"值汇总依据"→"非重复计数"命令

将报表重新布局，如图7-10所示，就可以更加清楚地看到每个省份的门店性质个数和门店数。

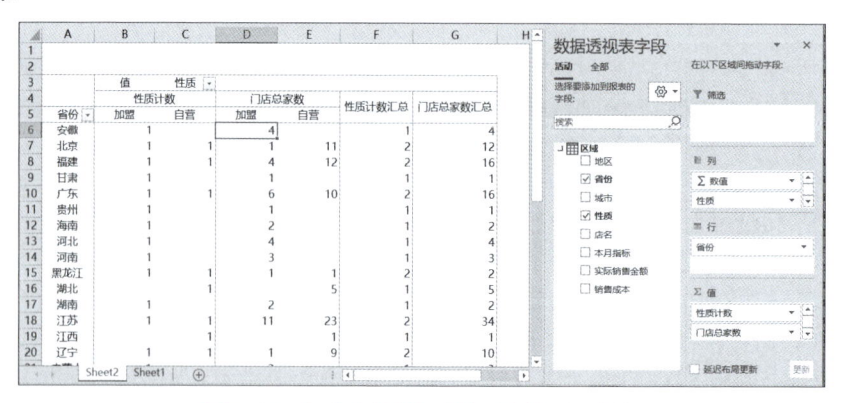

图7-10 每个省份的门店性质个数和门店数

## 7.1.2 用文本文件数据创建超级透视表

如果数据源是文本文件，可以使用常规创建数据透视表的方法来创建超级透视表，下面举例说明。

### 案例 7-2

图7-11所示为文本文件"员工信息.txt"，保存了员工的基本信息，每列数据之间用竖线（|）分隔。现在要制作超级透视表来分析员工信息。

图7-11 文本文件"员工信息.txt"

**步骤 1** 在"插入"选项卡中，单击"数据透视表"命令按钮，打开"创建数据透视表"对话框，如图7-12所示，选择"使用外部数据源"单选按钮。

**步骤 2** 单击"选择连接"按钮，打开"现有连接"对话框，如图7-13所示。

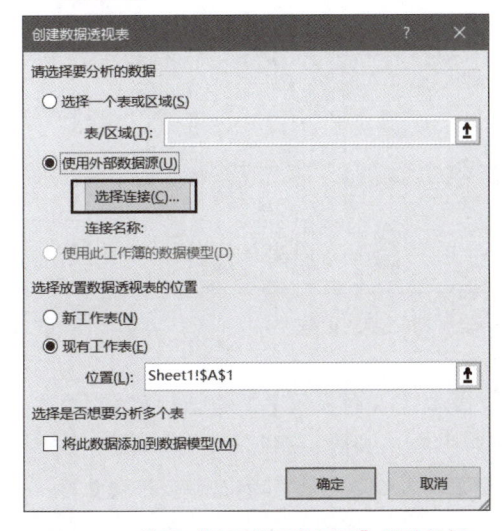

图7-12 选择"使用外部数据源"单选按钮　　图7-13 "现有连接"对话框

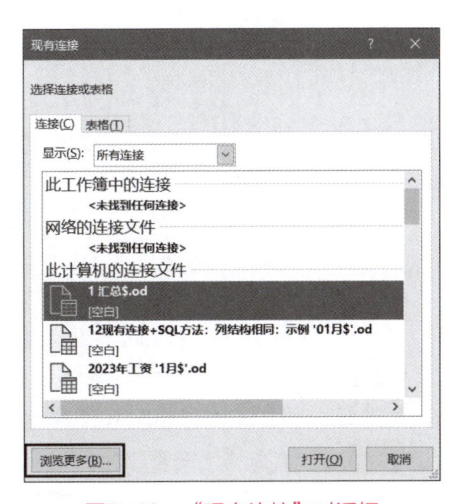

**步骤 3** 单击"浏览更多"按钮，打开"选取数据源"对话框，从文件夹里选择文本文件"员工信息.txt"，如图7-14所示。

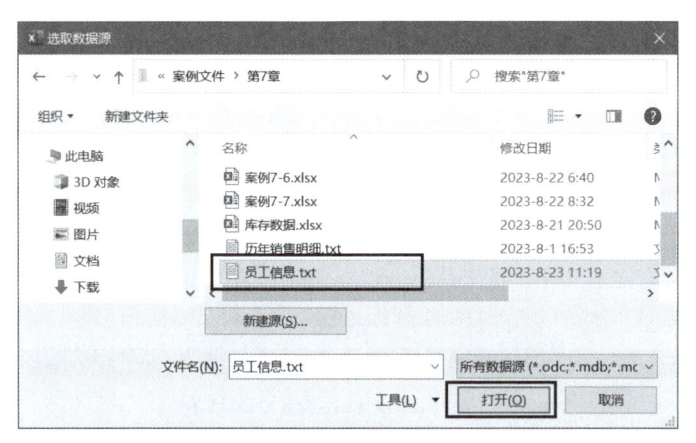

图7-14 选择文本文件"员工信息.txt"

**步骤 4** 单击"打开"按钮,打开"文本导入向导"第1步对话框,如图7-15所示,选择"分隔符号"单选按钮,并选择"数据包含标题"复选框。

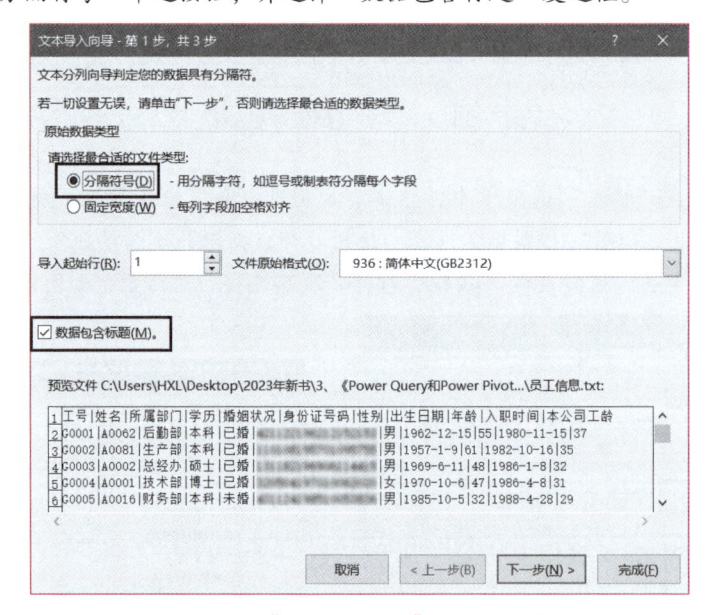

图7-15 "文本导入向导"第1步对话框

**步骤 5** 单击"下一步"按钮,打开"文本导入向导"第2步对话框,选择"其他"复选框,并在其右侧的输入框中输入竖线"|",如图7-16所示。

**步骤 6** 单击"下一步"按钮,打开"文本导入向导"第3步对话框,根据需要,为某些列数据设置格式。例如,身份证号码需要设置为文本格式,如图7-17所示。

**步骤 7** 单击"完成"按钮,返回到"创建数据透视表"对话框,设置数据透视表的位置,并选择"将此数据添加到数据模型"复选框,如图7-18所示。

**步骤 8** 单击"确定"按钮,就创建了一个超级透视表,如图7-19所示。

图7-16 "文本导入向导"第2步对话框

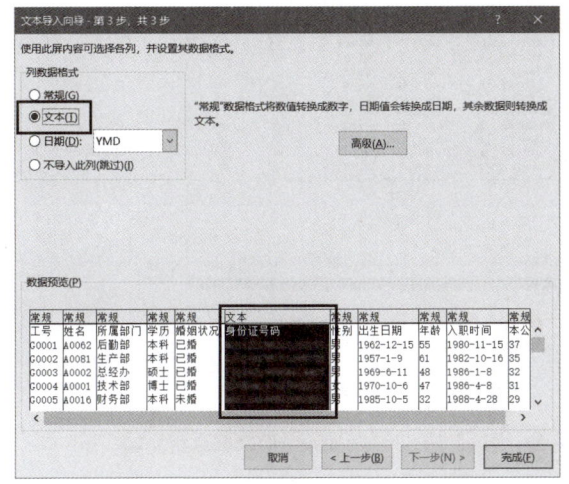

图7-17 "文本导入向导"第3步对话框

图7-18 选择"将此数据添加到数据模型"复选框

图7-19 创建的超级透视表

如果要统计分析年龄分布或者工龄分布，这个表的年龄和工龄不能使用，因为这两个数字是当初导出文本文件时计算得到的，不能更新，因此需要在数据模型中对年龄和工龄进行更新。

打开Power Pivot for Excel界面，删除原来的"年龄"列和"工龄"列，重新添加"年龄"列和"工龄"列，分别计算年龄和工龄，计算公式如下，结果如图7-20所示。

年龄：

```
=DATEDIFF('员工信息'[出生日期],TODAY(),YEAR)
```

工龄：

```
=DATEDIFF('员工信息'[入职时间],TODAY(),YEAR)
```

在以上公式中，使用了DAX函数DATEDIFF来计算两个日期之间的期限（这里按年计算），TODAY函数用于获取当前日期。

这样就可以对年龄分布或工龄分布进行分析了。

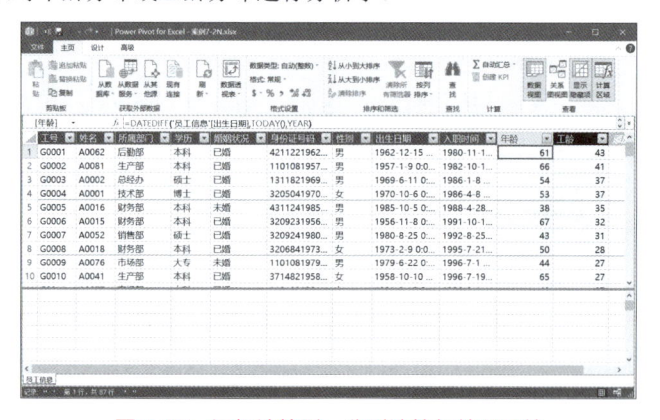

图7-20 添加计算列，分别计算年龄和工龄

## 7.2 使用Power Query建立的数据模型创建超级透视表

使用 Power Query 采集并整理数据后要上载数据，如图7-21所示，选择"将此数据添加到数据模型"复选框，就将查询结果保存为了数据模型，这样就可以使用Power Pivot对这个数据模型的数据进行透视分析了。

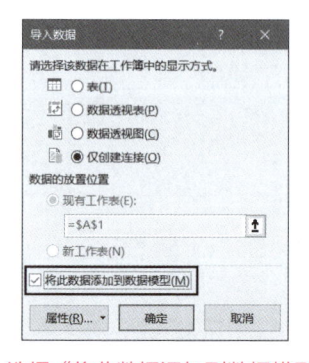

图7-21 选择"将此数据添加到数据模型"复选框

## 7.2.1 用Power Query建立的查询模型创建超级透视表

在将数据添加到数据模型时,一般会选择数据保留方式为"仅创建连接",以节省空间。同时,也会选择"将此数据添加到数据模型"复选框,这样得到的不是具体的查询数据,而是一个查询数据模型,之后可以重新将这个数据模型上载为数据透视表。

### 案例 7-3

"案例3-1"中已介绍了利用Power Query合并几个部门的员工信息,假设已经将合并数据添加到数据模型"部门汇总"中,如图7-22所示。现在的任务是对所有员工数据进行统计分析。

扫一扫,看视频

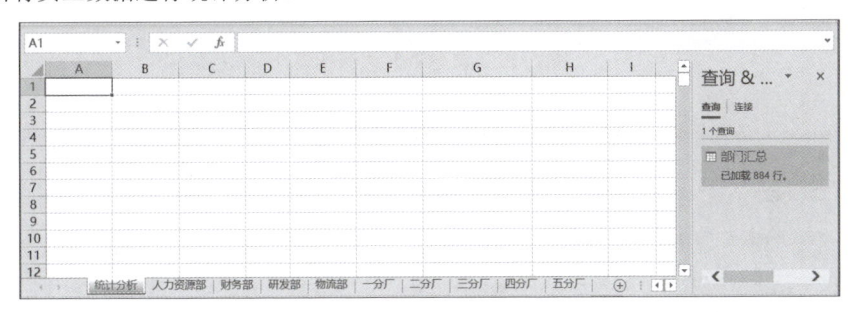

图7-22 数据模型"部门汇总"

如果使用Excel 365或者Excel 2021以上的版本,以这个数据模型创建超级透视表就非常简单了,右击该查询,执行"加载到"命令,如图7-23所示。打开"导入数据"对话框,选择"数据透视表"单选按钮,并设置数据放置位置,如图7-24所示。

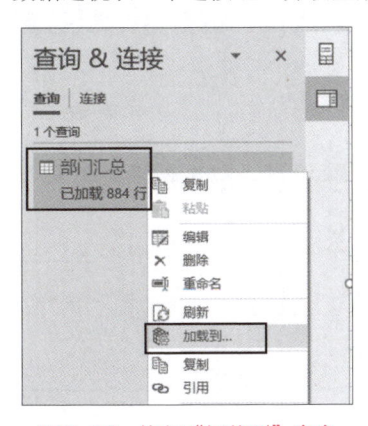

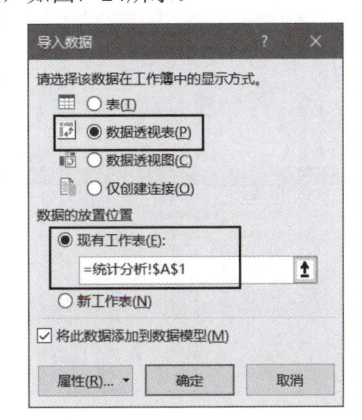

图7-23 执行"加载到"命令  图7-24 选择"数据透视表"单选按钮

单击"确定"按钮,就得到了一个超级透视表,如图7-25所示。

如果使用Excel 2016以下的版本,那么在"导入数据"对话框中是没有"数据透视表"选项的,此时,需要按照下面的步骤来创建超级透视表。

**步骤①** 在"数据"选项卡中,单击"管理数据模型"命令按钮,如图7-26所示,或者在Power Pivot选项卡中,单击"管理"命令按钮,如图7-27所示。

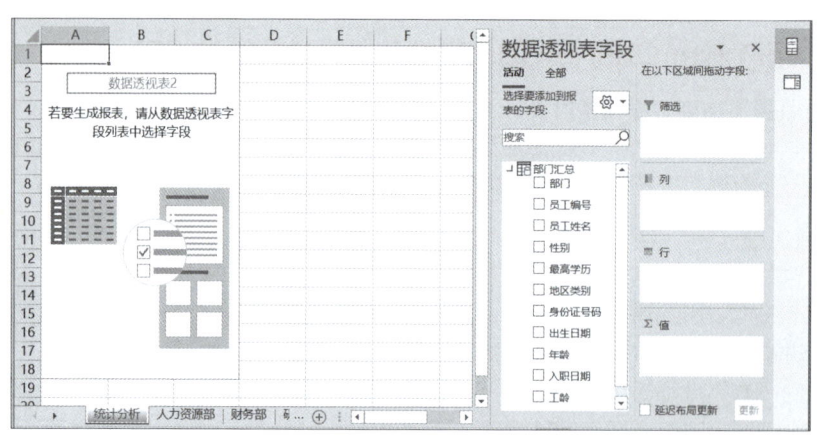

图7-25 创建的超级透视表

图7-26 单击"管理数据模型"命令按钮

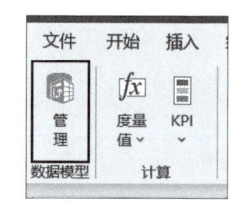

图7-27 单击"管理"命令按钮

**步骤2** 打开Power Pivot for Excel界面，如图7-28所示，这个界面与Excel界面是两个独立的界面。

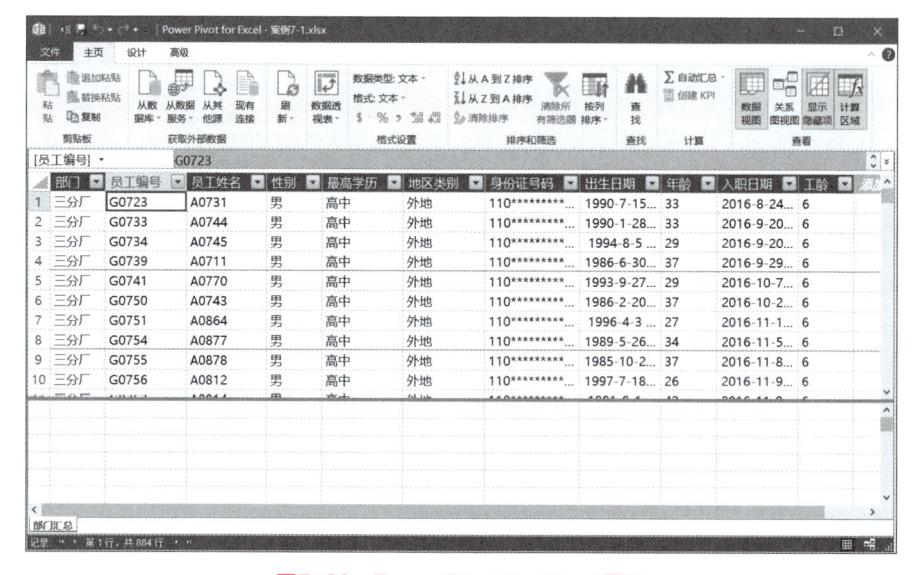

图7-28 Power Pivot for Excel界面

**步骤3** 在"主页"选项卡中，单击"数据透视表"命令按钮，如图7-29所示。

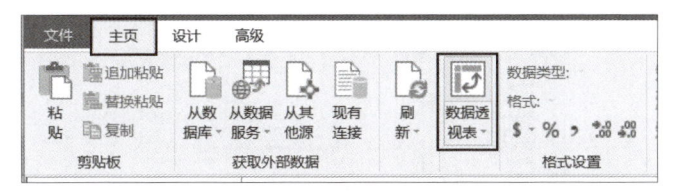

图7-29 "数据透视表"命令按钮

**步骤 4** 打开"创建数据透视表"对话框,设置数据显示位置,如图7-30所示。

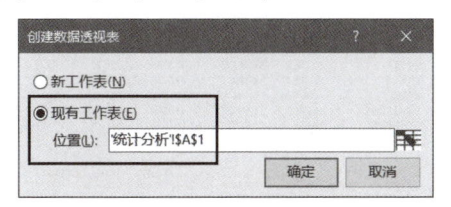

图7-30 设置数据显示位置

**步骤 5** 单击"确定"按钮,就得到了超级透视表。布局透视表,就可得到需要的统计分析报表,如图7-31所示。

**步骤 6** 关闭Power Pivot for Excel界面。

图7-31 每个部门、各种学历的人数统计报表

## 7.2.2 用Power Query整合数据整理与创建超级数据透视表

Power Query具有强大的数据整理清洗功能,可以将数据加工清洗与创建数据透视表整合起来,创建更加高效的数据分析模型。

### 案例 7-4

图7-32是系统导出的各月管理费用表。这个表格是一个二维表,在进行数据分析时,需要先将表格整理为有3个维度(部门、项目和月份)和1个度量(金额)的一维表,然后创建数据透视表进行分析。

图7-32 系统导出的各月管理费用表

**步骤 1** 在"数据"选项卡中，单击"来自表格/区域"命令按钮，创建查询，并打开Power Query编辑器，如图7-33所示。

图7-33 创建查询

**步骤 2** 选择第一列，按照分隔符（空格）拆分列，如图7-34所示。

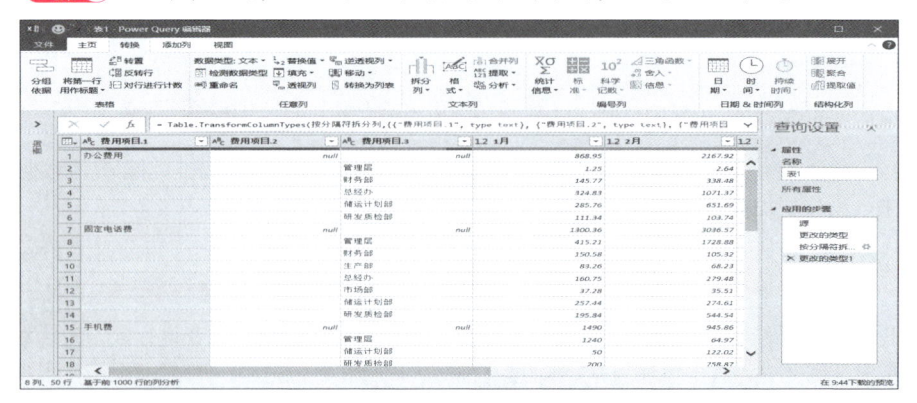

图7-34 按分隔符（空格）拆分列

**步骤 3** 删除没有数据的第二列，将第一列的空单元格替换为null值，再向下填充数据，得到两列完整的项目和部门，并修改两列的标题，如图7-35所示。

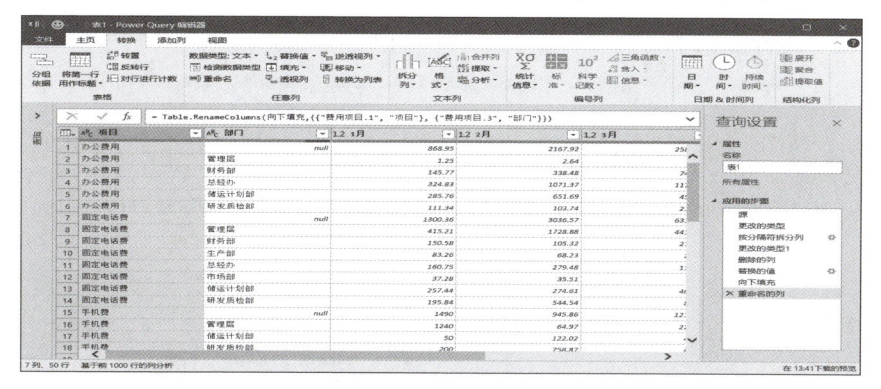

图7-35 填充数据

**步骤 4** 从第二列中筛选掉null值行，然后选择前两列，逆透视后面的各个月份列，并修改标题名称，得到图7-36所示的一维表。

图7-36 整理好的一维表

**步骤 5** 执行"文件"→"关闭并上载至"命令，打开"导入数据"对话框，选择"数据透视表""新工作表"单选按钮和"将此数据添加到数据模型"复选框，如图7-37所示。

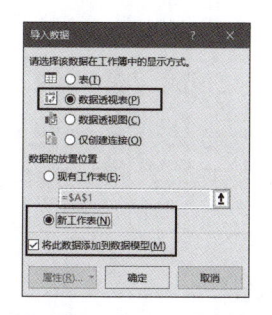

图7-37 设置导入数据选项

**步骤 6** 单击"确定"按钮，就创建了超级透视表，然后进行布局，即可得到需要的报表，如图7-38所示。

图7-38 创建的超级透视表

### 7.2.3 用Power Query整合数据合并与创建超级数据透视表

Power Query 可以快速合并多个表格，不论这些表格是在同一个工作簿中，还是在不同的工作簿中。下面使用 Power Query 将这些工作表合并起来并创建超级数据透视表，进行高效数据分析。

扫一扫，看视频

**案例 7-5**

图7-39是"去年"和"今年"的销售数据工作表，现在的任务是建立一个数据分析模型，对这两年的销售数据进行同比分析。

图7-39 两年的销售数据

首先新建一个工作表"分析报告"。

使用第3章介绍的方法，将两个工作表数据进行合并，如图7-40所示。这里已经将"单价"和"毛利率"两列删除，因为在数据透视表中，这两个字段是不能使用的。

图7-40　合并两年的销售数据

执行"文件"→"关闭并上载至"命令，打开"导入数据"对话框，将数据导出为数据透视表，同时将数据添加到数据模型，就得到一个超级透视表，如图7-41所示。

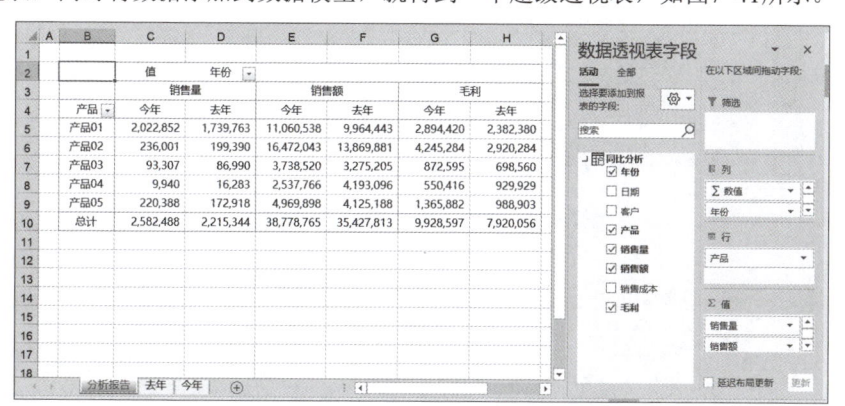

图7-41　各产品两年的销售同比分析

如果要分析各个产品两年销售的毛利率和同比增长率，则需要使用DAX函数在"同比分析"模型中创建度量值，如图7-42所示。各个度量值及计算公式如下。

（1）毛利率：

=CALCULATE(sum('同比分析'[毛利]))/CALCULATE(sum('同比分析'[销售额]))

（2）销量同比增长率：

=CALCULATE(sum('同比分析'[销售量]),'同比分析'[年份]="今年")/CALCULATE(sum('同比分析'[销售量]),'同比分析'[年份]="去年")-1

（3）销售额同比增长率：

=CALCULATE(sum('同比分析'[销售额]),'同比分析'[年份]="今年")/CALCULATE(sum('同比分析'[销售额]),'同比分析'[年份]="去年")-1

（4）毛利同比增长率：

=CALCULATE(sum('同比分析'[毛利]),'同比分析'[年份]="今年")/CALCULATE(sum('同比分析'[毛利]),'同比分析'[年份]="去年")-1

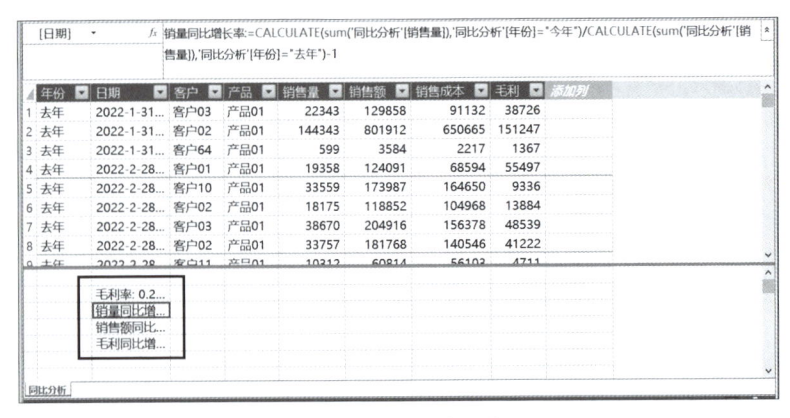

图7-42　定义度量值

这样就可以制作各种同比增长分析报告了，分别如图7-43和图7-44所示。

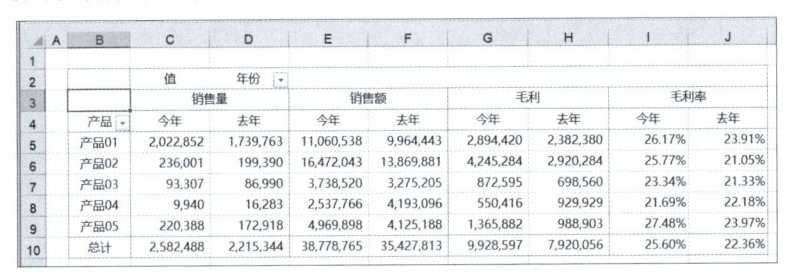

图7-43　添加毛利率的同比分析报告

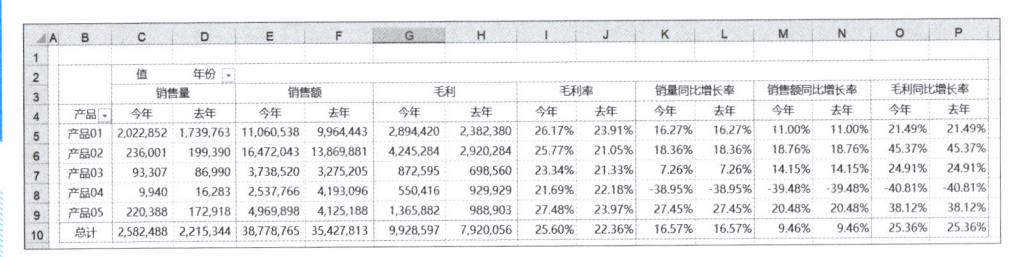

图7-44　同比增长率分析

## 7.3 用Power Pivot直接采集数据并创建超级透视表

如果要以当前Excel的某个工作表数据创建超级透视表，可以在Power Pivot选项卡中单击"添加到数据模型"命令按钮，如图7-45所示，打开Power Pivot for Excel界面，并创建超级数据透视表。

用户还可以在Power Pivot for Excel界面中，直接访问外部数据，并根据采集的数据创建超级透视表。在"主页"选项卡中，有一个"获取外部数据"功能组，如图7-46所示。通过这个功能组可以采集数据库、Excel文件等数据。

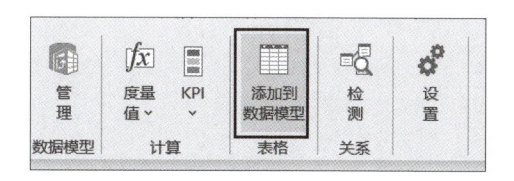

图7-45 Power Pivot选项卡中的"添加到数据模型"命令按钮

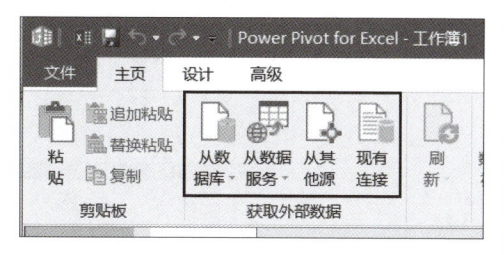

图7-46 "获取外部数据"功能组

## 7.3.1 用当前Excel工作表数据创建超级透视表

如果要以当前Excel工作表数据创建超级透视表,除了前面7.1.1小节介绍的方法外,还可以直接将这个表格添加到数据模型,并创建超级透视表。

### 案例 7-6

图7-47是当前工作簿的数据,现在要用这个表格数据创建超级透视表。

**步骤①** 在Power Pivot选项卡中,单击"添加到数据模型"命令按钮,打开"创建表"对话框,如图7-48所示。

图7-47 当前工作簿的数据

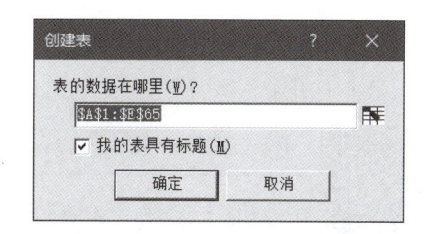

图7-48 "创建表"对话框

**步骤②** 默认情况下,会自动选择数据区域,注意选择"我的表具有标题"复选框,单击"确定"按钮,就将该表数据添加到数据模型,并打开Power Pivot for Excel界面,如图7-49所示。

**步骤③** 在Power Pivot for Excel界面中,这个表的默认名称是"表1",我们可以重新命名。例如,重命名为"收款明细"。

**步骤④** 在Power Pivot for Excel界面中,单击"数据透视表"命令按钮,创建超级透视表,进行布局,可得到需要的统计分析报告,如图7-50所示。

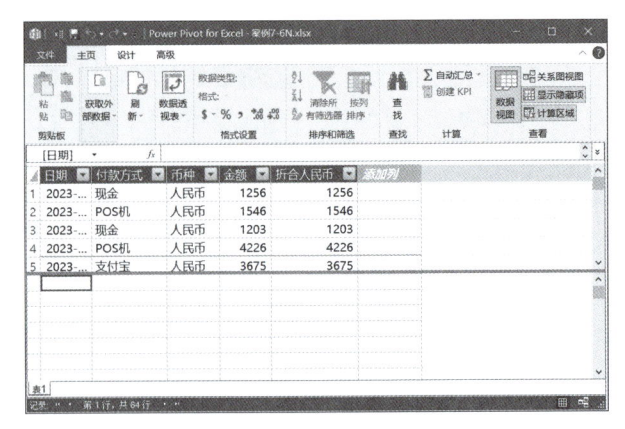

图7-49　Power Pivot for Excel界面

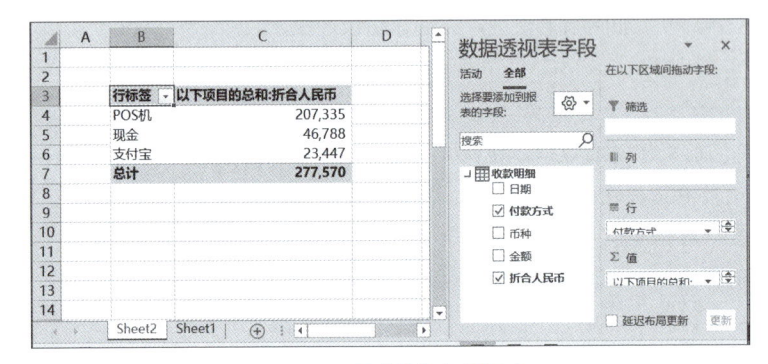

图7-50　创建的超级透视表

## 7.3.2　用其他Excel工作簿数据直接创建超级透视表

在不打开工作簿的情况下，也可以创建超级透视表，方法也很简单。下面举例说明。

### 案例 7-7

图 7-51 是工作簿"库存数据.xlsx"，有4个工作表，现在要求对其中的"入库明细"工作表数据进行统计分析。

图7-51　"入库明细"工作表数据

**步骤 1** 新建一个工作簿，并打开Power Pivot for Excel界面。

**步骤 2** 在"主页"选项卡中，单击"从其他源"命令按钮，如图7-52所示。

**步骤 3** 打开"表导入向导"之"连接到数据源"对话框，从数据源列表中选择"Excel文件"，如图7-53所示。

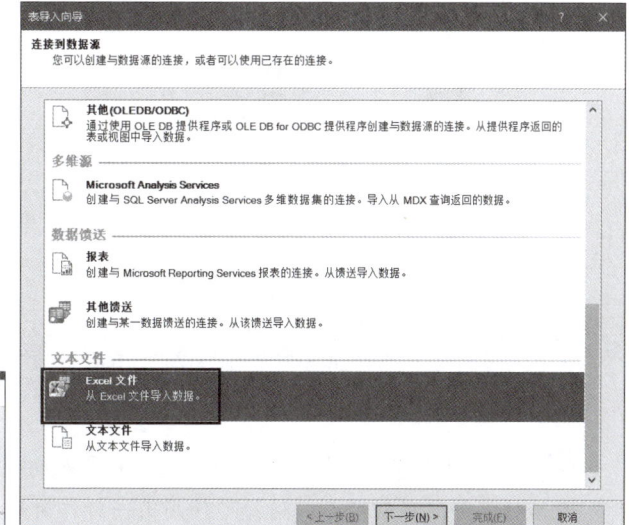

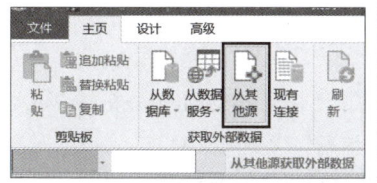

图7-52 单击"从其他源"命令按钮

图7-53 选择"Excel文件"

**步骤 4** 单击"下一步"按钮，打开"表导入向导"之"连接到Microsoft Excel文件"对话框，如图7-54所示，单击"浏览"按钮。

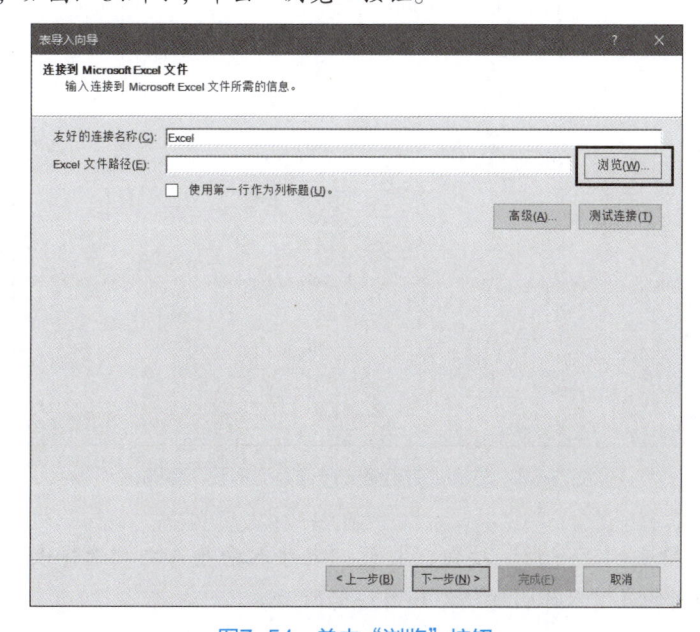

图7-54 单击"浏览"按钮

**步骤5** 打开"打开"对话框,从文件夹中选择工作簿"库存数据.xlsx",如图7-55所示。

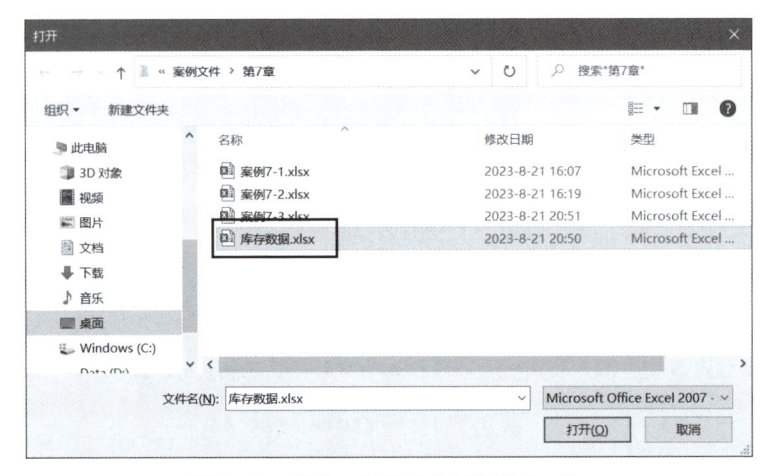

图7-55 选择工作簿"库存数据.xlsx"

**步骤6** 单击"打开"按钮,返回到"表导入向导"之"连接到Microsoft Excel文件"对话框,如图7-56所示,选择"使用第一行作为列标题"复选框。

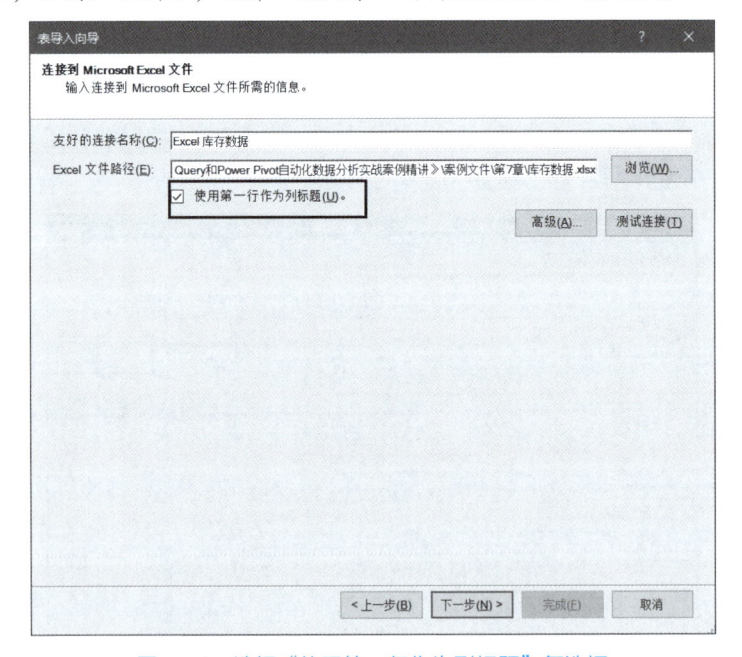

图7-56 选择"使用第一行作为列标题"复选框

**步骤7** 单击"下一步"按钮,打开"表导入向导"之"选择表和视图"对话框,选择要分析的表"入库明细",如图7-57所示。

图7-57　选择要分析的表"入库明细"

**步骤 8** 单击"完成"按钮，开始导入数据，导入完毕后的对话框如图7-58所示。

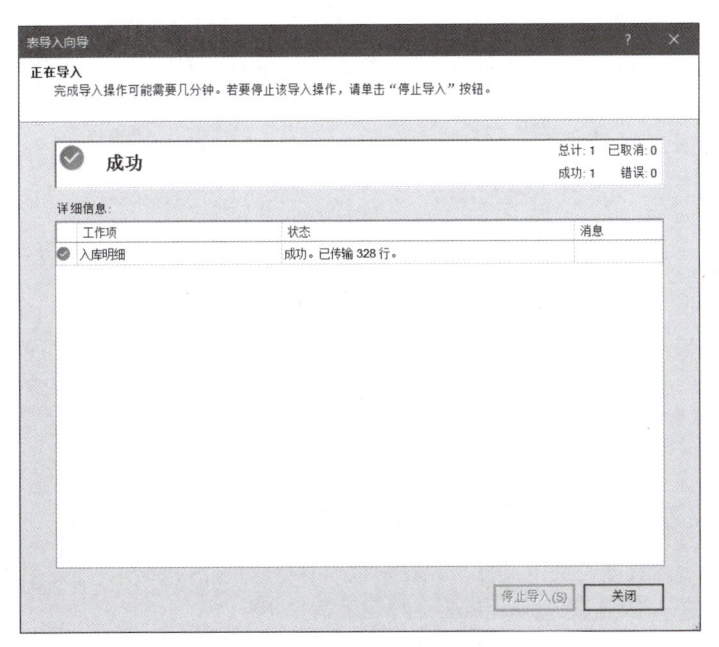

图7-58　表导入完毕

**步骤 9** 单击"关闭"按钮，返回到Power Pivot for Excel界面，可以看到，入库明细数据已经导入为数据模型，如图7-59所示。

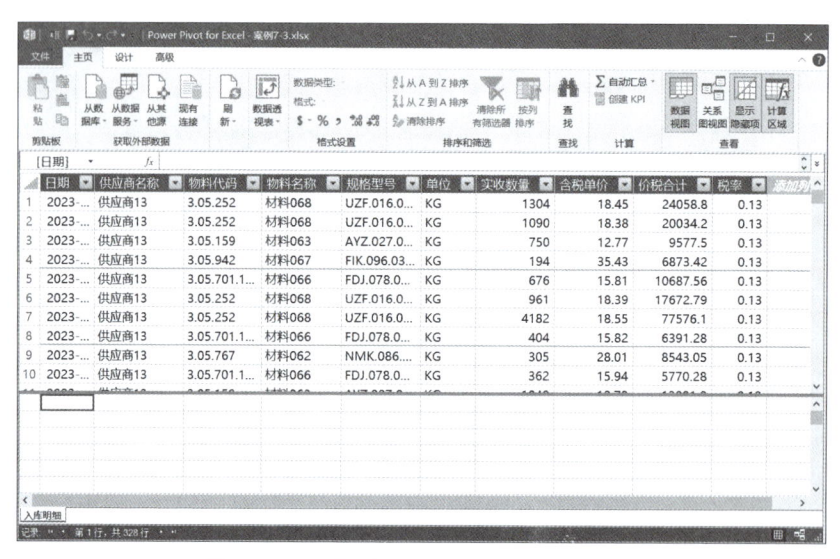

图7-59　入库明细数据已经导入为数据模型

**步骤⑩** 在Power Pivot for Excel界面中，单击"数据透视表"命令按钮，就创建了超级透视表，进行布局，就可得到需要的统计分析报表，如图7-60所示。

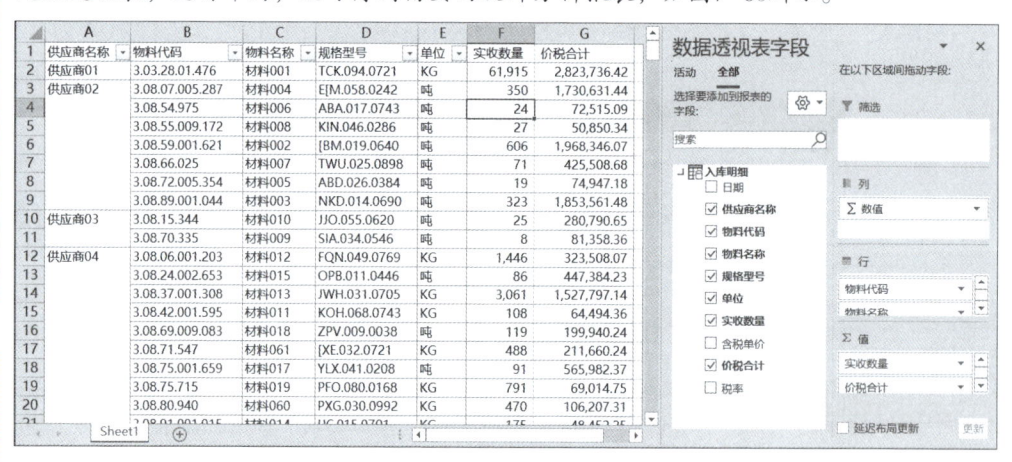

图7-60　创建的超级透视表

## 7.3.3　用文本文件数据直接创建超级透视表

如果要分析的数据是文本文件，无论是以逗号分隔的CSV文件，还是以其他分隔符号分隔的文本文件，都可以直接使用Power Pivot采集并分析。

**案例 7-8**

图7-61是一个文本文件"历年销售明细.txt"，数据是以逗号分隔的，现在要制作一个历年销售的分析报表。

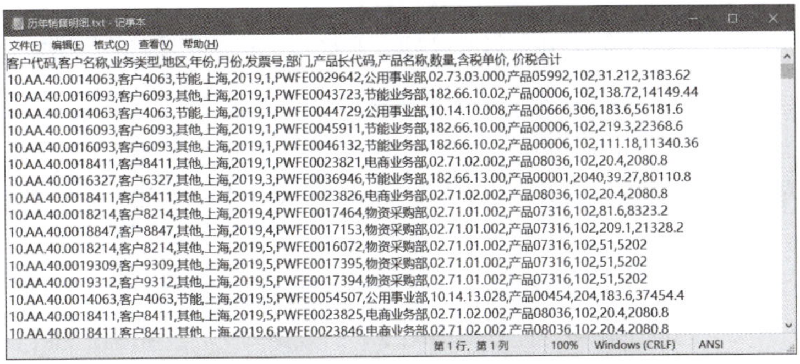

图7-61 历年销售数据

首先在图7-53所示的"表导入向导"之"连接到数据源"对话框中选择"文本文件",然后从文件夹中选择该文本文件,按照向导一步一步操作,将文本文件数据导入Power Pivot for Excel中,如图7-62所示。

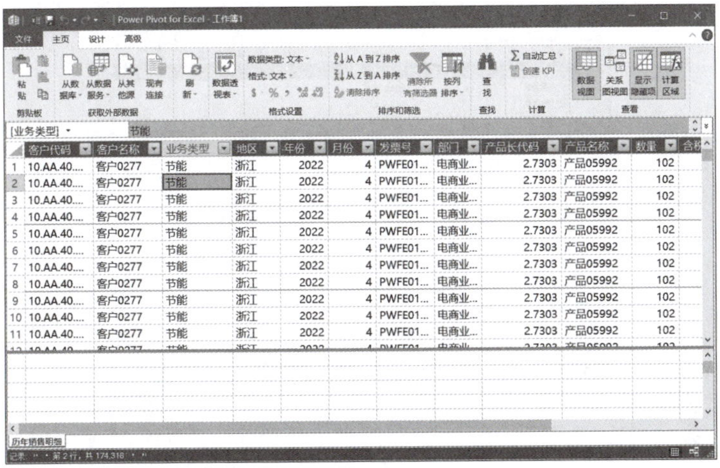

图7-62 将文本文件数据导入Power Pivot for Excel

最后制作数据透视表并布局,制作我们需要的各种统计分析报表。图7-63所示为各个业务部门历年来的销售收入。

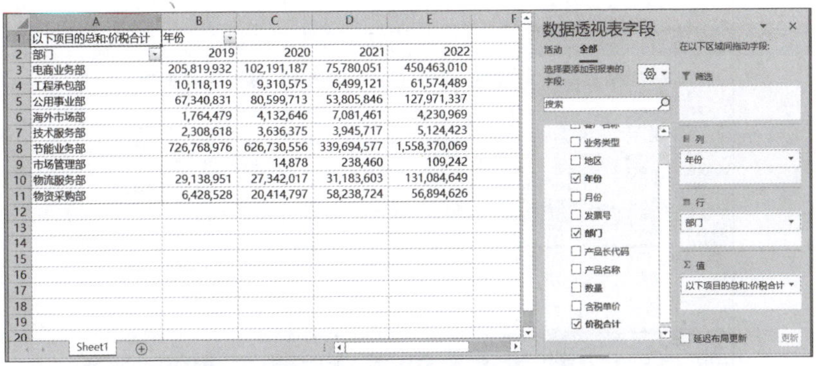

图7-63 各个业务部门历年来的销售收入

## 7.3.4 用同一个工作簿中的多个关联工作表数据创建超级透视表

在前面介绍的库存数据统计分析中，如果要制作即时库存表，又该如何做呢？

工作簿"库存数据.xlsx"的4个工作表是有关联的，关联字段是"物料代码"，因此这种基于几个关联工作表数据制作透视表的问题，使用Power Pivot非常容易解决。

### 案例 7-9

下面以工作簿"库存数据.xlsx"的数据为例，介绍基于几个关联工作表数据来制作透视表的基本方法和技能技巧。

**步骤1** 依照前面介绍的方法进行操作，一直到打开"表导入向导"之"选择表和视图"对话框，选择4个表，如图7-64所示。

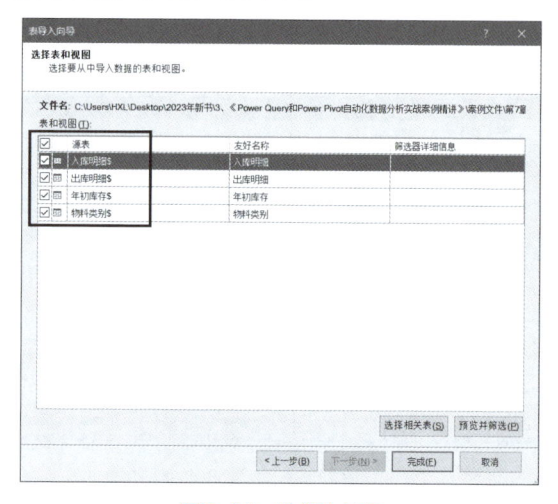

图7-64　选择4个表

**步骤2** 单击"完成"按钮，将这4个表的数据导入Power Pivot for Excel，如图7-65所示。

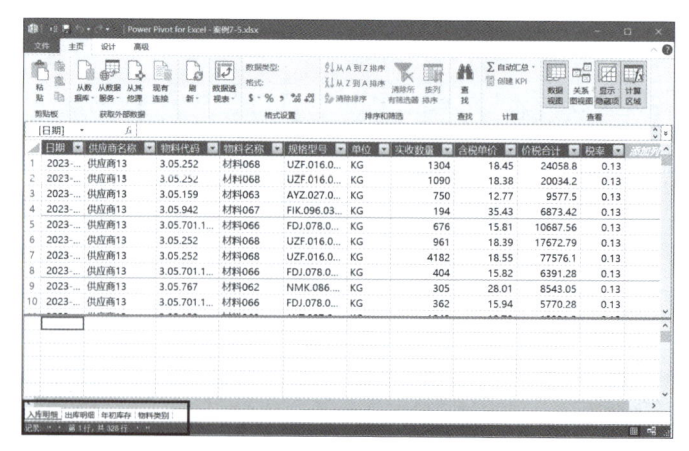

图7-65　导入的4个表数据

**步骤 3** 由于还要分析每个物料类别的库存情况,所以需要在"年初库存""入库明细""出库明细"中添加列,从物料代码中提取物料根代码,如图7-66所示,提取物料根代码的公式如下:

=LEFT([物料代码],4)

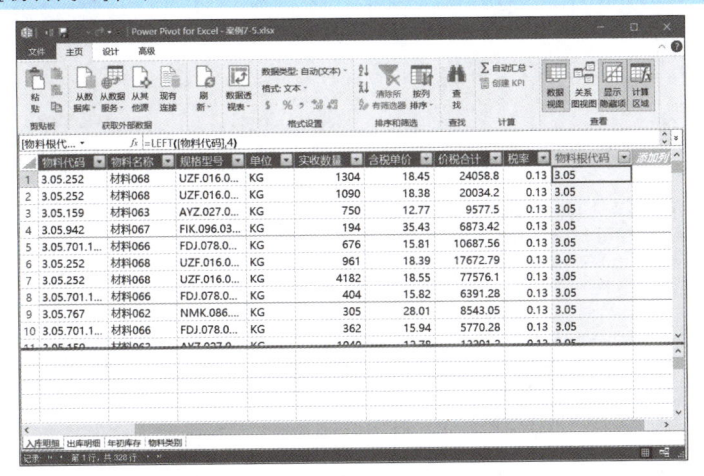

图7-66 添加列,提取物料根代码

**步骤 4** 在"主页"选项卡中,单击"关系图视图"命令按钮,如图7-67所示,打开关系图视图,如图7-68所示。

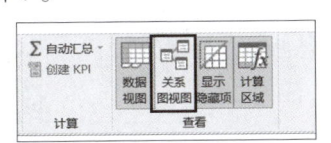

图7-67 单击"关系图视图"命令按钮

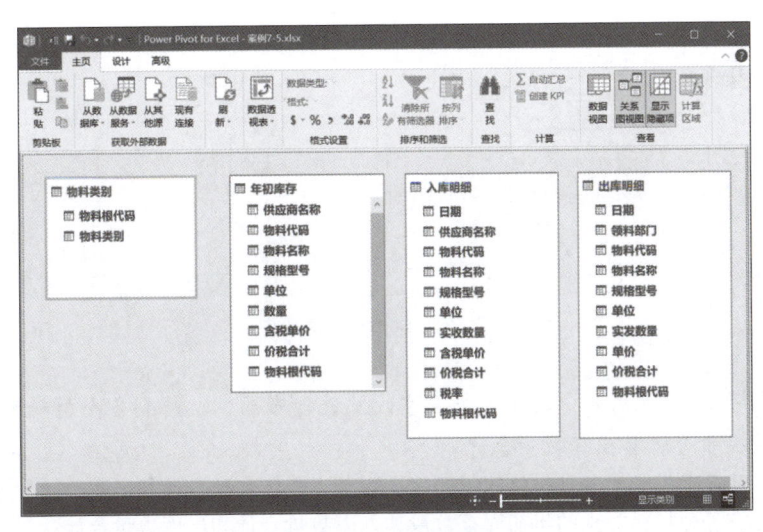

图7-68 关系图视图

**步骤 5** 用鼠标将各个表的关联字段进行关联，如图7-69所示。

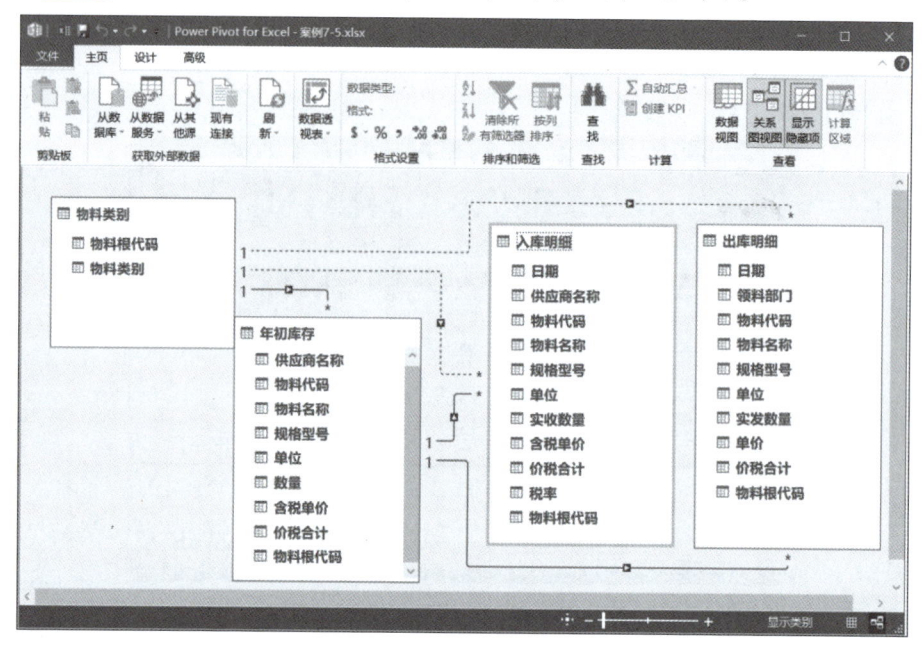

图7-69 关联各个表

**步骤 6** 关联各表后，制作数据透视表，如图7-70所示。

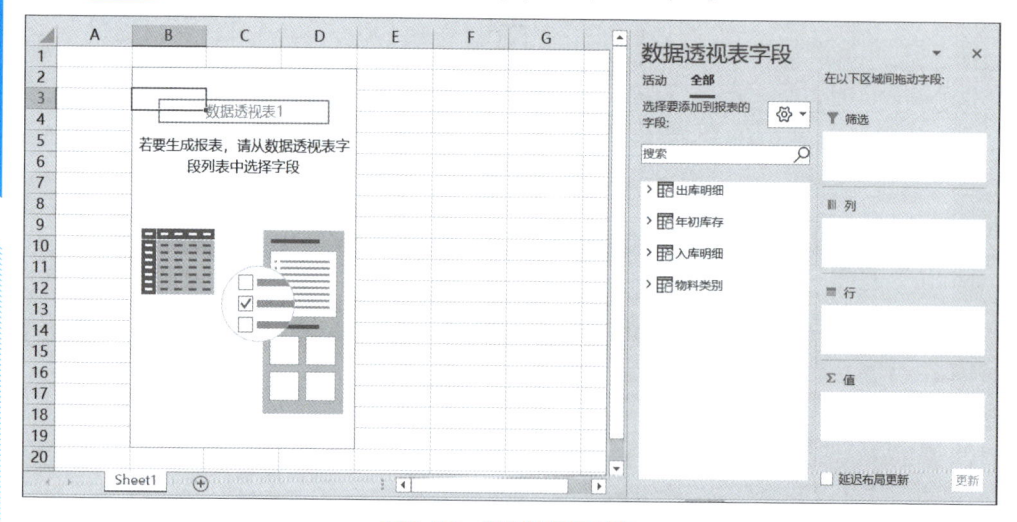

图7-70 制作数据透视表

**步骤 7** 在字段列表中展开各个表字段，进行布局，就得到各个材料的年初库存数量、入库数量合计和出库数量合计。

图7-71是各个供应商各种材料的年初库存数量、入库数量合计和出库数量合计。

图7-72是各种材料类别的年初库存数量、入库数量合计和出库数量合计。

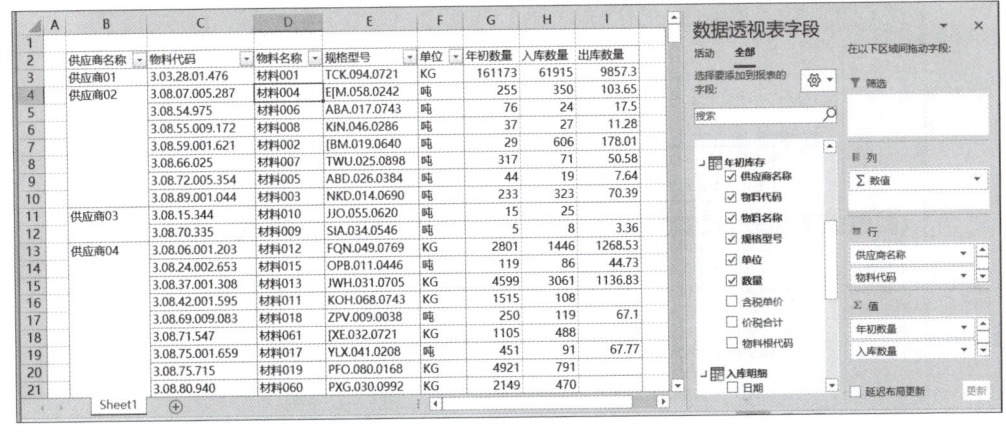

图7-71 各个供应商各种材料的年初库存数量、入库数量合计和出库数量合计

图7-72 各种材料类别的年初库存数量、入库数量合计和出库数量合计

**步骤8** 下面计算当前库存。当前库存的计算公式为"=年初数量+入库数量-出库数量",但在超级透视表中,不能添加计算项,而是使用DAX函数添加一个度量值。

添加度量值的方法很简单,切换到数据视图,在任意一个表下方的任一单元格中输入下面的公式,即可创建一个度量值"度量值1",如图7-73所示。

度量值 1:=CALCULATE(sum('年初库存'[数量]))+CALCULATE(sum('入库明细'[实收数量]))- CALCULATE(sum('出库明细'[实发数量]))

**步骤9** 将默认的度量值名称"度量值1"重命名为"当前库存",然后将该度量值拖放到数据透视表的值区域,即可得到每个物料的当前库存,如图7-74所示。

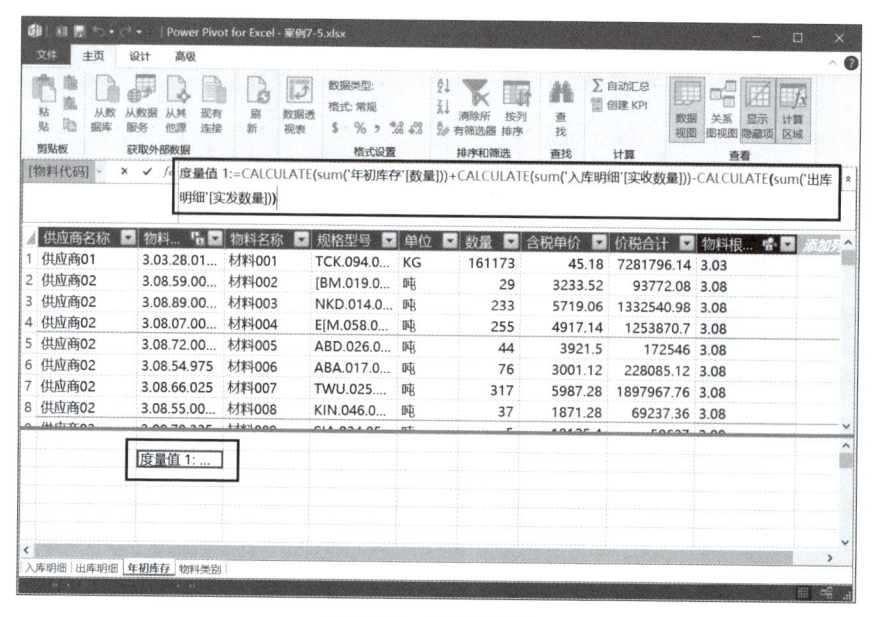

图7-73　创建度量值

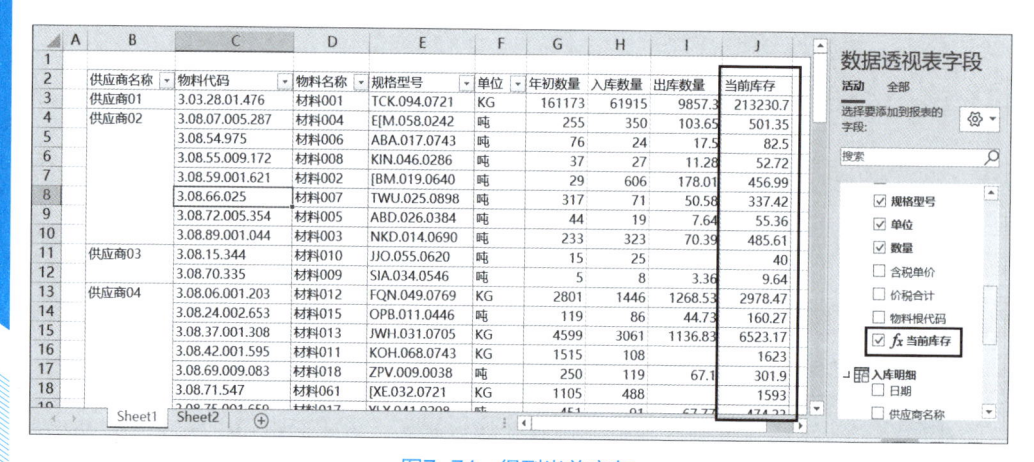

图7-74　得到当前库存

## 7.3.5　用不同工作簿中的多个关联工作表数据创建超级透视表

当几个关联工作表分别保存在不同的工作簿时，Power Pivot可以将这几个工作簿关联起来，而不需要先打开这些工作簿，更不需要将这些工作簿数据复制到同一个工作簿中。

### 案例 7-10

图7-75所示为文件夹里的三个工作簿，分别保存年初库存、入库明细和出库明细，它们通过物料代码关联，现在要制作一个即时库存表，汇总跟踪每个物料的入库数、出库数和当前库存数。

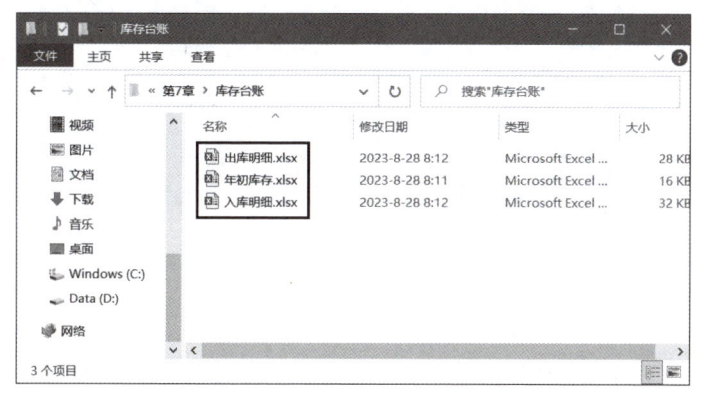

图7-75 三个工作簿

这种不同工作簿的关联汇总分析很方便。新建一个工作簿，并打开Power Pivot for Excel界面，然后在"主页"选项中，单击"从其他源"命令按钮，打开"表导入向导"之"连接到数据源"对话框，从数据源列表中选择"Excel文件"，分别将三个工作簿中的数据添加到数据模型，如图7-76所示。

图7-76 将三个工作簿中的数据添加到数据模型

对三个表建立关联关系，然后添加一个度量"当前库存"，再创建数据透视表，进行布局，即可得到图7-74所示的即时库存表。

## 7.3.6 用不同类型的关联文件数据创建超级透视表

如果数据来源于不同类型的文件（如某几个文件是Excel工作簿，某几个文件是文本文件），Power Pivot可以很容易地将这几个不同类型的文件数据表关联起来，而不需要先将这些文件数据导入Excel工作簿。

这种问题的解决方法也是在Power Pivot for Excel界面中，使用"从其他源"命令，分别将不同类型的文件数据添加到数据模型，再建立各个表的关联，最后创建数据透视表。限于篇幅，不再举例介绍。

# 第8章
# Power Pivot数据模型基本操作

Power Pivot 的核心是数据模型管理界面，也就是 Power Pivot for Excel 界面。在这个界面中，我们可以采集外部数据，对数据进行一些必要的处理（如添加计算列、筛选数据、设置数据类型等），使用 DAX 函数添加度量值，添加自定义函数，创建表关系等。本章将介绍 Power Pivot 数据模型的一些基本操作。

## 8.1 数据模型管理界面

在"数据"选项卡中，单击"管理数据模型"命令按钮，或者在Power Pivot选项卡中，单击"管理"命令按钮，就可打开Power Pivot for Excel界面，也就是数据模型管理界面，如图8-1所示。

数据模型管理界面分三个区域：顶部是菜单命令区；中间是导入的数据模型的数据区；底部是DAX表达式编辑区。

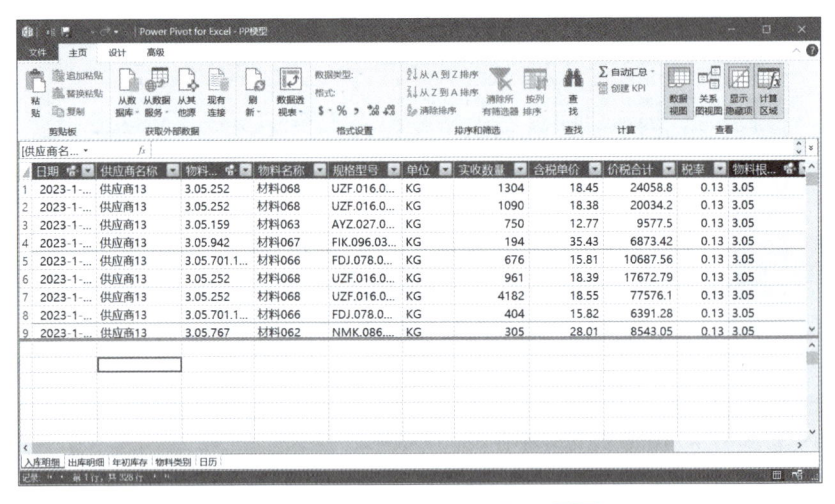

图8-1 Power Pivot for Excel界面

### 8.1.1 菜单命令区

菜单命令区有四个菜单选项卡：文件、主页、设计和高级。

"文件"菜单中主要包括数据模型的保存命令、关闭数据模型管理界面命令、切换数据模型管理界面模式等命令，如图8-2所示。

图8-2 "文件"菜单命令

"主页"选项卡主要包含管理数据模型的主要命令，"获取外部数据"功能组中的相关命令，用于采集并导入外部数据到数据模型中；对数据模型的数据创建数据透视表；对数据模型的数据进行排序和筛选；设置各个字段的数据类型；切换模型视图，建立各个表的关联关系等，如图8-3所示。

图8-3 "主页"选项卡

"设计"选项卡主要包括用于列操作（插入列、删除列、冻结列）、插入函数、创建和管理表关系、创建和管理日期表等命令，如图8-4所示。

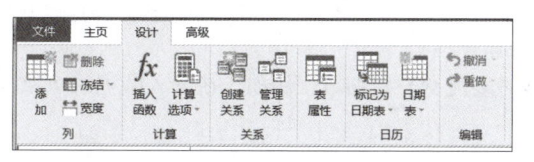

图8-4 "设计"选项卡

"高级"选项卡主要包括用于创建和管理数据透视（例如，将原始的数百列数据缩减为几列关键数据）、管理字段集和表行为等命令，如图8-5所示。

图8-5 "高级"选项卡

在本章后面将陆续介绍每个选项卡中的主要命令和使用方法。

## 8.1.2 数据模型的数据区

数据模型数据区用于显示所有表数据，表的名称显示在数据模型标签中，如图8-6所示。表的名称会依据获取数据的方式而有所不同，这个名称可以修改为一个确切直观的名称。

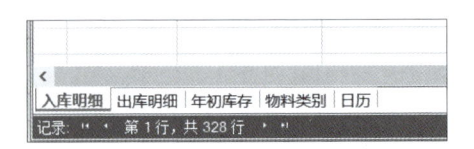

图8-6 数据模型的表名称

在数据模型的数据区中,我们可以添加列、删除列、重命名列、筛选数据、排序数据,但不能修改某个单元格的数据。

### 8.1.3 DAX表达式编辑区

在数据区域的下方有一片空白的单元格区域,这就是DAX表达式编辑区,由一个水平拆分条将这个区域与数据区域分割开。我们可以在任一表的任一单元格中输入度量值的计算公式,修改度量值名称,从而在数据透视表中使用这个度量值。

## 8.2 获取外部数据

在数据模型管理界面中,我们可以轻松地获取要进行分析的外部数据,包括数据库数据、Excel数据、文本文件数据等。

### 8.2.1 获取Excel数据

第7章已经介绍过如何使用Power Pivot来获取Excel数据、加载到数据模型,并创建数据透视表。

在获取Excel数据时要注意一些细节。例如,在导入数据时可以预览并筛选数据,对数据进行提炼和瘦身。

> **案例 8-1**

图8-7所示为Excel文件"出库明细.xlsx"的数据,现在只需导出单位为KG的数据,并且只保留日期、物料代码、物料名称、规格型号、实发数量等几列数据。

图8-7 历年销售数据

打开Power Pivot for Excel界面，在"主页"选项卡中，执行"从其他源"→"Excel文件"命令，选择要导入数据的Excel文件，进入"表导入向导"之"选择表和视图"对话框，如图8-8所示。

图8-8 "表导入向导"之"选择表和视图"对话框

单击"预览并筛选"按钮，打开"表导入向导"之"预览所选表"对话框，如图8-9所示。

图8-9 "表导入向导"之"预览所选表"对话框

选择需要保留的列，取消选择不需要的列，如图8-10所示。

图8-10 选择需要保留的列

在字段"单位"中筛选出值为KG的数据，如图8-11所示。

图8-11 筛选出值为KG的数据

单击"确定"按钮,返回到"表导入向导"之"选择表和视图"对话框,再单击"完成"按钮,就将需要的数据导入数据模型中,如图8-12所示。

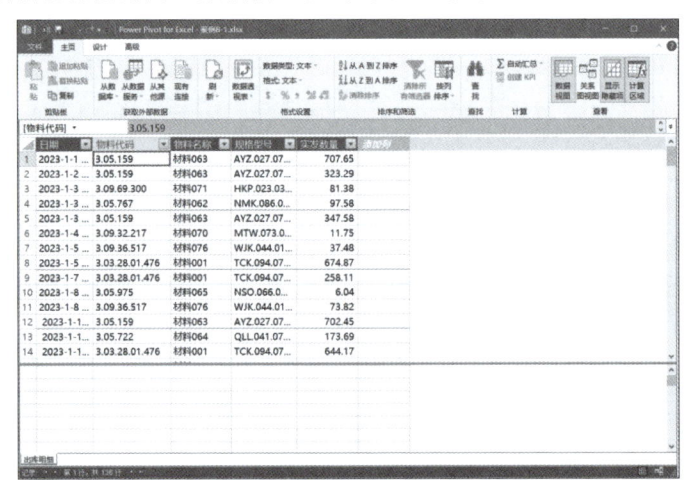

图8-12 导入单位为KG的出库数据

## 8.2.2 获取文本文件数据

第7章也介绍过如何使用Power Pivot来获取文本文件数据,然后加载到数据模型,并创建数据透视表,有关案例及操作步骤请参阅第7章的有关内容。

在导入文本文件时,我们也可以保留那些需要的列,以及那些满足条件的数据。下面举例说明。

### 案例 8-2

图8-13所示为文本文件"员工信息.txt",我们仅需要姓名、所属部门、学历、性别、出生日期和入职时间,并且只需要出生日期在1964年1月1日(含)以后的员工数据。

图8-13 员工信息

打开Power Pivot for Excel界面，在"主页"选项卡中，执行"从其他源"→"Excel文件"命令，选择要导入数据的Excel文件，打开表导入向导，如图8-14所示，然后选择要保留的列，取消选择不需要的列，并从出生日期中筛选1964年1月1日（含）以后的数据。

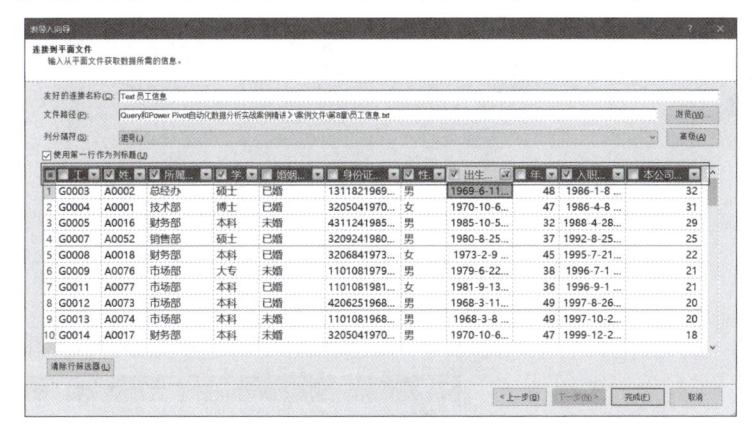

图8-14 选择需要保留的列

单击"完成"按钮，即可得到图8-15所示的结果。

图8-15 导入的满足条件的数据

### 8.2.3 获取数据库数据

Power Pivot可以快速获取数据库数据，如SQL Server数据库、Access数据库等，并且还可以编写SQL语句来获取需要的字段和满足条件的数据，也可以将几个表进行合并。

#### 案例 8-3

图8-16所示为Access数据库"两年销售数据.accdb"中的两个表：去年和今年。现在要求将这两个表的数据合并起来，添加到数据模型，以便进行同比分析。

图8-16　Access数据库"两年销售数据.accdb"中的两个表

**步骤 1**　在"主页"选项卡中，执行"从数据库"→"从Access"命令，如图8-17所示。

**步骤 2**　打开"表导入向导"对话框，从文件夹中选择该Access文件，如图8-18所示。

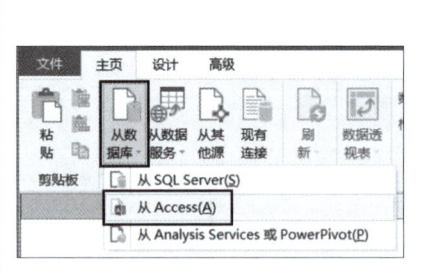

图8-17　执行"从数据库"→"从Access"命令

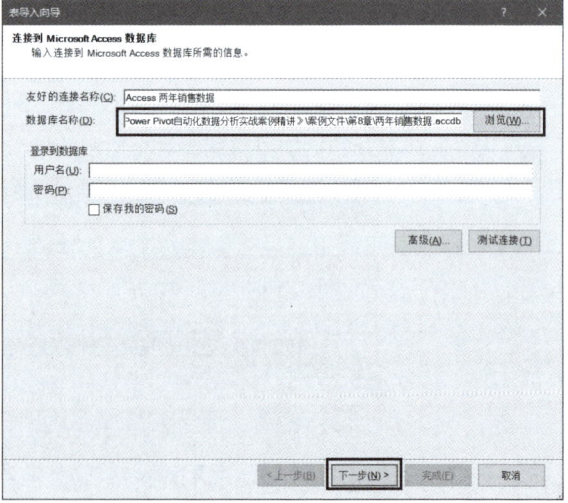

图8-18　"表导入向导"对话框

**步骤 3**　单击"下一步"按钮，打开图8-19所示的对话框，此时，我们可以根据实际情况来选择要导入某个表或者编写SQL语句。

本例中要把去年和今年两个表合并起来，因此选择"编写用于指定要导入的数据的查询"单选按钮。

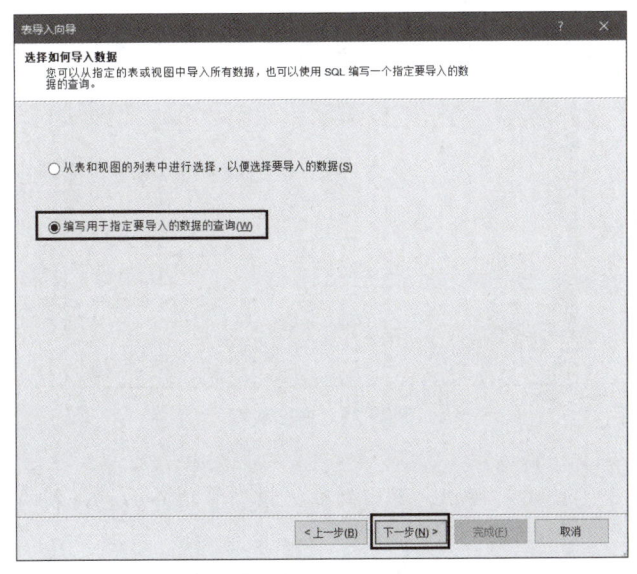

图8-19 选择"编写用于指定要导入的数据的查询"单选按钮

**步骤4** 单击"下一步"按钮，打开图8-20所示的对话框，先输入一个友好的查询名称"合并底稿"，再编写如下SQL语句：

```
select *,'去年' as 年份 from [去年] union all select *,'今年' as 年份 from [今年]
```

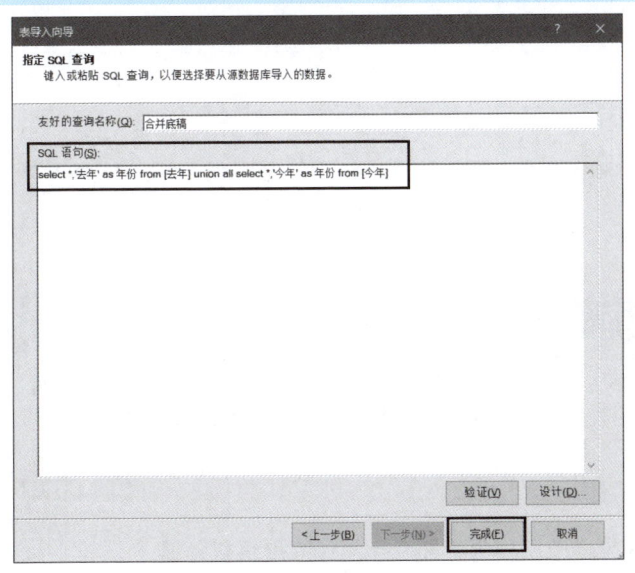

图8-20 编写SQL语句

**步骤5** 单击"完成"按钮，就开始查询数据，如图8-21所示。

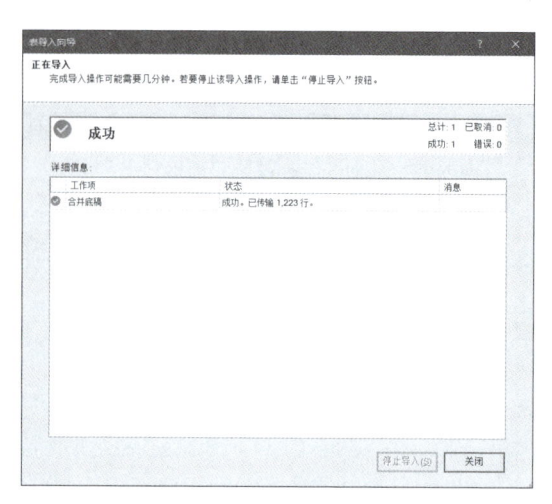

图8-21 查询数据

**步骤 6** 单击"关闭"按钮，返回到数据模型管理界面，得到两个表的合并表，如图8-22所示。

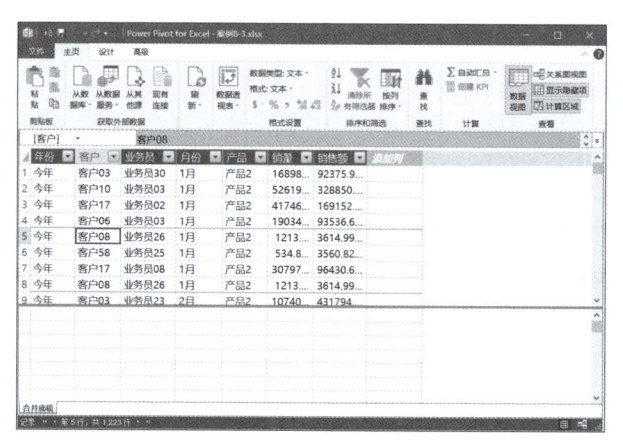

图8-22 导入的合并数据

## 8.3 表的基本操作

本节主要介绍表的一些基本操作，如重命名表、复制表、删除表、移动表等。

### 8.3.1 重命名表

就像在Excel里修改工作表名称一样，在数据模型管理中，也可以快速修改表名称。一种方法是双击表名称，再输入新名称；另一种方法是右击要修改的表名，执行"重命名"命令，如图8-23所示。

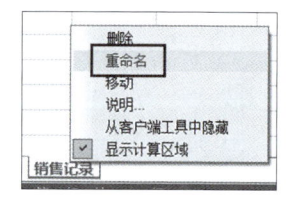

图8-23 重命名表名称

## 8.3.2 移动表

尽管在大多数情况下不用移动表，但是如果表很多，想让某些表排在一起，则可以使用图8-23中的"移动"命令将表移动到指定的位置。

## 8.3.3 从客户端工具隐藏表

这里所说的隐藏表，不是Excel表看不见了，在数据模型界面中，还是能看到这个表的，但是在客户端工具（例如数据透视表）中，该表是不可见的。

隐藏表的方法是执行图8-23中的"从客户端工具中隐藏"命令。

## 8.3.4 复制数据为新表

我们可以选择某几列或者部分单元格数据，将其复制为一个新表。复制数据的方法很简单，选择要复制的数据区域，右击并执行"复制"命令，然后在"主页"选项卡中，单击"粘贴"命令按钮，弹出"粘贴预览"对话框，如图8-24所示，输入新表名称，然后单击"确定"按钮即可。

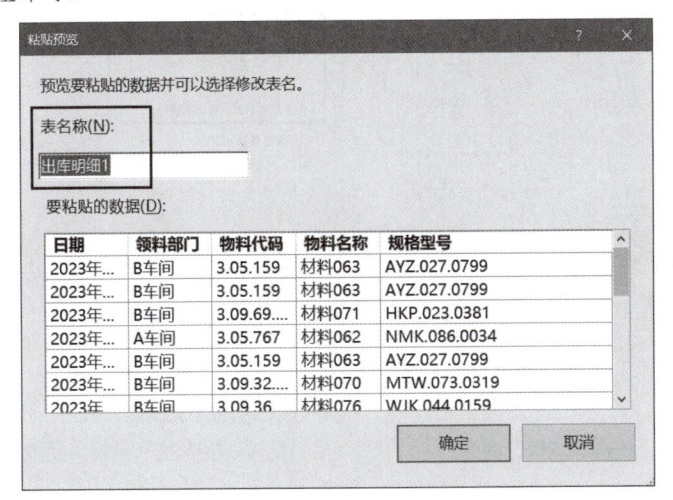

图8-24 输入新表名称

## 8.3.5 刷新数据

当需要刷新所有表数据时，我们可以手动刷新，具体方法是在"主页"选项卡中，执行"全部刷新"命令，如图8-25所示。如果仅仅是刷新当前表，单击"刷新"命令按钮即可。

此外，也可以设置为每隔一段时间自动刷新，方法很简单。在Excel界面下，在"数据"选项卡中，单击"查询和连接"命令按钮，如图8-26所示，然后在工作表右侧出现"查询&连接"窗格，右击要自动刷新的查询，执行"属性"命令，如图8-27所示。

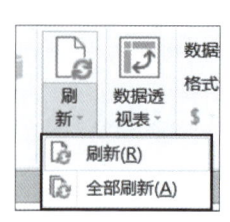

图8-25 刷新数据

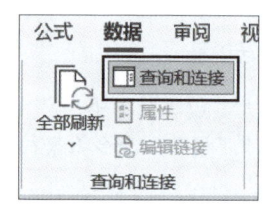

图8-26 Excel的"查询和连接"命令

打开"连接属性"对话框，选择"刷新频率"复选框，设置一个合适的刷新频率（分钟）即可，如图8-28所示。

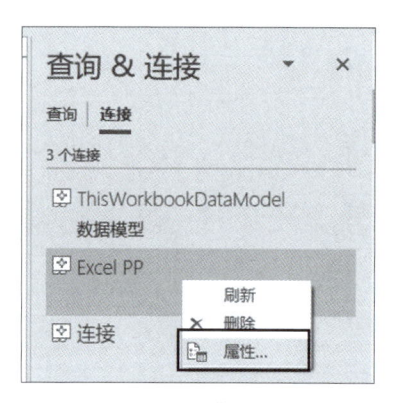

图8-27 执行"属性"命令

图8-28 设置自动刷新

## 8.4 数据的基本操作

数据的基本操作包括设置数据类型、排序、筛选等，下面简单介绍数据的基本操作。

### 8.4.1 设置数据类型

一般来说，Power Pivot会自动对各列数据进行判断并设置相应的数据类型。设置数据类型是在"主页"选项卡中的"格式设置"功能组中，选择某个下拉菜单命令，或者单击某个格式按钮，如图8-29所示。

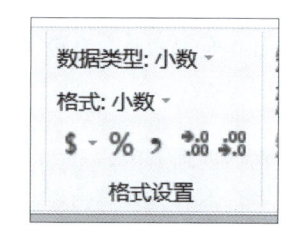

图8-29 设置数据类型命令

## 8.4.2 常规排序与自定义排序

排序很简单,单击某列的任一单元格,然后在"主页"选项卡中单击升序排序按钮或者降序排序按钮即可,如图8-30所示。如果要取消排序,就单击"清除排序"命令按钮。

这种自动排序与Excel中的排序一样,是按照普通的排序规则进行排序的。也就是说,默认的文本排序,是按照首个字符的字母排序的,但是在实际工作中,我们需要按照特定的次序进行排序,也就是自定义排序。此时,我们可以使用计算列的方式来解决,或者使用"按列排序"工具进行自定义排序。

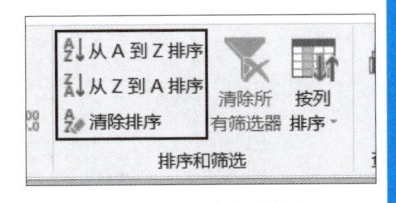

图8-30 排序命令按钮

### 案例 8-4

图8-31所示为两个表"原始数据"和"自定义顺序",现在要求将表"原始数据"的科目名称按照表"自定义顺序"的项目顺序排序。

图8-31 示例数据

这个例子中,表"自定义顺序"已经有一列连续的序号,因此,最简单的方法是把这个序号匹配到"原始数据"表中,然后再对这个序号进行排序即可。

首先,建立表关联,将表"原始数据"的科目名称与表"自定义顺序"的项目关联,如图8-32所示。

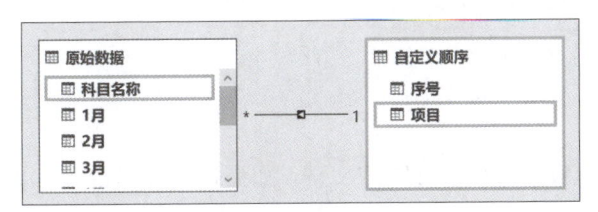

图8-32 建立表关联

然后,在表"原始数据"中,添加一个计算列"计算列1",如图8-33所示,DAX公式如下。

```
=RELATED('自定义顺序'[序号])
```

[计算列 1] ▾ fx =RELATED('自定义顺序'[序号])

| | 科目... | 1月 | 2月 | 3月 | 4月 | 5月 | 6月 | 7月 | 8月 | 计算列 1 | 添加列 |
|---|---|---|---|---|---|---|---|---|---|---|---|
| 1 | 办公费 | 20,040 | 4,357 | 55,662 | 32,643 | 12,003 | 31,704 | 33,814 | 9,421 | 10 | |
| 2 | 保安费 | 32,980 | 35,572 | 31,327 | 32,959 | 32,875 | 34,086 | 32,580 | 32,706 | 24 | |
| 3 | 保险费 | 7,907 | 7,907 | 9,620 | 9,620 | 9,620 | 10,940 | 9,620 | 9,620 | 14 | |
| 4 | 仓储费 | 220 | 220 | 220 | 220 | 220 | 220 | 270 | 0 | 22 | |
| 5 | 差旅费 | 129,424 | 75,252 | 167,496 | 111,922 | 163,131 | 190,498 | 198,302 | 165,487 | 11 | |
| 6 | 城市房产税 | 0 | 0 | 70,646 | 0 | 0 | 70,646 | 0 | 0 | 28 | |
| 7 | 待摊费用摊销 | 7,150 | 7,150 | 7,150 | 7,150 | 7,150 | 7,150 | 7,150 | 7,150 | 19 | |
| 8 | 低值易耗品... | 583 | 874 | 1,210 | 1,491 | 2,281 | 537 | 979 | 2,491 | 20 | |
| 9 | 福利费 | 40,859 | 1,952 | 1,507 | 8,139 | 27,654 | 28,347 | 865 | 24,166 | 5 | |
| 10 | 工会经费 | 7,509 | 8,176 | 7,990 | 7,564 | 7,401 | 7,751 | 7,577 | 7,420 | 29 | |
| 11 | 工资 | 426,648 | 402,821 | 440,445 | 461,768 | 414,994 | 482,124 | 498,439 | 523,516 | 1 | |
| 12 | 固定资产折旧 | 582,734 | 582,705 | 560,468 | 548,350 | 550,349 | 549,446 | 552,912 | 557,887 | 18 | |

图8-33　添加计算列

最后，对“计算列1”从小到大进行排序，就是需要的结果，如图8-34所示。

| | 科目... | 1月 | 2月 | 3月 | 4月 | 5月 | 6月 | 7月 | 8月 | 计算列 1 |
|---|---|---|---|---|---|---|---|---|---|---|
| 1 | 工资 | 426,648 | 402,821 | 440,445 | 461,768 | 414,994 | 482,124 | 498,439 | 523,516 | 1 |
| 2 | 加班费 | 26,460 | 40,060 | 47,391 | 29,418 | 58,992 | 77,673 | 98,937 | 59,770 | 2 |
| 3 | 伙食费 | 45,024 | 33,740 | 46,998 | 34,167 | 31,143 | 38,654 | 46,403 | 38,346 | 3 |
| 4 | 社保费 | 86,718 | 87,502 | 91,464 | 96,743 | 99,108 | 112,262 | 120,099 | 114,082 | 4 |
| 5 | 福利费 | 40,859 | 1,952 | 1,507 | 8,139 | 27,654 | 28,347 | 865 | 24,166 | 5 |
| 6 | 审计费 | 0 | 0 | 16,000 | 80,000 | 0 | 0 | 0 | 0 | 6 |
| 7 | 水电费 | 364,823 | 283,964 | 305,003 | 257,352 | 273,580 | 342,185 | 361,032 | 361,884 | 7 |
| 8 | 租赁费 | 44,000 | 57,080 | 45,800 | 45,800 | 45,800 | 45,800 | 45,800 | 45,800 | 8 |
| 9 | 汽车费用 | 27,138 | 13,161 | 71,080 | 35,006 | 48,270 | 55,290 | 46,419 | 54,307 | 9 |
| 10 | 办公费 | 20,040 | 4,357 | 55,662 | 32,643 | 12,003 | 31,704 | 33,814 | 9,421 | 10 |
| 11 | 差旅费 | 129,424 | 75,252 | 167,496 | 111,922 | 163,131 | 190,498 | 198,302 | 165,487 | 11 |
| 12 | 邮电费 | 16,449 | 20,490 | 17,146 | 18,543 | 16,910 | 25,284 | 35,067 | 36,752 | 12 |
| 13 | 修理费 | 60,979 | 160,215 | 98,117 | 148,547 | 85,043 | 179,739 | 192,085 | 695,961 | 13 |
| 14 | 保险费 | 7,907 | 7,907 | 9,620 | 9,620 | 9,620 | 10,940 | 9,620 | 9,620 | 14 |
| 15 | 环保费 | 53,688 | 0 | 0 | 0 | 67,436 | 0 | 0 | 39,046 | 15 |
| 16 | 税金 | 0 | 1,716 | 60,158 | 33,020 | 0 | 79,207 | 7,243 | 0 | 16 |
| 17 | 进出口费 | 6,155 | 3,590 | 9,753 | 25,114 | 19,313 | 4,307 | 10,582 | 14,704 | 17 |

原始数据　自定义顺序

图8-34　排序后的表

### 8.4.3　筛选数据

Power Pivot可以对数据进行各种筛选，这种筛选方法与Excel工作表筛选是一样的，感兴趣的读者，请自行练习。

如果要取消所有列的筛选，最简单的方法是单击“清除所有筛选器”命令按钮。

需要说明的是，在数据模型中对数据进行筛选，只是为了方便观察数据，对于由数据模型创建的数据透视表没有任何影响。

## 8.5　操作列

Power Pivot可以对表的列进行必要的处理，如重命名列、插入新列、删除列等。下面介绍关于列操作的一些技能。

### 8.5.1　重命名列

重命名列的最简单方法是双击列标题，然后输入新名称，也可以右击列标题，执行“重命名列”命令。

需要注意的是,每个列标题名称必须是唯一的,不能重名。

## 8.5.2 删除列

如果要删除某列或者某几列,可以先选择该列或者这几列,然后右击并执行"删除列"命令即可,如图8-35所示。

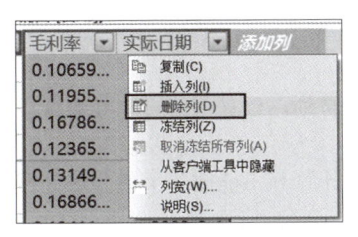

图8-35 "删除列"命令

## 8.5.3 添加计算列

在表的最右侧有一个"添加列",如图8-36所示。单击此列的任意一个单元格,输入等号(=),再输入DAX公式,即可创建一个计算列。

图8-36 表最右侧的"添加列"

### 案例 8-5

我们要添加一个计算列"毛利率",就在公式编辑栏中输入DAX公式,并将列标题修改为"毛利率",如图8-37所示。

=′门店销售′[毛利]/′门店销售′[销售额]

图8-37 使用简单计算添加计算列"毛利率"

大多数情况下,我们需要使用DAX函数来创建计算列。例如,假设第一列是2023年8月份每一天的日期,那么可以添加一个计算列"实际日期",如图8-38所示。计算公式如下,这里使用了DATEVALUE函数,用于将文本型日期转换为数值型日期。

=DATEVALUE("2023年8月"&′门店销售′[日期])

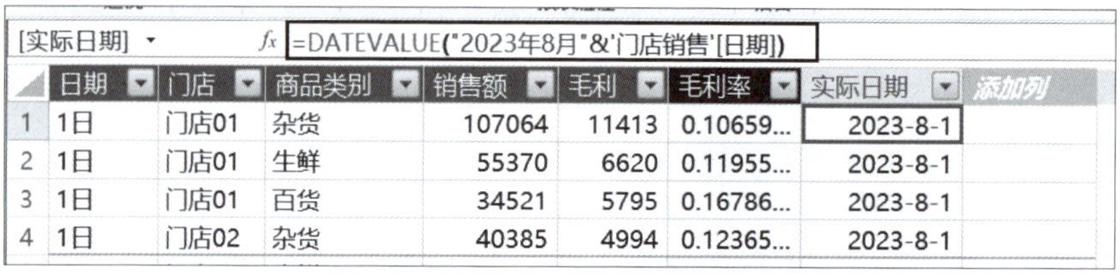

[实际日期] ▾ fx =DATEVALUE("2023年8月"&'门店销售'[日期])

| | 日期 | 门店 | 商品类别 | 销售额 | 毛利 | 毛利率 | 实际日期 | 添加列 |
|---|---|---|---|---|---|---|---|---|
| 1 | 1日 | 门店01 | 杂货 | 107064 | 11413 | 0.10659... | 2023-8-1 | |
| 2 | 1日 | 门店01 | 生鲜 | 55370 | 6620 | 0.11955... | 2023-8-1 | |
| 3 | 1日 | 门店01 | 百货 | 34521 | 5795 | 0.16786... | 2023-8-1 | |
| 4 | 1日 | 门店02 | 杂货 | 40385 | 4994 | 0.12365... | 2023-8-1 | |

图8-38　使用DAX函数添加计算列

添加的计算列公式作用于整列，计算列的每一行数据，都是参与计算的某些列的对应行数据的计算结果。

在数据透视表中，添加的计算列不能放置于值区域进行再次计算，而是放置于行区域或者列区域进行分类。

例如，在上面的例子中，不能将毛利率拖放至值区域来计算每个商品类别的毛利率，因为这样的毛利率是所有门店、所有日期的毛利率合计数，如图8-39所示。

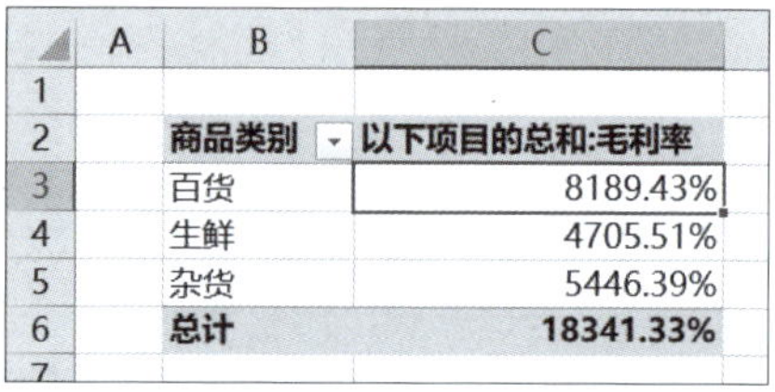

| | A | B | C |
|---|---|---|---|
| 1 | | | |
| 2 | | 商品类别 | 以下项目的总和:毛利率 |
| 3 | | 百货 | 8189.43% |
| 4 | | 生鲜 | 4705.51% |
| 5 | | 杂货 | 5446.39% |
| 6 | | 总计 | 18341.33% |

图8-39　计算列不能放置于值区域

如果要计算所有门店、所有日期、所有商品类别的平均毛利率，则需要创建度量值。

## 8.6 操作度量值

在传统数据透视表中，值区域中的值字段汇总方式只有默认的几种：计数、求和、最大值、最小值、平均值等。Power Pivot可以自定义更多的汇总方式，也就是添加度量值。

度量值是基于源数据筛选而生成的值字段。简单来说，度量值就是一种自定义的数据透视表值区域的汇总方式，是使用有关运算规则和DAX函数对现有字段进行计算的表达式，又称为度量值表达式。

### 8.6.1 度量值表达式的保存位置

度量值表达式保存在数据模型的DAX表达式编辑区的任一单元格。保存度量值表达式的单元格位置是任意的，但需要注意正确引用数据源的字段。

图8-40所示为添加的两个度量值“度量值1”和“度量值2”，它们的计算表达式分别如下：

```
度量值1:=CALCULATE(SUM('门店销售'[毛利])/SUM('门店销售'[销售额]))
度量值2:=CALCULATE(SUM('门店销售'[销售额])-SUM('门店销售'[毛利]))
```

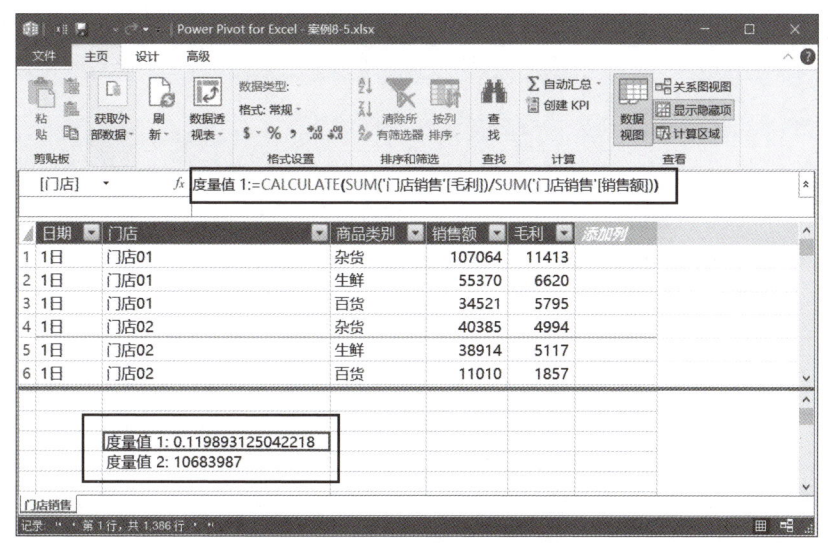

图8-40 添加的两个度量值

默认情况下，添加的度量值名称分别以"度量值 n"来表示，我们可以在公式编辑栏中修改为具体名称。例如，将"度量值1"修改为"毛利率"，将"度量值2"修改为"销售成本"，如图8-41所示。

毛利率:=CALCULATE(SUM('门店销售'[毛利])/SUM('门店销售'[销售额]))
销售成本:=CALCULATE(SUM('门店销售'[销售额])-SUM('门店销售'[毛利]))

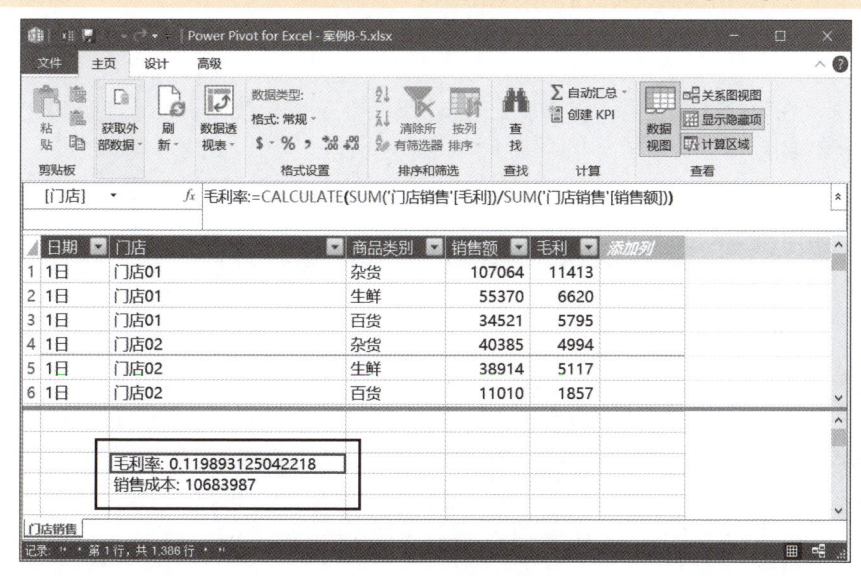

图8-41 修改度量值名称

从创建的数据透视表中可以看到，在字段列表中有了两个新的值字段，如图8-42所示，度量值名称前面都有一个$f_x$标记。

布局数据透视表就可以看到，商品类别的毛利率计算结果是正确的。

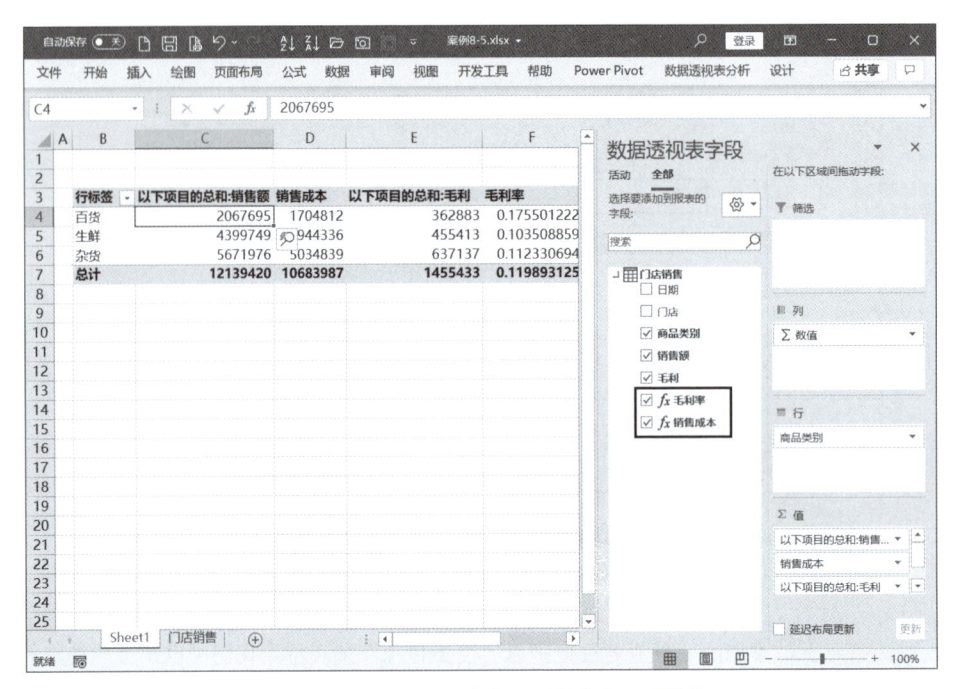

图8-42  在数据透视表字段列表中出现度量值

如果是由多个表格建立的数据模型，当在某个数据模型的数据区域下方创建了度量值时，该度量值就会出现在该表的字段列表中。

例如，第7章的"案例7-9.xlsx"在"年初库存"模型中创建度量值"当前库存"，如图8-43所示。

那么，在数据透视表中，需要展开"年初库存"表的字段列表，才能找到这个度量值，如图8-44所示。

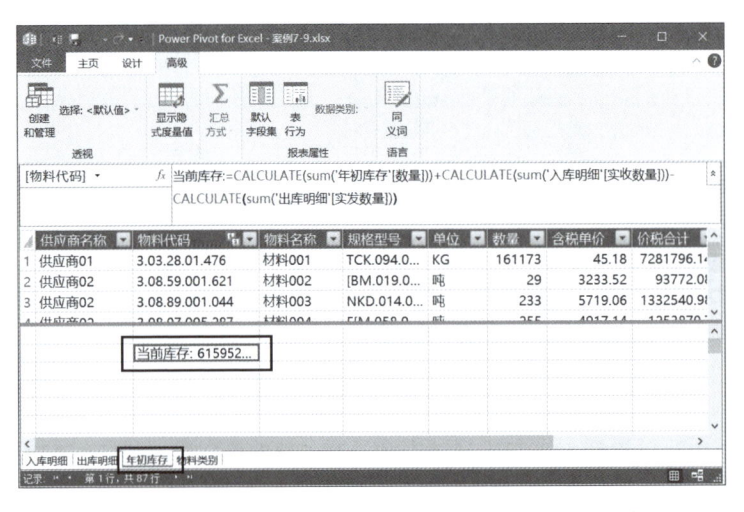

图8-43  在"年初库存"模型中创建度量值"当前库存"    图8-44  创建的度量值

## 8.6.2 隐式度量值和显式度量值

度量值有两种类型：隐式度量值和显式度量值。

在数据透视表中，将字段拖至值区域，就自动生成一个度量值，这种度量值在 Power Pivot 中是不显示、不可编辑的，因此称为隐式度量值。

隐式度量值只能使用一些标准聚合，如 SUM、COUNT、MIN、MAX、AVG、DISTINCTCOUNT 等，并且只能在创建它们的数据透视表中使用，如图 8-45 所示。

在 Power Pivot 的"高级"选项卡中，单击"显示隐式度量值"命令按钮，如图 8-46 所示，就会在每个数据模型界面中显示出所有的隐式度量值（数据透视表中的值字段），如图 8-47 所示。此时，在公式编辑栏中，度量值是灰色的，不能编辑。

当不需要查看隐式度量值时，可以再次单击"显示隐式度量值"命令按钮。

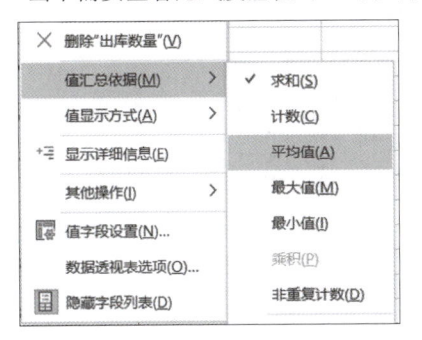

图 8-45　隐式度量值的常用标准聚合 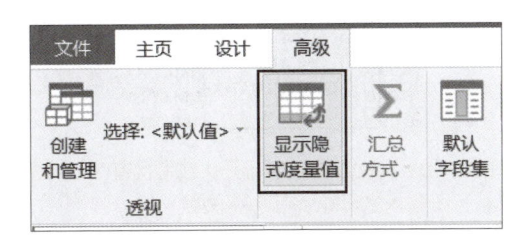　　　图 8-46　"显示隐式度量值"命令按钮

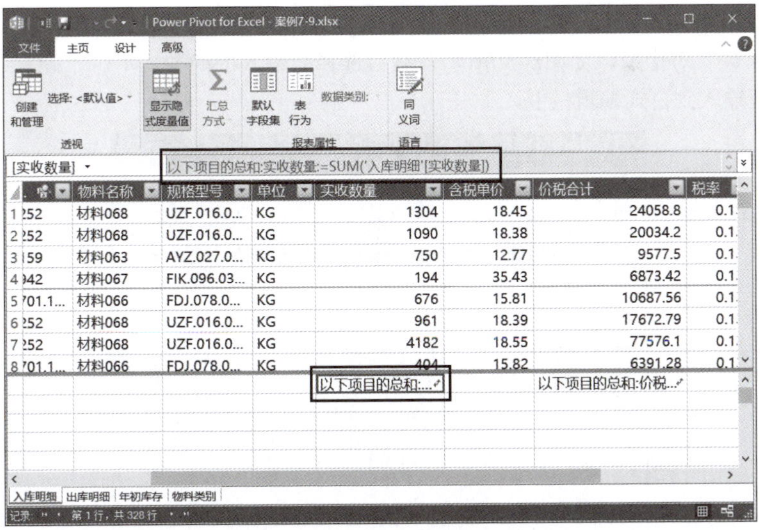

图 8-47　显示隐式度量值

在数据区域下方的 DAX 表达式编辑区的任一单元格中创建的自定义数据透视表值区域汇总，就是显式度量值，我们可以对这个度量值计算表达式进行编辑，如修改度量值名称、编辑修改计算公式等。

### 8.6.3 在Power Pivot for Excel界面中创建度量值

度量值表达式中需要使用DAX函数，如CALCULATE函数、SUM函数等，因为度量值是一种自定义的数据透视表值区域的汇总。

在Power Pivot for Excel界面中，将光标移到公式编辑栏，输入等号"="，再输入字母，就会列出以输入字母开头或者含有输入字母的所有DAX函数，如图8-48所示。这样就可以快速选择输入DAX函数。

输入完整的函数名称，再输入一个左括号"("，就会出现所有数据模型的所有字段列表，这样就可以快速选择输入要计算的字段，而不需要手动输入字段了，如图8-49所示。

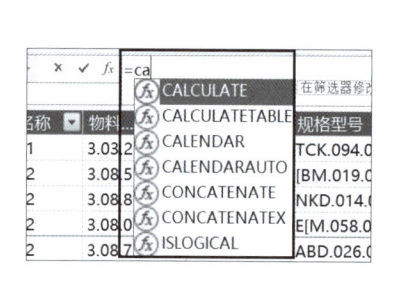

图8-48 列出以输入字母开头或者含有输入字母的所有DAX函数

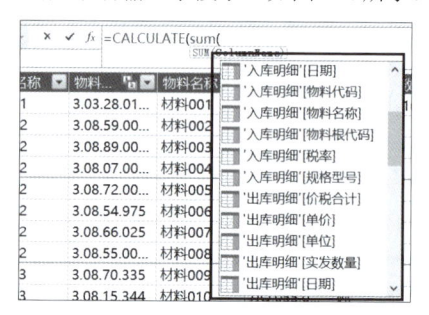

图8-49 列出所有数据模型中的所有字段列表

当选择输入字段后，接着输入函数的所有参数，最后输入一个右括号")"，按Enter键，就可完成度量值表达式的输入。

也可以单击公式编辑栏上的插入函数按钮$f_x$（就像在Excel里插入函数一样），就会打开"插入函数"对话框，如图8-50所示，然后选择要输入的函数，单击"确定"按钮，就可将该函数输入到公式编辑栏中。

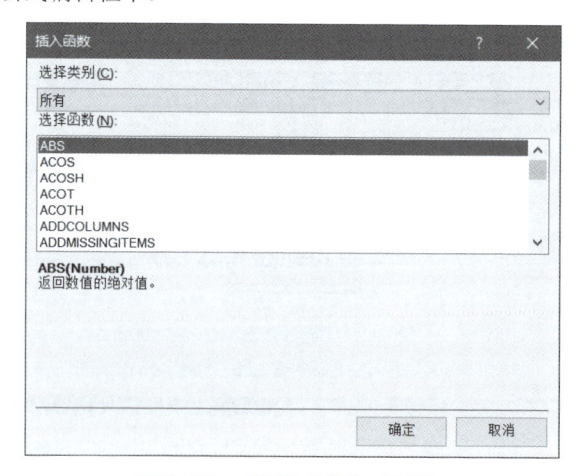

图8-50 "插入函数"对话框

无论是添加新列，还是创建度量值，我们都需要了解基本运算规则和一些常用DAX函数，在后面的各章中将陆续进行介绍。

## 8.6.4 在Excel的Power Pivot选项卡中创建度量值

在Excel的Power Pivot选项卡中，执行"度量值"→"新建度量值"命令，如图8-51所示，就可以在Excel界面（而不是Power Pivot for Excel界面）中创建度量值。

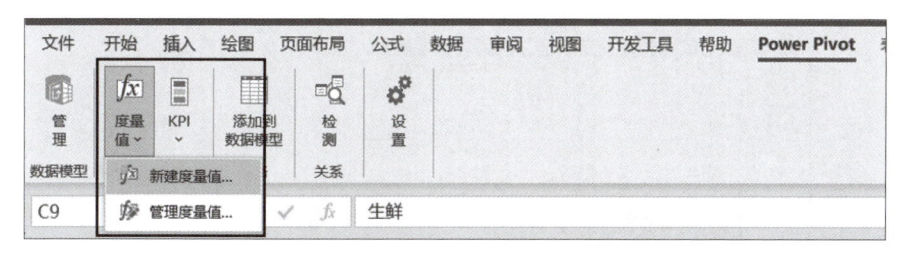

图8-51 "度量值"→"新建度量值"命令

例如，要创建一个度量值"毛利率"。创建度量值的主要步骤为：首先，在Power Pivot选项卡中执行"度量值"→"新建度量值"命令，打开"度量值"对话框，然后选择表名（有多个表的话，如果只有一个表，就忽略此操作），输入度量值名称，再在公式输入框中输入DAX表达式，最后对度量值的类别（也就是数据类型）和格式进行设置，如图8-52所示。确认无误后（可以单击"检查公式"按钮检查公式是否有错误），单击"确定"按钮，就创建了一个名为"毛利率"的度量值。

图8-52 创建度量值

打开Power Pivot for Excel界面，切换到选择的表，就可以看到创建的度量值，如图8-53所示。

如果要创建多个度量值，可以再次执行"度量值"→"新建度量值"命令。

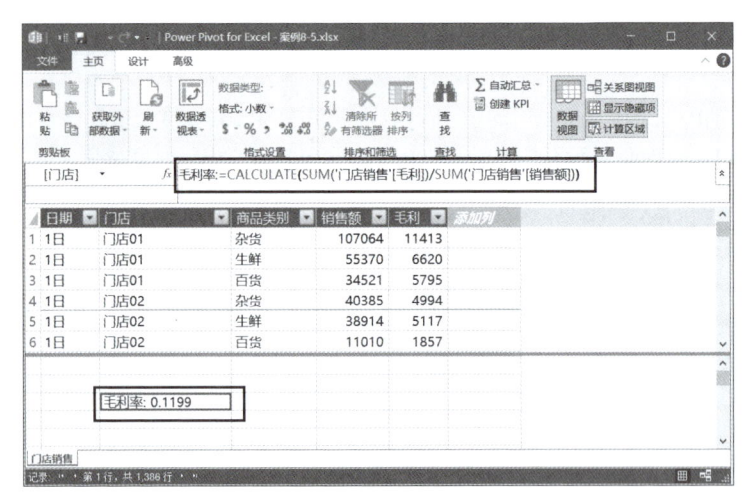

图8-53 创建的度量值

## 8.6.5 编辑度量值

编辑度量值有两种方法：一种是在Power Pivot for Excel界面中的DAX表达式编辑区域中选择要编辑的度量值，然后在公式编辑栏中进行编辑修改；另一种是在Excel的Power Pivot选项卡中，执行"度量值"→"管理度量值"命令，打开"管理度量值"对话框，选择要编辑的度量值，如图8-54所示。打开"度量值"对话框（参阅图8-52），进行编辑即可。

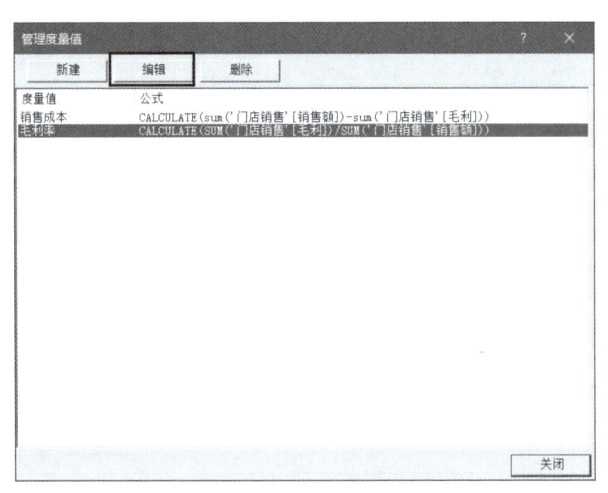

图8-54 "管理度量值"对话框

## 8.6.6 删除度量值

删除度量值也有两种方法：一种是在Power Pivot for Excel界面中的DAX表达式编辑区域中选择要删除的度量值，然后按Delete键，在弹出的"确认"对话框中，单击"从模型中删除"按钮，如图8-55所示。

另一种是在Excel的Power Pivot选项卡中，执行"度量值"→"管理度量值"命令，打开"管理度量值"对话框，选择要删除的度量值（参阅图8-54），单击"删除"按钮，在弹出的对话框中单击"是"按钮即可，如图8-56所示。

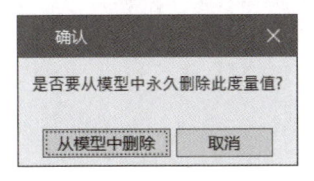

图8-55　删除度量值确认框（1） 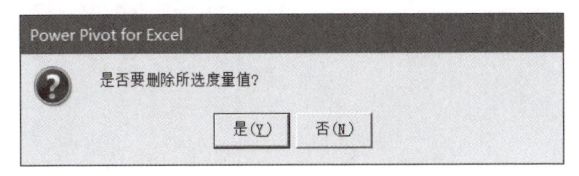　　　　图8-56　删除度量值确认框（2）

# 第 9 章
# Power Pivot的常用DAX函数及其应用

添加的计算列以及创建的度量值,都是对字段进行的各种计算,因此我们需要了解Power Pivot 的最核心内容:DAX 表达式。DAX 是 Data Analysis Expression 的缩写,意思就是数据分析表达式。同 Excel 一样,在使用 DAX 公式时,需要结合具体数据分析,创建各种DAX 表达式,实现不同的数据分析目的。本章就关于DAX 的基本知识及常用函数进行介绍。

## 9.1 DAX表达式基础知识

在使用DAX表达式之前,首先要了解DAX表达式的一些基础知识,包括数据类型、数据格式、运算符、引用、函数、上下文等。

### 9.1.1 数据类型及数据格式

在数据模型管理界面中,我们可以对各个字段的数据类型进行重新设置,以便更清楚地观察数据和分析数据。

在Power Pivot中,数据类型有以下几种:文本、日期、时间、日期/时间、小数、整数、货币、逻辑值TRUE/FALSE等。

设置数据格式的方法是单击某个字段的任一单元格,然后在"格式设置"功能组中,单击数据类型下拉菜单,选择相应的数据类型即可,当选择某个数据类型后,还可以单击格式下拉菜单,对数据格式进行设置,如图9-1所示。

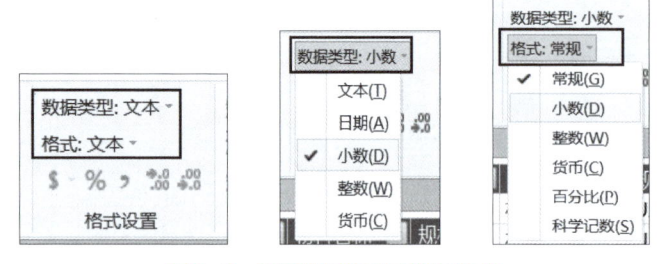

图9-1 设置数据类型及数据格式

对于文本数据,其格式还是文本。对于日期数据和数字,其格式有多种情况,分别如图9-2和图9-3所示,可以根据实际情况,选择相应的数据格式。

设置字段的数据类型非常重要,如果数据分析的结果出错,就需要先检查数据类型是否正确。例如,文本类型数据不能求和汇总,且文本类型数据与日期类型数据不能直接关联。

图9-2　日期类型数据的格式　　　　　图9-3　数字类型数据的格式

## 9.1.2　运算符

运算符是DAX表达式的基本元素之一，用来指定运算规则。运算符包括以下几类。

（1）算术运算符：用于对数值进行加（+）、减（–）、乘（*）、除（/）、幂（^）计算。

（2）比较运算符：用于对两个数据进行比较，有等于（=）、不等于（< >）、大于（>）、大于或等于（>=）、小于（<）、小于或等于（<=）。

（3）文本连接运算符：用于连接文本字符串（&）。

（4）逻辑运算符：用于将几个条件进行组合，包括与运算（&&，相当于Excel里的AND函数）、或运算（||，相当于Excel里的OR函数），以及求反运算（!，相当于Excel里的NOT函数）。

（5）小括号（）：用于对数据计算进行组合，此外，小括号还是DAX函数的组成部分。

## 9.1.3　引用规则

在DAX表达式中需要引用某个表的某列，或者引用自定义的度量值，在引用它们时，需要遵循一定的规则。

（1）引用表：需要用单引号（'）将表名括起来。例如，若引用表"入库明细"，则引用方式为：'入库明细'。

（2）引用列：需要用方括号（[]）将列名括起来。例如，若引用列"日期"，则引用方式为：[日期]。

（3）引用某个表的某列：按照引用表和引用列的规则来引用。例如，要引用"入库明细"表中的"日期"列，则引用方式为：'入库明细'[日期]。

在创建度量值时，如果在度量值表达式中要引用某个表的某列，则必须带表名。如果是在某个表中插入新列，则直接引用某列，而不需要带表名。

（4）引用度量值：引用度量值与引用列一样，用方括号（[]）将度量值括起来。例如，要引用度量值"毛利率"，引用方式为：[毛利率]。

### 9.1.4 DAX函数

如果要对某几列进行计算，可以使用简单的加减乘除，也可以使用DAX函数对列数据进行相应的处理。

而在创建度量值时，则必须使用DAX函数。例如，使用筛选函数CALCULATE、FILTER，使用聚合函数SUM、AVERAGE、COUNT，使用关系函数RELATED，使用基本数据处理函数（处理文本，处理日期，逻辑判断），等等。很多DAX函数与Excel工作表函数的原理及用法是一样的，因此很容易掌握并应用。

与Excel工作表函数一样，DAX函数语法也会用到括号和参数：

DAX函数名(参数1,参数2,参数3, ...)

DAX函数的参数可以是一个表，也可以是一个表中的一列或几列。参数之间用逗号分隔。在DAX函数公式中，所有标点符号都必须是英文半角字符。此外，函数名称不区分大小写。

下面各节将详细介绍一些常用的DAX函数及其在数据分析中的应用。

### 9.1.5 计算环境

计算环境又称为上下文，也就是对数据源进行筛选后的汇总计算。因此，度量值的计算，从本质上来说，就是在筛选环境下的汇总计算。而在计算列时，计算环境则是对某几列数据的各行计算，尽管每个单元格的计算公式完全一样，但每个单元格的计算结果都只是所在行的计算结果。

## 9.2 处理文本的DAX函数及其应用

处理文本的DAX函数与Excel文本函数不论是名称还是用法都基本一样，包括LEN函数、LEFT函数、RIGHT函数、MID函数、FIND函数、SEARCH函数、SUBSTITUTE函数、REPLACE函数、TRIM函数、FORMAT函数、CONCATENATE函数、CONCATENATEX函数等，如图9-4所示。但是，DAX函数中没有计算字节数的文本函数（在Excel函数中，有LENB函数、LEFTB函数、RIGHTB函数等）。

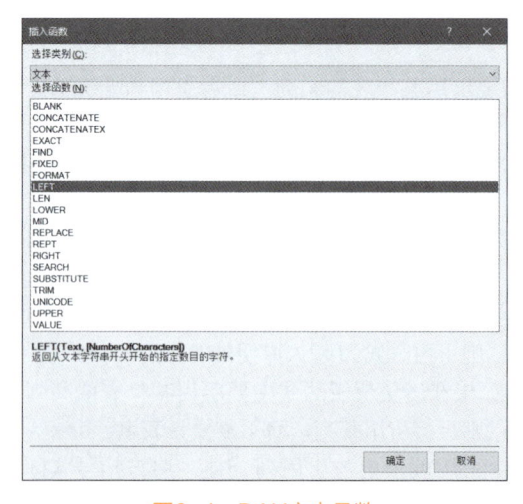

图9-4　DAX文本函数

文本函数多用于计算列中,或者在度量值中用于处理筛选条件。

## 9.2.1 获取字符长度的LEN函数

LEN函数用于计算字符长度,其用法为:

=LEN(文本字符串或列名)

### 案例 9-1

如图9-5所示,使用LEN函数添加一个计算列"物料代码长度"和一个度量值"特殊涂料价税合计",公式分别如下。

计算列"物料代码长度":

=LEN('入库明细'[物料代码])

度量值"特殊涂料价税合计"(物料代码长度为15的是特殊涂料)

特殊涂料价税合计:=CALCULATE(sum([含价税合计]),LEN('入库明细'[物料代码])=15)

图9-5 使用LEN函数添加计算列和度量值

创建数据透视表,然后进行布局,如图9-6所示。从图9-6中可以看到,使用LEN函数的两个公式的计算结果是相同的。

图9-6 依据LEN函数的数据透视表汇总计算结果

## 9.2.2 截取字符的LEFT函数、RIGHT函数和MID函数

我们可以根据需要，从一个文本字符串中的指定位置提取一段字符，如截取左侧的几个字符、截取右侧的几个字符等。而常用的三个文本函数是LEFT函数、RIGHT函数和MID函数。

LEFT函数用于从一个字符串左侧截取指定个数的字符，其用法如下：

=LEFT(文本字符串或列名,字符个数)

例如，下面公式的结果是字符串"2023年"：

=LEFT("2023年经营分析",5)

RIGHT函数用于从一个字符串右侧截取指定个数的字符，其用法如下：

=RIGHT(文本字符串或列名,字符个数)

例如，下面公式的结果是字符串"经营分析"：

=RIGHT("2023年经营分析",4)

MID函数用于从一个文本字符串中指定的位置截取指定个数的字符，其用法如下：

=MID(文本字符串或列名,指定开始截取的位置,字符个数)

例如，下面公式的结果是字符串"经营"：

=MID("2023年经营分析",6,2)

这三个文本函数的使用方法非常简单，与Excel里对应函数（名称也一模一样）的用法完全相同。

### 案例 9-2

下面以"案例9-1.xlsx"的数据为例，对每个物料的物料类别进行匹配，需要提取每个物料代码的前4位，因此添加一个计算列"物料根代码"，如图9-7所示，公式如下。

=LEFT('入库明细'[物料代码],4)

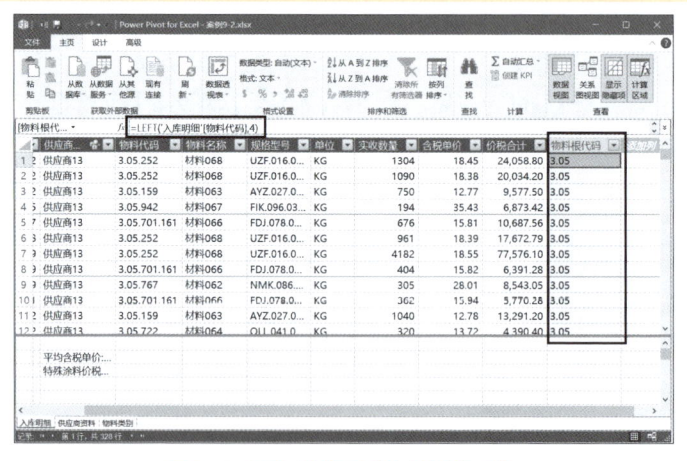

图9-7 添加计算列"物料根代码"

通过"物料根代码"列建立表"入库明细"与"物料类别"的关联，然后创建数据透视表，进行布局，就可以分析各个类别物料的入库情况，如图9-8所示。

图9-8 各个类别物料的入库情况

### 案例 9-3

如图9-9所示,第一列包含供应商代码和供应商名称,需要插入两个计算列,分别提取供应商代码和供应商名称,公式分别如下。

供应商代码(供应商代码是供应商名称前面的7位包括句点的数字):

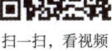

=LEFT('供应商资料'[供应商代码名称],7)

供应商名称:

=MID('供应商资料'[供应商代码名称],8,100)

供应商名称也可以联合使用RIGHT函数和LEN函数来提取,不过公式要复杂些:

=RIGHT('供应商资料'[供应商代码名称],LEN('供应商资料'[供应商代码名称])-7)

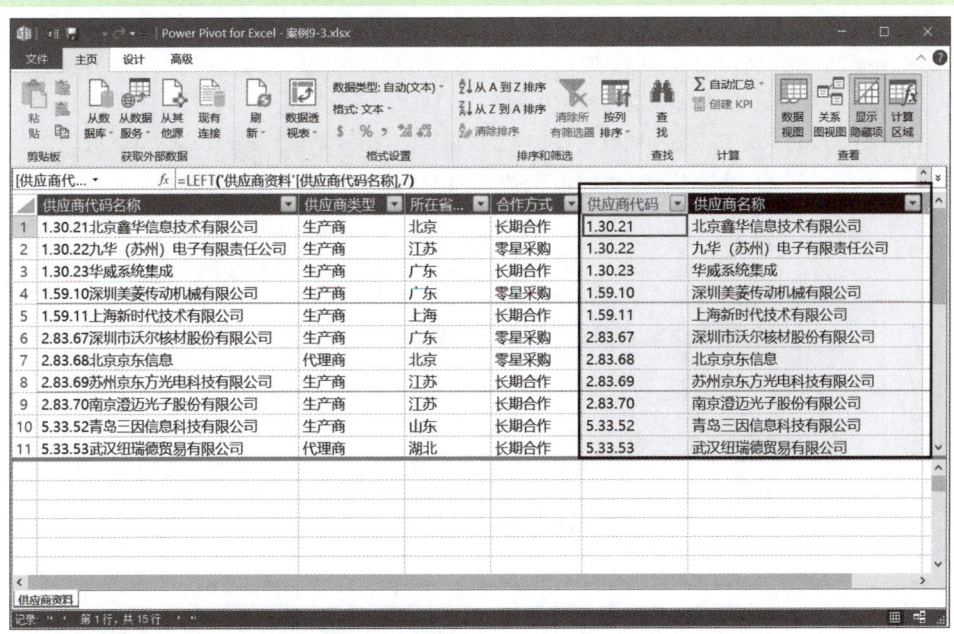

图9-9 添加两个计算列提取供应商代码和供应商名称

### 9.2.3 替换字符的SUBSTITUTE函数和REPLACE函数

如果要将字符串中指定的字符替换为新字符，可以使用SUBSTITUTE函数和REPLACE函数，这两个函数的使用方法不同。

SUBSTITUTE函数是将字符串中指定的字符替换为新字符，用法如下：

`=SUBSTITUTE(字符串或列名,旧字符,新字符,存在重复字符的话替换第几次出现的字符)`

例如，下面公式的计算结果是字符串 "2023上半年财务经营分析"，也就是把字符串中的"经营"替换为"上半年财务经营"：

`=SUBSTITUTE("2023经营分析","经营","上半年财务经营")`

REPLACE函数是将字符串中，指定位置开始的、指定个数的字符替换为新字符，用法如下：

`=REPLACE(字符串或列名,指定位置,字符个数,新字符)`

例如，下面公式的结果是字符串"北京分公司2023年上半年经营分析"，也就是将旧字符串"北京分公司2023年经营分析"中，从第6个开始的5个字符（"2023年"）替换为新字符"2023年上半年"：

`=REPLACE("北京分公司2023年经营分析",6,5,"2023年上半年")`

#### 案例 9-4

在图9-10中，我们需要从 "工程编号数量"列中提取工程编号（中间的5位字符，在句点和斜杠之间）和数量（斜杠后面的数字）。例如，第一个单元格中的"BK.NB001/25"，工程编号和数量分别是"NB001"和"25"。

这个问题可以先使用SUBSTITUTE函数将公司编号替换掉，然后使用LEFT函数和MID函数分别提取工程编号和数量。

工程编号：

`=LEFT(SUBSTITUTE('工程明细'[工程编号数量],'工程明细'[公司编号]&".",""),5)`

数量（注意要设置数据类型为整数）：

`=MID(SUBSTITUTE('工程明细'[工程编号数量],'工程明细'[公司编号]&".",""),7,100)`

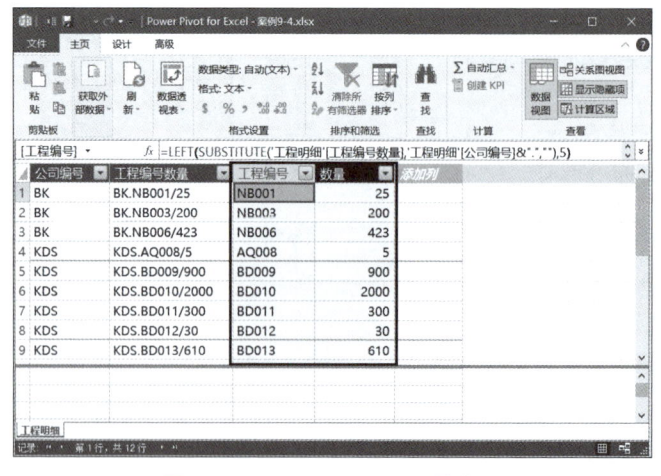

图9-10 SUBSTITUTE函数应用

## 9.2.4 查找指定字符位置的FIND函数和SEARCH函数

如果要从一个字符串中查找指定字符第一次出现的位置，可以使用FIND函数或者SEARCH函数。

FIND函数用于查找指定字符（区分大小写）在字符串中第一次出现的位置，用法如下：

```
=FIND(指定要查找的字符,字符串或列名,开始查找的位置)
```

如果第三个参数忽略，就默认为从左侧第一个字符开始查找。

例如，下面公式的计算结果是5，也就是说，要查找字符"与"在字符串中第一次出现的位置，即第5个：

```
=FIND("与","财务分析与销售分析")
```

FIND函数是区分大小写的，如果不区分大小写，可以使用SEARCH函数，其用法如下：

```
=SEARCH(指定要查找的字符,字符串或列名,开始查找的位置)
```

如果第三个参数忽略，就默认为从左侧第一个字符开始查找。

例如，下面公式的计算结果是3，也就是说，由于不区分大小写，查找小写字母c的位置，就认为是大写字母C的位置，因为在不区分大小写的情况下，字母c第一次出现的位置是第3个：

```
=SEARCH("c","ABCabc")
```

### 案例 9-5

下面将"案例9-4.xlsx"的数据重新整理一下，删除第一列的公司编号，只留下"工程编号数量"列，现在的任务是要从这列提取出公司编号、工程编号和数量三列。

公司编号的字符数不固定，但都在句点的前面；工程编号在句点和斜杠之间；数量在斜杠之后。这样可以使用FIND函数（也可以使用SEARCH函数，因为本案例中没有大小写之分）定位句点和斜杠的位置，这样就可以分别提取公司编号、工程编号和数量。

插入的三个计算列如图9-11所示，公式分别如下。

公司编号：
```
=LEFT('工程明细'[工程编号数量],
    FIND(".",'工程明细'[工程编号数量])-1)
```

工程编号：
```
=MID('工程明细'[工程编号数量],
    FIND(".",'工程明细'[工程编号数量])+1,
    FIND("/",'工程明细'[工程编号数量])-FIND(".",'工程明细'[工程编号数量])-1)
```

数量：
```
=1*MID('工程明细'[工程编号数量],FIND("/",'工程明细'[工程编号数量])+1,100)
```

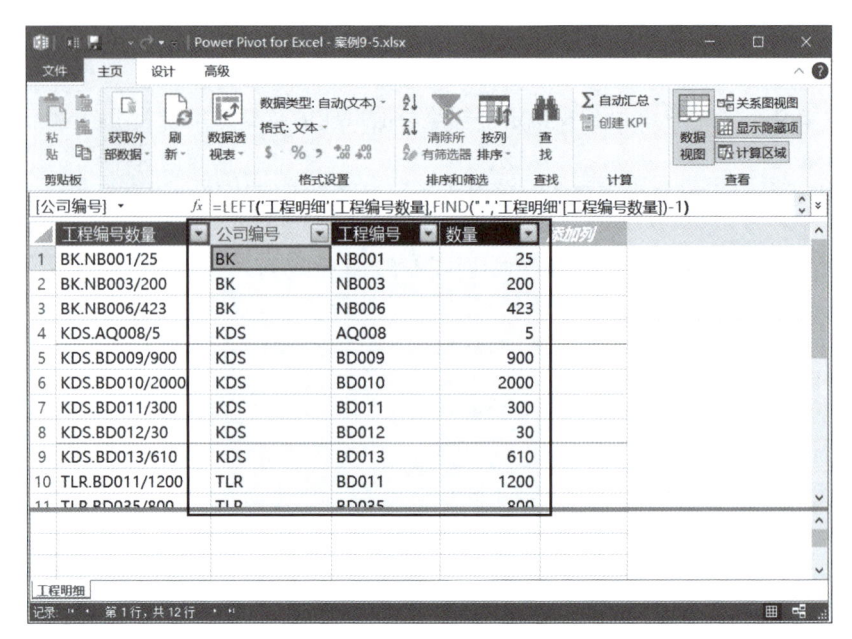

图9-11 FIND函数的应用

## 9.2.5 连接字符串的CONCATENATE函数和CONCATENATEX函数

CONCATENATE函数用于将两个字符串连接成一个新的文本字符串，其用法如下：

=CONCATENATE(字符串或列名1,字符串或列名2)

例如，下面公式的结果是"北京100083"：

=CONCATENATE("北京",100083)

其实，这个函数与连接运算符（&）的作用是一样的：

="北京"&100083

CONCATENATEX函数则非常有用，其功能是用指定的分隔符连接指定表中的特定列内容，生成一个长字符串。这个函数更多用于创建度量值，在数据透视表中输出说明文本，因为数据透视表值区域只能显示数值，不能显示文本，而这个函数则很好地解决了这个问题。

CONCATENATEX函数的用法如下：

=CONCATENATEX(指定的表,指定的列,指定的分隔符)

### 案例 9-6

图9-12中的两列分别是地区和省份，现在要求把每个地区下的省份连接成一个字符串，省份之间用逗号分隔，结果如图9-13所示。

这里用CONCATENATEX函数创建一个度量值"地区省份列表"，公式如下：

地区省份列表:=CONCATENATEX('地区省份','地区省份'[省份],",")

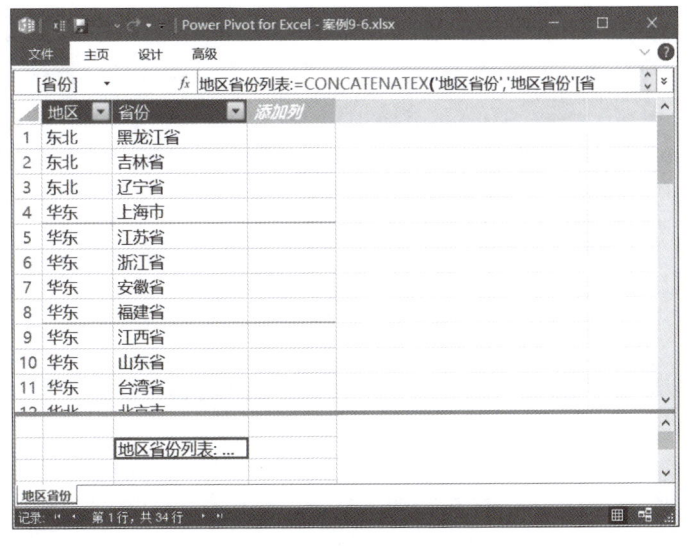

图9-12 地区省份数据

图9-13 地区省份列表

CONCATENATEX函数会把某列所有行的数据连接成一个长字符串，因此，在很多情况下会有重复数据，显得非常凌乱，此时，我们可以使用VALUES函数进行去重处理。

VALUES函数的用法如下：

=VALUES(列引用)

### 案例 9-7

图9-14是入库明细数据，现在要求制作每个供应商的供应材料一览表，如图9-15所示。

这里创建一个度量值"供应商材料"，公式如下：

供应商材料:=CONCATENATEX(VALUES('入库明细'[物料名称]),'入库明细'[物料名称],",")

然后创建数据透视表，进行布局，就得到每个供应商的材料一览表。

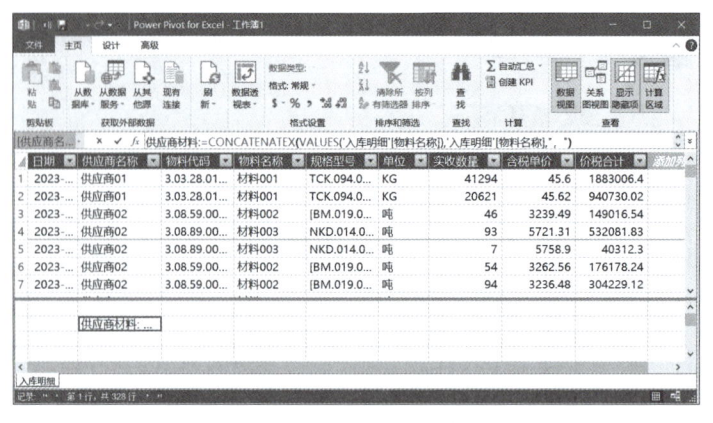

图9-14　入库明细数据

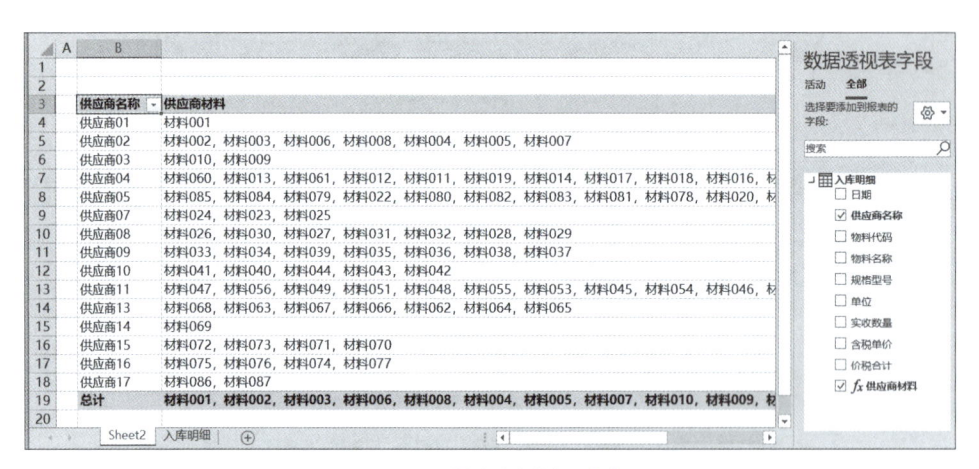

图9-15　供应商材料一览表

## 9.2.6　将数值转换为指定格式文本的FORMAT函数

如果需要将一个数值按照指定的格式转换为文本，可以使用FORMAT函数。这个函数与Excel的工作表函数TEXT的用法一样，也与Excel VBA的FORMAT函数的用法一样。

FORMAT函数的用法如下：

=FORMAT(值,指定的格式)

● 案例 9-8

假如要用英文月份（Jan、Feb、Mar等）制作各月的入库数量表，而数据透视表对日期的月份处理只有中文月份名称（1月、2月、3月等），那么可以添加一个计算列"月份"，使用FORMAT函数将入库日期转换为英文月份，如图9-16所示。制作数据透视表，就可以得到英文月份的入库汇总表，如图9-17所示。

计算列"月份"的公式如下：

=FORMAT('入库明细'[日期],"mmm")

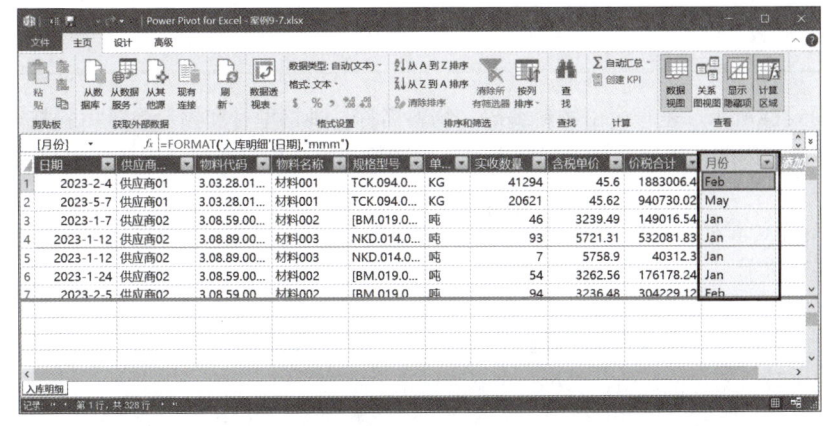

图9-16　添加计算列"月份"，将入库日期转换为英文月份名称

图9-17　用英文月份表示的各月入库汇总表

FORMAT函数的第2个参数是指定的代码，可以将数值转换为任意指定的合法代码。这个函数的应用非常灵活，第2个参数所示的格式代码，需要在工作中多加总结。

例如，要提取日期中的中文星期全称，可以使用下面的公式：

=FORMAT('入库明细'[日期],"aaaa")

例如，要提取日期中的英文星期简称，可以使用下面的公式：

=FORMAT('入库明细'[日期],"ddd")

### 9.2.7　删除数据前后的空格及中间多余空格的TRIM函数

DAX里的TRIM函数与Excel里的TRIM函数的用法一样，用于删除数据前后的空格及中间多余的空格，用法很简单：

=TRIM(字符串或列名)

例如，下面公式的结果是文本"2023年经营分析"：

=TRIM("    2023年经营分析        ")

下面公式的结果是文本" Statement of Profit 2023"：

=TRIM("    Statement  of     Profit    2023 ")

### 9.2.8　文本函数的综合应用

前面介绍了常用的文本函数及其应用，下面介绍一个文本函数的综合应用案例。

### 案例 9-9

如图9-18所示，是一个由物料编码、物料名称、规格型号和领料数量用斜杠连接而成为文本字段，因此，需要从这个字段中提取出物料编码、物料名称、规格型号和领料数量4列数据。

插入4个计算列：物料编码、物料名称、规格型号和领料数量，计算公式分别如下，结果如图9-18所示。

物料编码（左侧17位字符）：

=LEFT('领料明细'[领料用途],17)

物料名称（第19位开始、以第一个斜杠结束的字符）：

=MID('领料明细'[领料用途],19,FIND("/",'领料明细'[领料用途],19)-19)

规格型号（可以根据已经提取的物料编码和物料名称，来计算规格型号的位置及字符数）：

=LEFT(MID('领料明细'[领料用途],LEN('领料明细'[物料编码]&'领料明细'[物料名称])+3,1000),

FIND("/",MID('领料明细'[领料用途],LEN('领料明细'[物料编码]&'领料明细'[物料名称])+3,1000)-1)

领料数量（可以从原始字段中替换掉所有已经提取出的字符和斜杠）：

=1*SUBSTITUTE('领料明细'[领料用途],

'领料明细'[物料编码]&"/"&'领料明细'[物料名称]&"/"&'领料明细'[规格型号]&"/","")

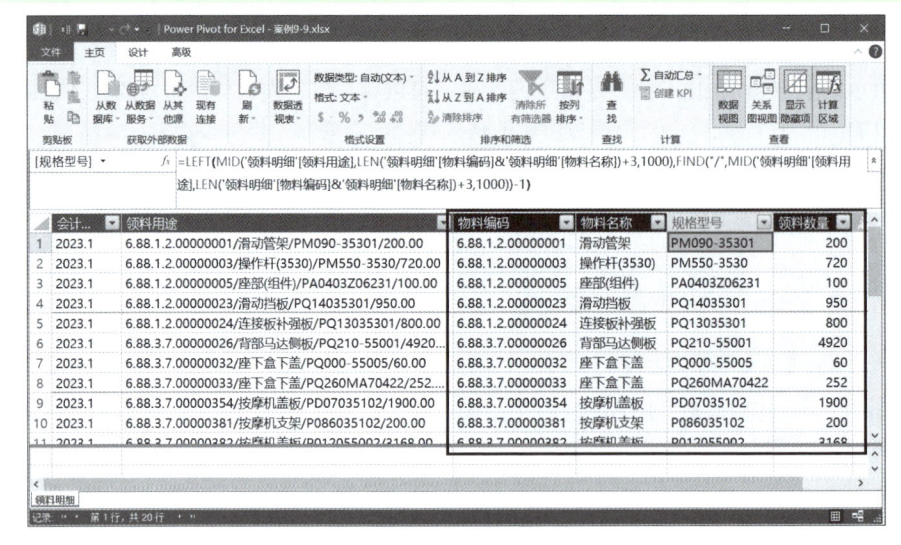

图9-18 文本函数综合应用

## 9.3 处理日期时间常用的DAX函数及其应用

Power Pivot 提供了20余个日期时间函数，可以对日期时间进行各种计算。这些日期时间函数中，大部分与Excel工作表函数无论名称还是用法都完全一样，如DATE函数、DATEDIFF函数、EDATE函数、EOMONTH函数、TODAY函数、NOW函数、YEAR函数、MONTH函数、DATE函数、TIME函数、DATEVALUE函数、TIMEVALUE函数、YEARFRAC函数、WEEKDAY函数、WEEKNUM函数、HOUR函数、MINUTE函数、SECOND函数等。本节介绍常用的日期时间函数在数据处理和分析中的应用技巧和实际应用案例。

### 9.3.1 获取当前日期和时间的TODAY函数、NOW函数

TODAY函数和NOW函数与Excel工作表的函数的用法完全一样，这两个函数分别获取当前日期和当前日期时间。其中，TODAY函数只得到一个当前日期；NOW函数则得到一个当前日期以及当前时间，它们的用法很简单：

```
=TODAY()
=NOW()
```

#### 案例 9-10

图9-19所示为材料保质期表，插入一个计算列，使用RODAY函数计算每种原料的保质期剩余时间，计算公式如下：

```
='材料保质期'[有效期至]-TODAY()
```

图9-19 TODAY函数的应用

### 9.3.2 计算指定日期前后日期的日期函数EDATE和EOMONTH

与Excel的EDATE函数、EOMONTH函数的用法完全一样，这两个函数分别计算一个开始日期之前或之后指定月份数的日期。其中，EDATE函数的计算结果为一个具体日期，EOMONTH函数的计算结果为月底日期，它们的用法很简单：

```
=EDATE(开始日期,指定的月数)
=EOMONTH(开始日期,指定的月数)
```

例如，假设指定日期为2023-10-23，指定月份数是3个月，那么2023-10-23往后3个月

的具体日期是2024-1-23，往后3个月的月底日期是2024-1-31：

```
=EDATE("2023-10-23",3)
=EOMONTH("2023-10-23",3)
```

> **案例 9-11**

图9-20所示为员工劳动合同一览表，给定了合同签订日期和期限（以年为单位），我们可以使用EDATE函数和EOMONTH函数计算两种结果的合同到期日：一个是到期当月的具体日期；另一个是到期当月的月底日期。公式分别如下：

（1）具体的到期日期：

```
=EDATE('合同一览表'[合同签订日期],'合同一览表'[期限（年）]*12)-1
```

（2）月底的到期日期：

```
=EOMONTH('合同一览表'[合同签订日期],'合同一览表'[期限（年）]*12)
```

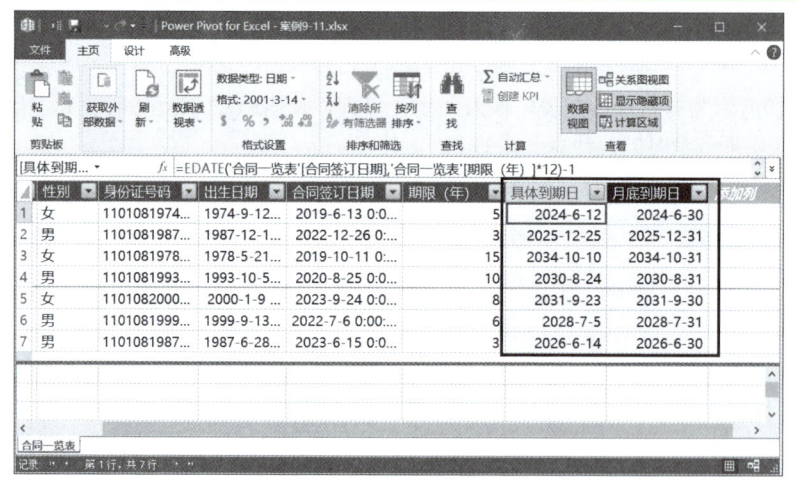

图9-20　EDATE函数和EOMONTH函数的应用

## 9.3.3　计算两个日期时间间隔的DATEDIFF函数、YEARFRAC函数

这个函数与Excel工作表函数DATEDIF的用法基本相同，但功能更加丰富，使用更加灵活。

DATEDIFF函数用于计算两个日期之间的间隔，用法如下：

```
=DATEDIFF(开始日期,截止日期,时间间隔)
```

其中，第3个参数"时间间隔"表示计算时间间隔类型，如下所示：

| 参数值 | 计算结果 |
|---|---|
| SECOND | 两个日期时间之间的秒数 |
| MINUTE | 两个日期时间之间的分钟数 |
| HOUR | 两个日期时间之间的小时数 |
| DAY | 两个日期之间的天数 |
| WEEK | 两个日期之间的星期数 |

| | |
|---|---|
| MONTH | 两个日期之间的月数 |
| QUARTER | 两个日期之间的季度数 |
| YEAR | 两个日期之间的年数 |

例如，开始日期时间是"2023-8-27 11:31:45"，截止日期时间是"2024-12-15 9:12:18"，那么不同时间间隔参数的计算公式如下：

```
=DATEDIFF("11:31:45","19:12:18",HOUR)                                结果 8
=DATEDIFF("11:31:45","19:12:18", MINUTE)                             结果 461
=DATEDIFF("2023-8-27 11:31:45","2024-12-15 9:12:18",SECOND)          结果 41118033
=DATEDIFF("2023-8-27 11:31:45","2024-12-15 9:12:18",MINUTE)          结果 685301
=DATEDIFF("2023-8-27 11:31:45","2024-12-15 9:12:18",HOUR)            结果 11422
=DATEDIFF("2023-8-27 11:31:45","2024-12-15 9:12:18",DAY)             结果 476
=DATEDIFF("2023-8-27 11:31:45","2024-12-15 9:12:18",WEEK)            结果 68
=DATEDIFF("2023-8-27 11:31:45","2024-12-15 9:12:18",MONTH)           结果 16
=DATEDIFF("2023-8-27 11:31:45","2024-12-15 9:12:18",QUARTER)         结果 5
=DATEDIFF("2023-8-27 11:31:45","2024-12-15 9:12:18",YEAR)            结果 1
```

需要注意的是，DATEDIFF在计算时，不会严格按照足月、足小时等计算，而是相当于要计算的间隔类型的数据之间相减。

例如，下面公式结果是102分钟（严格来说，截止时间与开始时间还差45-23=22秒），此结果相当于15:12减去13:30：

```
=DATEDIFF("13:30:45","15:12:23",MINUTE)
```

下面公式的结果是1年（严格来说，实际月份并不是12个月，不满1年）。此结果相当于2024减去2023：

```
=DATEDIFF("2023-8-27","2024-5-15",YEAR)
```

在计算季度时也是这样的，结果是3（严格来说，到2024-5-27才是9个月，即3个季度）。此结果相当于2024-5减去2023-8，结果是9个月，也就是3个季度：

```
=DATEDIFF("2023-8-27","2024-5-15",QUARTER)
```

在计算月份时也是这样的，结果是9（严格来说，到2024-5-27才满9个月），此结果相当于2024-5减去2023-8，结果是9个月：

```
=DATEDIFF("2023-8-27","2024-5-15",MONTH)
```

DAX中的DATEDIFF函数不像Excel里的DATEDIF函数那样计算实际年数和月数，如果要计算实际年数（如计算工龄、年龄）和实际月数（如折旧），则需要使用YEARFRAC函数。该函数的用法如下：

```
=YEARFRAC(开始日期,截止日期,天数基数类型)
```

这里，第3个参数"天数基数类型"的可选值如下：

0  美国（NASD）30/360（默认值）
1  实际天数/实际天数
2  实际天数/360
3  实际天数/365
4  欧洲 30/360

例如，下面公式的结果是8.46975088967971：

```
=YEARFRAC("2015-8-27","2024-2-15",1)
```

如果要计算实际年数（也就是不满12个月不算一年，满12个月才算一年），可以使用INT函数取整，得到实际年数8：

=INT(YEARFRAC("2015-8-27","2024-2-15",1))

如果要计算多余的月数（本例为5个月），可以使用下面的公式：

=INT(12*MOD(YEARFRAC("2015-8-27","2024-2-15",1) ,1))

这个公式中，使用MOD函数提取YEARFRAC函数计算结果中小数点后面的数字，将这个数字乘以12，变成月数数字，再用INT函数取整，就得到足月的月数了。

### 案例 9-12

图9-21所示为员工信息表，根据入职日期自动计算工龄（按实际年数），公式如下：

=INT(YEARFRAC('员工信息'[入职日期],TODAY(),1))

示例中还给出了利用DATEDIF函数计算的结果，由结果可见，对于某些数据，两个函数的计算结果是不一样的。

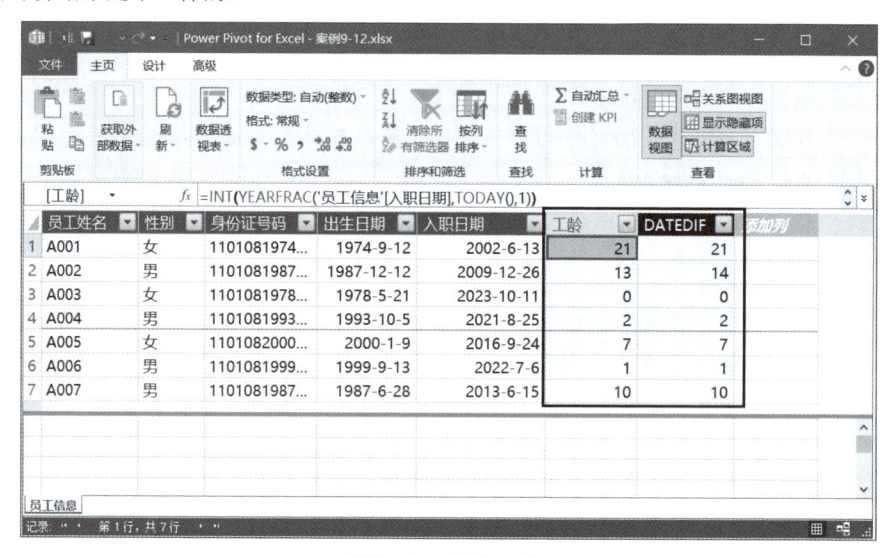

图9-21 计算工龄

## 9.3.4 判断日期所属的年、月、日、季度、星期和周

当需要获取一个日期所属的年、月、日、季度、星期和周时，可以分别使用下面的函数：

YEAR函数：获取日期的年份数字。

=YEAR(日期)

MONTH函数：获取日期的月份数字。

=MONTH(日期)

DAY函数：获取日期的日数字。

=DAY(日期)

QUARTER函数：获取日期的季度数字（1、2、3、4分别表示一季度、二季度、三季度、四季度）。

=QUARTER(日期)

WEEKDAY函数：计算日期是星期几。

=WEEKDAY(日期,返回类型)

WEEKNUM函数：计算日期是该年份的第几周。

=WEEKNUM(日期,返回类型)

这里特别说明一下WEEKDAY函数和WEEKNUM函数。

WEEKDAY函数返回的是一个代表星期几的数字，该数字具体代表星期几，与函数的第2个参数"返回类型"设置有关。

"返回类型"设置为1，则WEEKDAY函数返回的结果是1~7的数字。其中，1表示星期日；2表示星期一；6表示星期五，也就是每周的第一天是星期日。

"返回类型"设置为2，则WEEKDAY函数返回的结果是1~7的数字。其中，1表示星期一；2表示星期二；7表示星期日，也就是每周的第一天是星期一。

"返回类型"设置为3，则WEEKDAY函数返回的结果是0~6的数字。其中，0表示星期一；1表示星期二；6表示星期日。

WEEKNUM函数返回的是一个代表某年第几周的数字，1月1日是第一周。

"返回类型"设置为1，则每周的第一天是星期日，以此统计周数。

"返回类型"设置为2，则每周的第一天是星期一，以此统计周数。

当需要获取日期的季度、星期和周的名称时，可以联合使用其他函数来解决。例如，使用FORMAT函数、IF函数、SWITCH函数等。

比较下面几个公式及其结果（假设日期是2023-10-27，星期六）：

```
=YEAR("2023-10-27")                                    结果    2023
=MONTH("2023-10-27")                                   结果    10
=DAY("2023-10-27")                                     结果    27
=QUARTER("2023-10-27")                                 结果    4
=WEEKDAY("2023-10-27",2)                               结果    5
=WEEKNUM("2023-10-27",2)                               结果    44
=FORMAT(DATE(2023,10,27),"aaaa")                       结果    星期五
=FORMAT(DATE(2023,10,27),"aaa")                        结果    周五
=FORMAT(DATE(2023,10,27),"dddd")                       结果    Friday
=FORMAT(DATE(2023,10,27),"ddd")                        结果    Fri
=FORMAT(DATE(2023,10,27),"mmmm")                       结果    October
=FORMAT(DATE(2023,10,27),"m月")                        结果    10月
=SWITCH(QUARTER("2023-10-27"),1,"一季度",2,"二季度",3,"三季度",4,"四季度")
                                                       结果    四季度
```

### 案例 9-13

图9-22所示为物料入库明细表，我们要统计每周的入库数量，可以添加一个计算列，使用WEEKNUM函数和FORMAT函数计算周次，计算公式如下：

=FORMAT(WEEKNUM('入库明细'[日期],2),"第00周")

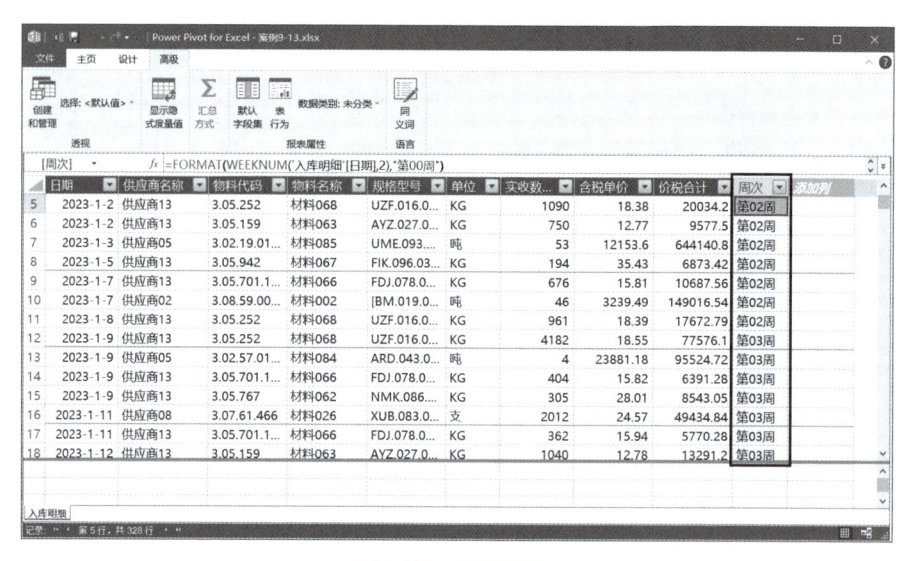

图9-22 计算周次

### 案例9-14

图9-23所示为员工加班一览表，要求统计工作日加班时间和双休日加班时间（按小时计算）。

插入两个计算列"加班小时数"和"星期几"，计算公式分别如下。

计算列"加班小时数"：

=ROUNDDOWN((DATEDIFF('加班表'[加班开始时间],'加班表'[加班结束时间],MINUTE))/60,1)

计算列"星期几"：

=FORMAT('加班表'[加班开始时间],"aaaa")

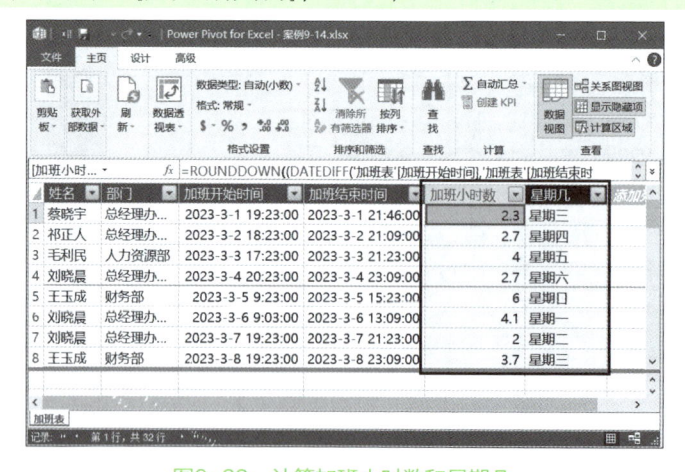

图9-23 计算加班小时数和星期几

基于这个数据模型创建Power Pivot，就得到了每个人的工作日加班和双休日加班的统计表，如图9-24所示。

图9-24 加班时间统计表

## 9.3.5 组合日期及格式转换

如果给定了分别代表年、月、日的三个数字，要将它们组合成一个真正的日期，需要使用DATE函数。该函数的用法如下：

=DATE(年数字,月数字,日数字)

例如，下面公式的计算结果是"2023-10-30"：

=DATE(2023,10,30)

一般情况下，通过设置数据类型，或者在公式中使用DATEVALUE函数，可以将文本型日期转换为数值型日期，但在有些情况下，这种方法不起作用。

### 案例 9-15

图9-25所示的日期并不是真正的日期，而是文本，并且三个数字分别代表日、月和年。例如，"07 10 2023"就是指"2023-10-7"，这样的格式无法设置数据类型或者使用DATEVALUE函数进行转换，因为转换的结果是"2023-7-10"。

对于这个问题，一个最基本的解决方法是使用文本函数分别提取年、月、日三个数字，再使用DATE函数进行组合，计算公式如下：

=DATE(1*RIGHT('表1'[日期],4),1*MID('表1'[日期],4,2),1*LEFT('表1'[日期],2))

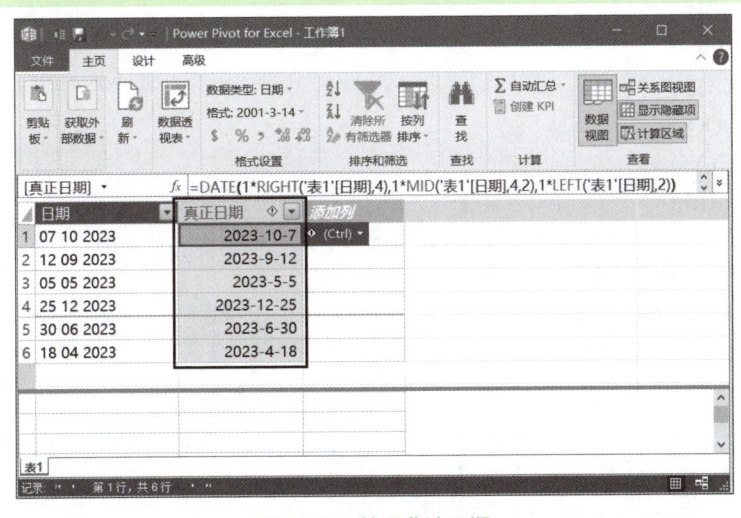

图9-25 处理非法日期

## 9.4 数据逻辑判断常用的DAX函数及其应用

Power Pivot有几个常用的逻辑判断函数，包括IF函数、AND函数、OR函数、IFERROR函数、SWITCH函数等，这些函数与Excel工作表的函数用法一样。本节将介绍这几个函数的应用技巧和实际案例。

### 9.4.1 IF函数及其应用

IF函数用于判断指定条件是否满足，以便做出不同的处置：当条件满足时得到结果A，条件不满足时得到结果B，其用法与Excel工作表的IF函数完全相同，可以单独使用，也可以嵌套使用。

单个IF函数的用法：

=IF(条件判断,条件成立时的结果A,条件不成立时的结果B)

多个IF函数的嵌套用法：

= IF(条件1,结果A,
　IF(条件2,结果B,
　IF(条件3,结果C,
　⋮
　IF(条件n,结果n)...)))

### 案例 9-16

图9-26所示为入库明细数据，我们要根据物料代码的前4位来判断物料类别，标准如下：

3.01　AAA
3.02　BBB
3.03　CCC
3.04　DDD
3.05　EEE
3.07　KKK
3.08　QQQ
3.09　YYY
3.10　RRR

这个问题可以联合使用LEFT函数与IF函数来解决，插入一个计算列，判断公式如下：

=IF(LEFT('表1'[物料代码],4)="3.01","AAA",
IF(LEFT('表1'[物料代码],4)="3.02","BBB",
IF(LEFT('表1'[物料代码],4)="3.03","CCC",
IF(LEFT('表1'[物料代码],4)="3.04","DDD",
IF(LEFT('表1'[物料代码],4)="3.05","EEE",
IF(LEFT('表1'[物料代码],4)="3.07","KKK",
IF(LEFT('表1'[物料代码],4)="3.08","QQQ",

```
IF(LEFT('表1'[物料代码],4)="3.09","YYY",
"RRR"))))))))
```

图9-26 IF函数的嵌套应用

说明，这个例子最好的解决方法，就是设计一个物料类别表，然后将入库明细表与物料类别表进行关联。

## 9.4.2 AND函数和OR函数及其应用

AND函数用于判断两个条件是否都满足，如果两个条件都满足，则返回结果是TRUE；否则是FALSE。该函数的用法如下：

=AND(条件1,条件2)

与Excel里的AND函数不同，DAX里的AND函数只能用于两个条件的比较，如果要连接多个与条件，则需要使用AND运算符"&&"：

=条件1 && 条件2 && 条件3 && 条件4...

OR函数用于判断两个条件是否有至少一个满足，如果有一个条件满足，则OR结果是TRUE；否则是FALSE，用法如下：

=OR(条件1,条件2)

与Excel里的OR函数不同，DAX里的OR函数只能用于两个条件的比较，如果要连接多个条件，则需要使用OR运算符"||"：

=条件1 || 条件2 || 条件3 || 条件4...

### 案例 9-17

下面以"案例9-16"的数据为例，把物料类别的分类标准修改如下：

| 3.01 | AAA |
| 3.02，3.03 | BBB |
| 3.04，3.05 | CCC |
| 3.07，3.08，3.09，3.10 | DDD |

这个问题需要使用IF函数嵌套、OR函数和OR运算符来解决，计算列公式如下，结果如图9-27所示。

```
=IF(LEFT('表1'[物料代码],4)="3.01","AAA",
  IF(OR(LEFT('表1'[物料代码],4)="3.02",LEFT('表1'[物料代码],4)="3.03"),"BBB",
  IF(OR(LEFT('表1'[物料代码],4)="3.04",LEFT('表1'[物料代码],4)="3.05"),"CCC",
  IF((LEFT('表1'[物料代码],4)="3.07")
    ||(LEFT('表1'[物料代码],4)="3.08")
    ||(LEFT('表1'[物料代码],4)="3.09")
    ||(LEFT('表1'[物料代码],4)="3.10"),"DDD")
  )))
```

说明：使用AND运算符比AND函数更方便，使用OR运算符比OR函数更方便。

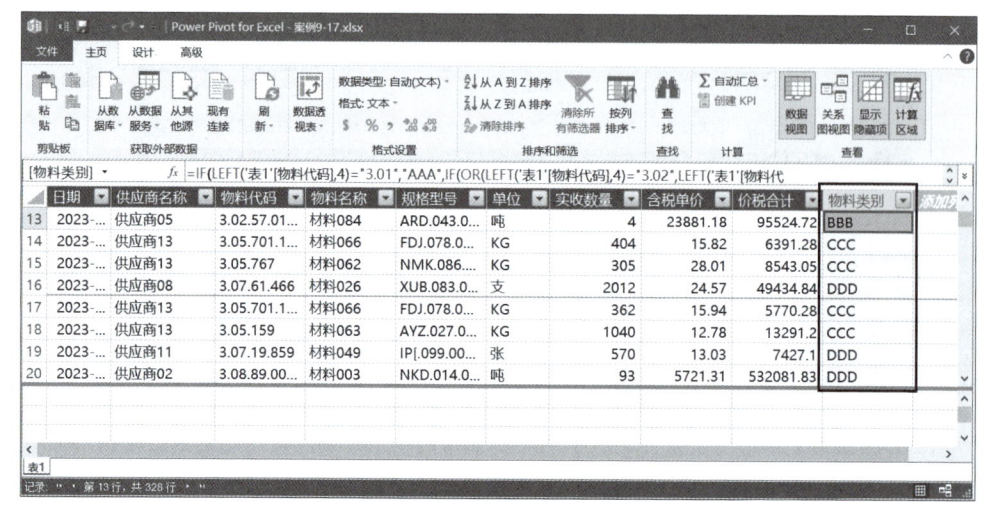

图9-27　OR函数和OR运算符应用

### 9.4.3　SWITCH函数及其应用

DAX的SWITCH函数，相当于Excel里的IFS函数，用于多个条件的判断处理，可以简化前面介绍的IF函数嵌套。SWITCH函数的用法如下：

=SWITCH(表达值,值1,结果1,值2,结果2,值3,结果3,...)

例如，下面的公式就是根据WEEKDAY函数的计算结果，判断日期是星期几：

```
=SWITCH(
    WEEKDAY('表1'[日期],2),
    1,"周一",
    2,"周二",
    3,"周三",
    4,"周四",
    5,"周五",
    6,"周六",
    7,"周日"
    )
```

### 9.4.4 IFERROR函数及其应用

与Excel工作表中的IFERROR函数一样，DAX中的IFERROR函数也是用于处理错误值的，当表达式是错误值时，要处理成什么结果，如果不是错误，就返回函数本身结果。该函数的用法如下：

=IFERROR(表达式,出现错误时的处理结果)

#### 案例 9-18

如图9-28所示，在两年销售数据模型中定义了两个度量值"销售额同比增长率"和"毛利同比增长率"，如果去年没有销售或者今年没有销售，就不做同比计算。计算公式分别如下。

销售额同比增长率:=IFERROR(1-CALCULATE(SUM('同比分析'[销售额]),'同比分析'[年份]="去年")/CALCULATE(SUM('同比分析'[销售额]),'同比分析'[年份]="今年"),"")

毛利同比增长率:=IFERROR(1-CALCULATE(SUM('同比分析'[毛利]),'同比分析'[年份]="去年")/CALCULATE(SUM('同比分析'[毛利]),'同比分析'[年份]="今年"),"")

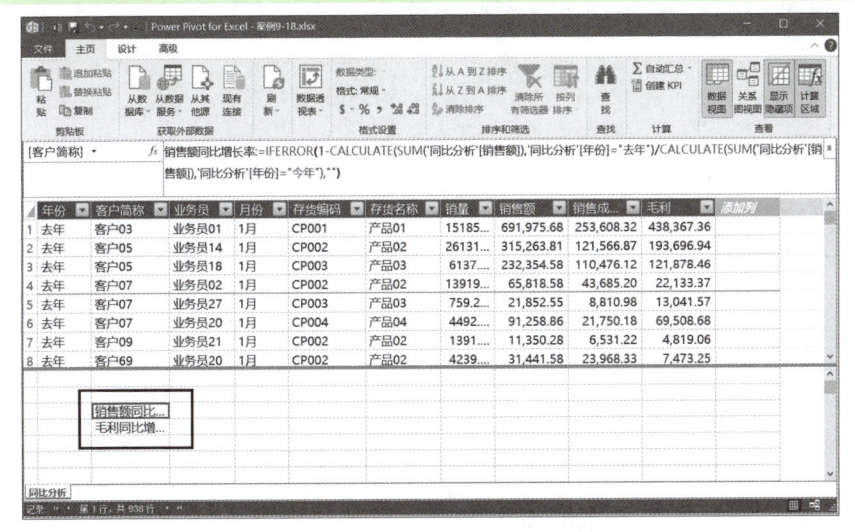

图9-28 IFERROR函数的应用

## 9.5 数值计算常用的DAX函数及其应用

在进行数据处理和分析中，常常需要先对数值进行必要的处理，如取整、四舍五入、取绝对值等。这些常用的DAX函数包括INT函数、ROUND函数、ROUNDUP函数、ROUNDDOWN函数和DIVIDE函数等。

### 9.5.1 数值舍入计算常用的DAX函数

数值四舍五入常用的DAX函数是ROUND函数、ROUNDUP函数、ROUNDDOWN函数,这三个函数与Excel工作表函数的用法完全相同。其中,ROUND函数是按照指定位数四舍五入数字;ROUNDUP函数是按照指定位置向上舍入;ROUNDDOWN函数是按照指定位置向下舍入。它们的用法如下:

=ROUND(数值,要舍入的位数)
=ROUNDUP(数值,要舍入的位数)
=ROUNDDOWN(数值,要舍入的位数)

下面是这三个函数的几个简单应用示例,请仔细观察它们的计算结果。

=ROUND(138.54603,1)           结果   138.5
=ROUND(-138.54603,1)          结果   -138.5
=ROUNDUP(138.54603,1)         结果   138.6
=ROUNDUP(-138.54603,1)        结果   -138.6
=ROUNDUP(138.54603,-1)        结果   140
=ROUNDDOWN(138.54603,1)       结果   138.5
=ROUNDDOWN(-138.54603,1)      结果   -138.5
=ROUNDDOWN(-138.54603,-1)     结果   -130

当需要对数值取整时,可以使用INT函数。下面是两个简单示例,注意该函数是向数值小的方向取整,因此对于正数和负数的结果是有区别的:

=INT(138.54603)               结果   138
=INT(-138.54603)              结果   -139

### 9.5.2 数值除法计算常用的DAX函数

在进行数值的除法计算时,有一个常用的函数:DIVIDE函数。

DIVIDE函数用于除法运算,当分母(除数)是数值0时,返回指定的值或者空值BLANK(而不是错误值)。该函数的用法如下:

=DIVIDE(被除数,除数,当除数为零导致错误时的返回值)

DIVIDE函数的第3个参数是可选的,如果忽略,则返回空值BLANK;如果不忽略,则必须指定一个数值常量(不能是文本字符串)。

例如,下面公式计算结果是7.2:

=DIVIDE(36,5)

而下面公式计算结果是空值BLANK:

=DIVIDE(36,0)

下面公式计算结果是数字10000000:

=DIVIDE(36,0,10000000)

如果不使用DIVIDE函数而直接进行除法计算,当除数为0时就会出现错误,此时还需要使用IFERROR函数来处理这个错误值,而DIVIDE函数可自动处理除数为0的情况。

#### 案例 9-19

对于图9-29所示的数据,要计算数据2和数据1的比值,如果直接用下面的公式创建度量值,制作数据透视表就会出错,如图9-30所示。

度量值 1:=CALCULATE(SUM('表1'[数据2])/CALCULATE(SUM('表1'[数据1])))

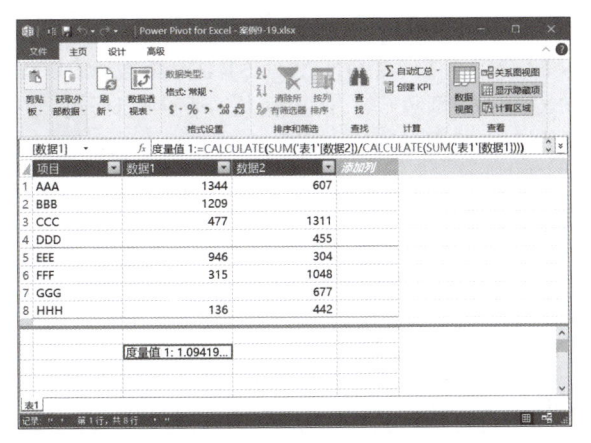

图9-29　直接进行除法运算会出现错误

图9-30　数据透视表出现错误值

此时可以使用下面两种公式，但使用DIVIDE函数无疑是最简单的，这样才能避免在制作的数据透视表中出现错误值，如图9-31所示。

度量值 1:=IFERROR(CALCULATE(SUM('表1'[数据2])/CALCULATE(SUM('表1'[数据1]))),"")
度量值 1:=DIVIDE(CALCULATE(SUM('表1'[数据2])),CALCULATE(SUM('表1'[数据1])))

图9-31　避免出现错误值

## 9.6　信息检查常用的DAX函数及其应用

很多情况下，我们需要对数据或者表进行检查判断，此时需要使用相关的信息函数，如IS类函数（包括ISERROR函数、ISBLANK函数、ISNUMBER函数、ISTEXT函数、ISNOTEXT函数、ISEVEN函数、ISODD函数、ISLOGICAL函数等）、CONTAIN类函数（包括CONTAINS函数、CONTAINSROW函数、CONTAINSSTRING函数、CONTAINSSTRINGEXACT函数）等。这些函数的返回值都是逻辑值TRUE或者FALSE。

本节介绍在实际数据处理和分析中常用的信息类函数及其应用技巧。

### 9.6.1 IS类函数及其应用

IS类函数用于检查判断数据的类型，如是否为文本、是否为数字、是否为错误值、是否为偶数或奇数、是否为逻辑值、是否为空，等等。这类函数的用法很简单，用法如下：

=IS类函数(数据)

#### 案例 9-20

图9-32是一个经典案例，从身份证号码中直接提取出生日期、性别，并自动计算年龄。因此先插入三个计算列，各列计算公式如下。

出生日期：

=DATEVALUE(FORMAT(1*MID('员工信息'[身份证号码],7,8),"0000-00-00"))

年龄：

=DATEDIFF('员工信息'[出生日期],TODAY(),YEAR)

性别：

=IF(ISEVEN(1*MID('员工信息'[身份证号码],17,1)),"女","男")

在提取性别的公式中，使用了信息函数ISEVEN来判断身份证号码的第17位数字是否为偶数，如果是偶数，性别就是女；否则就是男。

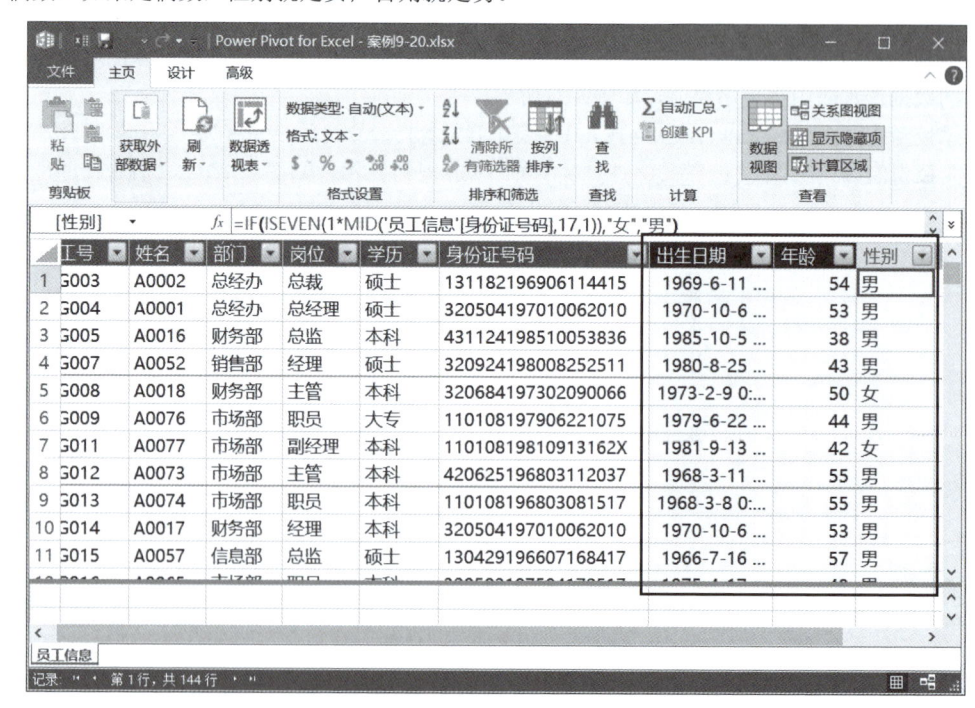

图9-32 ISEVEN函数的应用

## 9.6.2　CONTAINS类函数及其应用

CONTAINS类函数包括CONTAINS函数、CONTAINSROW函数、CONTAINSSTRING函数、CONTAINSSTRINGEXACT函数。它们的功能是用于判断数据是否存在，也就是筛选数据。

CONTAINS类函数用于判断在指定的列中是否包含指定的值，用法如下：

=CONTAINS(表,列1,值1,列2,值2,列3,值3,...)

函数的第1个参数是指定的表，可以是实际的表，也可以是一个表达式生成的虚拟表；列和值可以是多个，但必须成对出现，并且列必须是实际列。

CONTAINS函数是在列中查找指定值，并且是精确匹配，因此结果要么是TRUE，要么是FALSE。

在实际数据分析中，很少单独使用CONTAINS函数，一般是嵌套在其他函数里，根据具体情况做相应处理。

### 案例 9-21

图9-33所示为各个车间的物料领用明细，现在要判断"A车间"是否领用了物料"材料023"，如果领用了，则提取最新领用日期。

首先，定义一个度量值"A车间领料"，公式如下：

A车间领料:=IF(CONTAINS('领料明细','领料明细'[领料部门],"A车间",'领料明细'[物料名称],"材料023"),CALCULATE(MAX('领料明细'[日期]),'领料明细'[物料名称]="材料023"),"")

然后，创建数据透视表，如图9-34所示，就得到需要的报告。

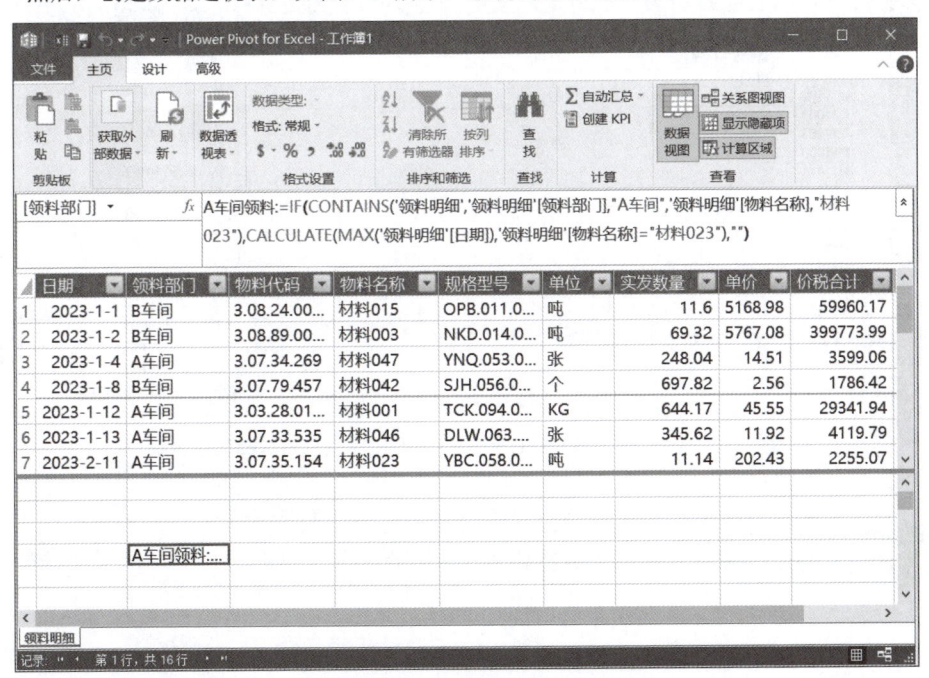

图9-33　CONTAINS类函数的应用

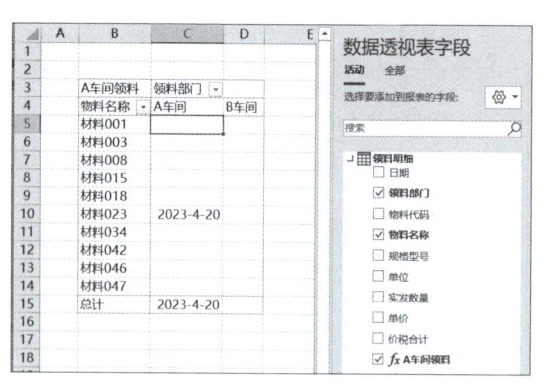

图9-34 "A车间"领用物料"材料023"的最新日期

这个例子中，如果要继续统计"A车间"领用物料"材料023"的次数，以及领用总数量，可以再定义下面两个度量值：

度量值1，"A车间领料次数"：

> A车间领料次数:=IF(CONTAINS('领料明细','领料明细'[领料部门],"A车间",'领料明细'[物料名称],"材料023"),CALCULATE(COUNT('领料明细'[物料名称]),'领料明细'[物料名称]="材料023"),"")

度量值2，"A车间领料数量"：

> A车间领料数量:=IF(CONTAINS('领料明细','领料明细'[领料部门],"A车间",'领料明细'[物料名称],"材料023"),CALCULATE(SUM([实发数量]),'领料明细'[物料名称]="材料023"),"")

布局数据透视表，得到图9-35所示的报表。

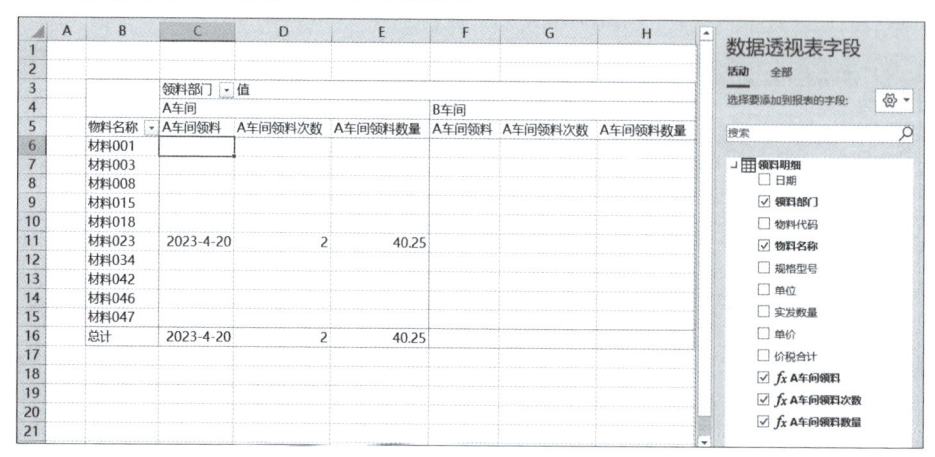

图9-35 统计A车间领用材料023的最新日期以及总次数和总数量

## 9.7 聚合计算常用的DAX函数及其应用

本书前面的很多例子使用了SUM函数进行求和计算，SUM函数是一个聚合函数。常用的聚合计算包括计数、求和、最大值、最小值、平均值等，与此对应的DAX函数有COUNT

类函数、SUM类函数、MAX类函数、MIN类函数、AVERAGE类函数。

## 9.7.1 计数统计类DAX函数

用于计数统计的DAX函数有COUNT函数、COUNTA函数、COUNTROWS函数等。

COUNT函数、COUNTA函数和COUNTROWS函数都用于计算指定列中包含非空值的行数，但COUNT函数对逻辑值无效，COUNTA函数对逻辑值有效，而COUNTROWS的用法更直观。它们的用法都很简单：

```
=COUNT(列名)
=COUNTA(列名)
=COUNTROWS(表名)
```

### 案例 9-22

图9-36所示为使用COUNT函数、COUNTA函数和COUNTROWS函数创建一个度量值来计算1月的订单数，公式如下，制作的数据透视表如图9-37所示。

```
1月订单数COUNT:=CALCULATE(COUNT('表1'[产品]),month('表1'[日期])=1)
1月订单数COUNTA:=CALCULATE(COUNTA('表1'[产品]),month('表1'[日期])=1)
1月订单数COUNTROWS:=CALCULATE(COUNTROWS('表1'),MONTH('表1'[日期])=1)
```

[产品] fx 1月订单数COUNT:=CALCULATE(COUNT('表1'[产品]),month('表1'[日期])=1)

| | 日期 | 产品 | 销量 | 添加列 |
|---|---|---|---|---|
| 1 | 2024-1-27 0... | 产品04 | 298 | |
| 2 | 2024-11-26 ... | 产品08 | 21 | |
| 3 | 2024-4-25 0... | 产品05 | 75 | |
| 4 | 2024-8-10 0... | 产品02 | 388 | |
| 5 | 2024-3-23 0... | 产品01 | 283 | |
| 6 | 2024-4-20 0... | 产品11 | 192 | |
| 7 | 2024-6-22 0... | 产品08 | 47 | |
| 8 | 2024-6-16 0... | 产品10 | 82 | |
| 9 | 2024-3-14 0... | 产品03 | 133 | |
| 10 | 2024-6-13 0... | 产品06 | 223 | |

1月订单数COUNT: 44
1月订单数COUNTA: 44
1月订单数COUNTROWS: 44

图9-36 创建度量值统计1月订单数

| | A | B | C | D | E | F |
|---|---|---|---|---|---|---|
| 1 | | | | | | |
| 2 | | 产品 | 总订单数 | 1月订单数COUNT | 1月订单数COUNTA | 1月订单数COUNTROWS |
| 3 | | 产品01 | 46 | 4 | 4 | 4 |
| 4 | | 产品02 | 40 | 5 | 5 | 5 |
| 5 | | 产品03 | 29 | 3 | 3 | 3 |
| 6 | | 产品04 | 33 | 5 | 5 | 5 |
| 7 | | 产品05 | 39 | 6 | 6 | 6 |
| 8 | | 产品06 | 35 | 1 | 1 | 1 |
| 9 | | 产品07 | 36 | 5 | 5 | 5 |
| 10 | | 产品08 | 37 | 1 | 1 | 1 |
| 11 | | 产品09 | 32 | 5 | 5 | 5 |
| 12 | | 产品10 | 48 | 5 | 5 | 5 |
| 13 | | 产品11 | 44 | 2 | 2 | 2 |
| 14 | | 产品12 | 40 | 2 | 2 | 2 |
| 15 | | 总计 | 459 | 44 | 44 | 44 |

图9-37 总订单数和1月订单数统计结果

## 9.7.2 求和类DAX函数

用于求和统计的DAX函数有SUM函数和SUMX函数等。

SUM函数很好理解，就是对某个列中的所有数值求和。如果要对表中的每一行计算的表达式求和，就需要使用SUMX函数。它们的用法如下：

```
=SUM(列名)
=SUMX(表,表达式)
```

### 案例 9-23

如图9-38所示，分别用SUM函数和SUMX函数创建度量值，计算销售总量、1月销售量、销售总额、1月销售额，以及1月销量占比，公式分别如下，制作的数据透视表如图9-39所示。

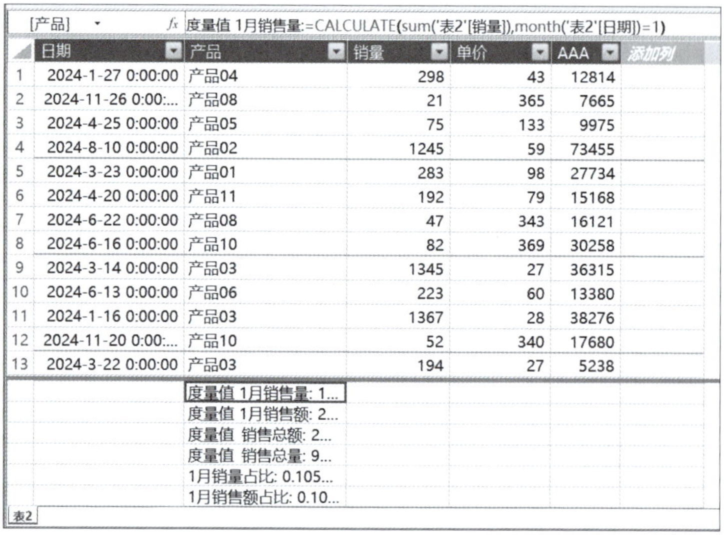

[产品] fx 度量值 1月销售量:=CALCULATE(sum('表2'[销量]),month('表2'[日期])=1)

| | 日期 | 产品 | 销量 | 单价 | AAA | 添加列 |
|---|---|---|---|---|---|---|
| 1 | 2024-1-27 0:00:00 | 产品04 | 298 | 43 | 12814 | |
| 2 | 2024-11-26 0:00:... | 产品08 | 21 | 365 | 7665 | |
| 3 | 2024-4-25 0:00:00 | 产品05 | 75 | 133 | 9975 | |
| 4 | 2024-8-10 0:00:00 | 产品02 | 1245 | 59 | 73455 | |
| 5 | 2024-3-23 0:00:00 | 产品01 | 283 | 98 | 27734 | |
| 6 | 2024-4-20 0:00:00 | 产品11 | 192 | 79 | 15168 | |
| 7 | 2024-6-22 0:00:00 | 产品08 | 47 | 343 | 16121 | |
| 8 | 2024-6-16 0:00:00 | 产品10 | 82 | 369 | 30258 | |
| 9 | 2024-3-14 0:00:00 | 产品03 | 1345 | 27 | 36315 | |
| 10 | 2024-6-13 0:00:00 | 产品06 | 223 | 60 | 13380 | |
| 11 | 2024-1-16 0:00:00 | 产品03 | 1367 | 28 | 38276 | |
| 12 | 2024-11-20 0:00:... | 产品10 | 52 | 340 | 17680 | |
| 13 | 2024-3-22 0:00:00 | 产品03 | 194 | 27 | 5238 | |

度量值 1月销售量: 1...
度量值 1月销售额: 2...
度量值 销售总额: 2...
度量值 销售总量: 9...
1月销量占比: 0.105...
1月销售额占比: 0.10...

表2

图9-38 用SUM函数和SUMX函数分别创建度量值

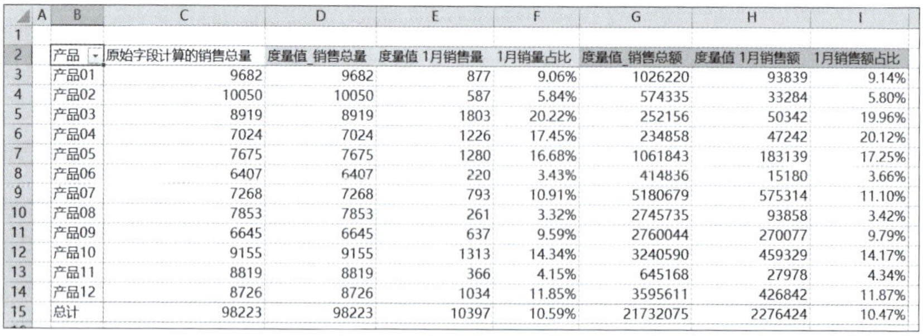

| 产品 | 原始字段计算的销售总量 | 度量值_销售总量 | 度量值 1月销售量 | 1月销量占比 | 度量值_销售总额 | 度量值 1月销售额 | 1月销售额占比 |
|---|---|---|---|---|---|---|---|
| 产品01 | 9682 | 9682 | 877 | 9.06% | 1026220 | 93839 | 9.14% |
| 产品02 | 10050 | 10050 | 587 | 5.84% | 574335 | 33284 | 5.80% |
| 产品03 | 8919 | 8919 | 1803 | 20.22% | 252156 | 50342 | 19.96% |
| 产品04 | 7024 | 7024 | 1226 | 17.45% | 234858 | 47242 | 20.12% |
| 产品05 | 7675 | 7675 | 1280 | 16.68% | 1061843 | 183139 | 17.25% |
| 产品06 | 6407 | 6407 | 220 | 3.43% | 414836 | 15180 | 3.66% |
| 产品07 | 7268 | 7268 | 793 | 10.91% | 5180679 | 575314 | 11.10% |
| 产品08 | 7853 | 7853 | 261 | 3.32% | 2745735 | 93858 | 3.42% |
| 产品09 | 6645 | 6645 | 637 | 9.59% | 2760044 | 270077 | 9.79% |
| 产品10 | 9155 | 9155 | 1313 | 14.34% | 3240590 | 459329 | 14.17% |
| 产品11 | 8819 | 8819 | 366 | 4.15% | 645168 | 27978 | 4.34% |
| 产品12 | 8726 | 8726 | 1034 | 11.85% | 3595611 | 426842 | 11.87% |
| 总计 | 98223 | 98223 | 10397 | 10.59% | 21732075 | 2276424 | 10.47% |

图9-39 数据透视表

注意，原始数据中只有单价和销售量，并没有销售额。由于使用了SUMX函数，因此没必要在模型中添加计算列来计算每行数据的销售额，这样就节省了内存。

度量值_1月销售量:=CALCULATE(sum('表2'[销量]),month('表2'[日期])=1)

度量值_1月销售额:=CALCULATE(SUMX('表2','表2'[单价]*'表2'[销量]),MONTH('表2'[日期])=1)

度量值_销售总额:=CALCULATE(SUMX('表2','表2'[单价]*'表2'[销量]))

度量值_销售总量:=sumx('表2','表2'[销量])

1月销量占比:=CALCULATE(SUM('表2'[销量]),MONTH('表2'[日期])=1)/CALCULATE(SUM('表2'[销量]))

1月销售额占比:=CALCULATE(SUMX('表2','表2'[单价]*'表2'[销量]),MONTH('表2'[日期])=1)/ CALCULATE(SUMX('表2','表2'[单价]*'表2'[销量]))

### 9.7.3 最大值、最小值、平均值类DAX函数

用于最大值、最小值、平均值计算的DAX函数有MAX函数和MAXX函数，MIN函数和MINX函数，AVERAGE函数和AVERAGEX函数，这些函数的使用方法与前面介绍的SUM函数和SUMX函数完全一样。限于篇幅，此处不再举例。

## 9.8　CALCULATE函数

在DAX函数中，CALCULATE函数是最重要的函数之一，无论是做什么样的聚合计算，都离不开CALCULATE函数。

CALCULATE函数的基本原理和用法如下：

度量值:=CALCULATE(自定义汇总计算,筛选条件1,筛选条件2,筛选条件3,...)

函数的第1个参数是必需参数，指定要进行的计算，如求和（SUM）、计算平均值（AVERAGE）、计算最大值（MAX）、计算最小值（MIN）、计数（COUNTROWS）等。

函数的各个筛选条件是可选参数，可以根据需求指定条件，如"[地区]=华东""ALL([地区])"等。

### 案例 9-24

创建度量值"总计"，如图9-40所示。制作的数据透视表如图9-41所示。此时，由于没有指定任何筛选条件，因此度量值的计算结果与原始数据的计算结果是一样的。

总计:=CALCULATE(SUM('表1'[销售额]))

| 　 | 月份 | 门店 | 门店类别 | 地区 | 商品类别 | 销售额 | 添加列 |
|---|---|---|---|---|---|---|---|
| 1 | 1月 | AA001店 | 自营 | 东城区 | 家电类 | 78437 | |
| 2 | 1月 | AA001店 | 自营 | 东城区 | 生鲜类 | 139300 | |
| 3 | 1月 | AA001店 | 自营 | 东城区 | 服饰类 | 44880 | |
| 4 | 1月 | AA001店 | 自营 | 东城区 | 百货类 | 175279 | |
| 5 | 1月 | AA002店 | 加盟 | 东城区 | 家电类 | 195122 | |
| 6 | 1月 | AA002店 | 加盟 | 东城区 | 生鲜类 | 87242 | |
| 7 | 1月 | AA002店 | 加盟 | 东城区 | 服饰类 | 304906 | |
| 8 | 1月 | AA002店 | 加盟 | 东城区 | 百货类 | 27955 | |
| 9 | 1月 | AA003店 | 加盟 | 北城区 | 家电类 | 86650 | |
| 10 | 1月 | AA003店 | 加盟 | 北城区 | 生鲜类 | 161475 | |
| 11 | 1月 | AA003店 | 加盟 | 北城区 | 服饰类 | 65858 | |
| 12 | 1月 | AA003店 | 加盟 | 北城区 | 百货类 | 175011 | |
| | | | | 总计: 1928... | | | |

图9-40　创建度量值"总计"

| | A | B | C | D | E | F |
|---|---|---|---|---|---|---|
| 1 | | | | | | |
| 2 | | | 门店类别 | 值 | | |
| 3 | | | 加盟 | | 自营 | |
| 4 | | 商品类别 | 销售额 | 总计 | 销售额 | 总计 |
| 5 | | 百货类 | 25383192 | 25383192 | 22553338 | 22553338 |
| 6 | | 服饰类 | 24267248 | 24267248 | 24560781 | 24560781 |
| 7 | | 家电类 | 24491264 | 24491264 | 23277718 | 23277718 |
| 8 | | 生鲜类 | 25884831 | 25884831 | 22417021 | 22417021 |
| 9 | | 总计 | 100026535 | 100026535 | 92808858 | 92808858 |

图9-41 制作的数据透视表

如果要计算各个商品类别下，加盟店占自营店的比例，可以创建度量值"加盟自营比"，公式如下，结果如图9-42所示。

加盟自营比:=CALCULATE(SUM('表1'[销售额]),'表1'[门店类别]="加盟")
/CALCULATE(SUM('表1'[销售额]),'表1'[门店类别]="自营")

| | A | B | C | D | E | F |
|---|---|---|---|---|---|---|
| 1 | | | | | | |
| 2 | | | 值 | | 门店类别 | |
| 3 | | | 总计 | | 加盟自营比 | |
| 4 | | 商品类别 | 加盟 | 自营 | 加盟 | 自营 |
| 5 | | 百货类 | 25383192 | 22553338 | 112.55% | 112.55% |
| 6 | | 服饰类 | 24267248 | 24560781 | 98.80% | 98.80% |
| 7 | | 家电类 | 24491264 | 23277718 | 105.21% | 105.21% |
| 8 | | 生鲜类 | 25884831 | 22417021 | 115.47% | 115.47% |
| 9 | | 总计 | 100026535 | 92808858 | 107.78% | 107.78% |

图9-42 度量值"加盟自营比"的计算结果

CALCULATE函数很少单独使用，而是与其他筛选条件联合使用。

## 9.9 筛选器函数

筛选器函数用于对数据进行筛选，筛选出满足条件的数据，以便进一步做统计分析。常用的筛选器函数有ALL函数、ALLEXCEPT函数、FILTER函数等。

### 9.9.1 ALL函数

ALL函数用于移除指定的原有筛选，用法如下：

度量值:=ALL(表或列,列1,列2,列3,...)

ALL函数的参数可以是一个表，也可以是一个表中的一列或几列。如果只针对某列或某几列进行筛选，则可以指定一列或几列，这些列必须来自于同一张表。下面结合实例进行说明。

● 案例9-25

**1. ALL 函数的参数是一个表**

如果ALL函数的参数是一个表，那么参数只能是一个。

例如，下面创建的度量值"全部"，就是计算整个表格的合计数，结果如图9-43所示示。此时，无论是哪个商品类别，其自营店和加盟店中每个单元格的数据值都是全部数据合计数。

全部:=CALCULATE(SUM('表1'[销售额]),ALL('表1'))

图9-43 度量值"全部"的结果

### 2．函数的ALL参数是一个字段

下面创建度量值"全部类别"，制作的数据透视表结果如图9-44所示。

全部类别:=CALCULATE(SUM('表1'[销售额]),ALL('表1'[商品类别]))

这个度量值是不区分商品类别的，而是得到一个全部商品类别的销售额合计数。也就是说，每个商品类别的度量值单元格都是相同的合计数，但对其他字段没有影响。

例如，D列和E列的每个度量值单元格的数据，就是B列和C列底部的总计数。

图9-44 度量值"全部类别"的计算结果

### 3．ALL函数的参数是多个字段

创建度量值"全部类别和门店"，也就是不区分商品类别和门店类别，计算全部销售额，结果如图9-45所示。G列和H列的度量值单元格数据一样，都等于原始数据的合计数，而不受商品类别和门店类别的影响。

全部类别和门店:=CALCULATE(sum('表1'[销售额]),ALL('表1'[商品类别],'表1'[门店类别]))

图9-45 度量值"全部类别和门店"的计算结果

## 9.9.2 ALLEXCEPT函数

如果有很多要移除筛选的列，则不适合使用ALL函数，此时可以使用ALLEXCEPT函数。ALLEXCEPT函数的用法与ALL函数完全相同。

例如，创建度量值"保留商品类别"，也就是只对商品类别保留筛选，门店类别的筛选被移除。因此，D列和E列的自营店和加盟店的各个地区合计数是一样的，如图9-46所示。

保留商品类别:=CALCULATE(SUM('表1'[销售额]),ALLEXCEPT('表1',('表1'[门店类别])))

图9-46　仅对商品类别保留筛选

## 9.9.3 FILTER函数

DAX中的FILTER函数类似于Excel中的FILTER函数，用于设置条件对数据进行筛选，其结果是一个表，用法也很简单：

= FILTER(表,筛选条件)

### 案例 9-26

如图9-47所示，创建两个度量值，分别计算入库金额在5万以上的数量合计和金额合计：

5万以上的数量:=CALCULATE(SUM([入库数量]),FILTER('入库明细','入库明细'[入库金额]>50000))

5万以上的金额:=CALCULATE(SUM([入库金额]),FILTER('入库明细','入库明细'[入库金额]>50000))

图9-47　创建入库金额在5万以上的数量合计度量值和金额合计度量值

制作数据透视表，结果如图9-48所示，是筛选前后的合计数对比。

| | A | B | C | D | E | F | G | H |
|---|---|---|---|---|---|---|---|---|
| 1 | | | | | | | | |
| 2 | 物料代码 | | 物料名称 | 规格型号 | 入库数量 | 入库金额 | 5万以上数量合计 | 5万以上金额合计 |
| 3 | 3.01.20.40.103 | | 材料086 | op030-2 | 45 | 16862.85 | | |
| 4 | 3.01.20.40.104 | | 材料087 | op030-3 | 87 | 37910.25 | | |
| 5 | 3.02.10.01.08.699 | | 材料082 | OCA.055.0400 | 5 | 43945.35 | | |
| 6 | 3.02.18.01.08.257 | | 材料079 | DAV.022.0585 | 160 | 1175990.02 | 154 | 1131642.16 |
| 7 | 3.02.19.01.08.808 | | 材料085 | UME.093.0893 | 74 | 898204.89 | 74 | 898204.89 |
| 8 | 3.02.24.01.08.781 | | 材料078 | JIP.044.0935 | 6 | 68009.04 | 6 | 68009.04 |
| 9 | 3.02.28.01.08.076 | | 材料083 | VFB.080.0624 | 145 | 1948468.23 | 145 | 1948468.23 |
| 10 | 3.02.32.01.08.466 | | 材料020 | PEH.037.0775 | 45 | 645581.4 | 45 | 645581.4 |
| 11 | 3.02.57.01.08.607 | | 材料022 | UVQ.048.0472 | 104 | 1974960.8 | 104 | 1974960.8 |
| 12 | 3.02.57.01.08.710 | | 材料084 | ARD.043.0151 | 4 | 95524.72 | 4 | 95524.72 |
| 13 | 3.02.83.01.08.177 | | 材料081 | ELT.084.0229 | 135 | 2325548.73 | 135 | 2325548.73 |
| 14 | 3.02.85.01.08.108 | | 材料021 | JOZ.038.0180 | 12 | 182698.8 | 12 | 182698.8 |
| 15 | 3.02.92.01.08.897 | | 材料080 | RAH.071.0503 | 14 | 228044.74 | 14 | 228044.74 |
| 16 | 3.03.28.01.476 | | 材料001 | TCK.094.0721 | 61915 | 2823736.42 | 61915 | 2823736.42 |
| 17 | 3.04.00.386 | | 材料069 | LYA.035.0018 | 49 | 19108.41 | | |
| 18 | 3.05.159 | | 材料063 | AYZ.027.0799 | 22039 | 282046.85 | 4929 | 62992.62 |
| 19 | 3.05.252 | | 材料068 | UZE.016.0133 | 76574 | 1413967.98 | 20145 | 372832.67 |

图9-48　使用FILTER函数筛选数据前后的汇总结果对比

## 9.10 多表关联RELATED函数

如果要将两个表数据，依据指定字段进行关联，需要使用RELATED函数。该函数用于一对多的关联表，也就是将唯一值表格数据关联匹配到多值表格中。

需要注意的是，在使用RELATED函数之前，两个表格必须建立关联关系。

### 案例 9-27

如图9-49所示，"销售明细"和"产品资料"两个表以"产品名称"字段进行了关联。

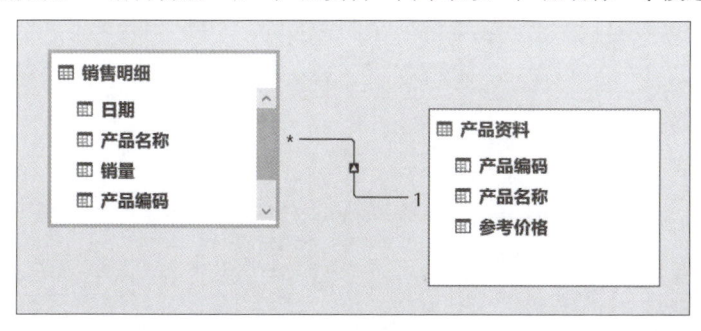

图9-49　两个表做关联

从"产品资料"表中将产品编码和参考价格匹配到"销售明细"表中，公式分别如下，数据表如图9-50所示。

产品编码：
`=RELATED ('产品资料'[产品编码])`

产品价格：

=RELATED（'产品资料'[参考价格]）

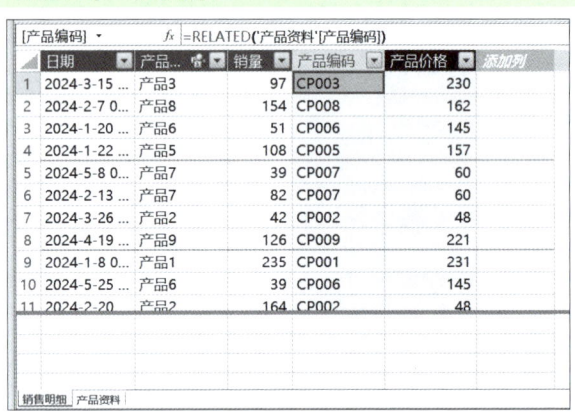

图9-50　使用RELATED函数关联匹配数据